U0184842

A CULTURAL HISTORY OF THE SEA IN THE EARLY MODERN AGE

近代早期海洋文化史

海洋文化史·第3卷

Margaret Cohen
[美] 玛格丽特·科恩 主编
Steve Mentz
[美] 史蒂夫·门茨 编
金海 译

上海人民出版社

海洋文化史

主编：玛格丽特·科恩（Margaret Cohen）

第一卷

古代海洋文化史

编者：玛丽·克莱尔·波琉（Marie-Claire Beaulieu）

第二卷

中世纪海洋文化史

编者：伊丽莎白·兰伯恩（Elizabeth Lambourn）

第三卷

近代早期海洋文化史

编者：史蒂夫·门茨（Steve Mentz）

第四卷

启蒙时代海洋文化史

编者：乔纳森·兰姆（Jonathan Lamb）

第五卷

帝国时代海洋文化史

编者：玛格丽特·科恩（Margaret Cohen）

第六卷

全球时代海洋文化史

编者：法兰兹斯卡·托尔玛（Franziska Torma）

目　录

CONTENTS

插图目录

中文版推荐序

《海洋文化史》丛书六卷的出版是一项重大的学术成果，该套丛书的中译本亦是如此。

人们通常认为中国的文明是陆地文明而非海洋文明，用“黄土地”来比喻中国就体现了这一观点，而15世纪的郑和下西洋则被视为一个例外。事实上，海洋在中国历史上一直是一个不可或缺的元素。几千年来，中国人为了寻求商机、获得政治避难或出于其他原因而远涉重洋，他们在东南亚的主要贸易口岸建立了社区，世界各地的商人纷纷通过海路来到中国进行贸易。宋朝时的泉州可能是世界上全球化程度最高的城市，当时这里到处都是来自南亚、东南亚和阿拉伯的商人。为了让世人感受到这种密切的互动和交流，一些学者建议把中国南部的海洋区域称为“亚洲地中海”。

有人可能会说，在中国历史上，海洋虽然在经济方面很重要，但这并不意味着其在更广泛的文化方面也很重要，显然这是个错误的观点。纵观全球科技史，海洋在造船和制图技术的发展中起着至关重要的作用；而纵观全球宗教史，我们都知道，元朝之后的伊斯兰教、明朝及以后的中国民间宗教，在很大程度上都是经由海洋在东南亚进行传播的。所以，即便我们把文化史定义到更小的范畴，海洋在中国文化史上也从未被边缘化，而是如同在欧洲一样，是信息、传说和隐喻的丰富来源，早在秦始皇时期，中国就有了徐福寻找长生不老药的故事。

因此，虽然我十分赞赏英文版编者和撰稿者的工作，但我对这个项目的感受仍颇为复杂。丛书的标题稍有误导性：实际上，标题不应该是海洋文化史，因为丛书的前几卷描述的是欧洲海洋文化史，而后几卷则是西方海洋文化史，丛书的欧洲中心主义是一个最引人注目的方面。尽管丛书的编者认可了这一缺点，但遗憾的是，后续内容并未见到更多的改进。

本套丛书虽存在这一问题，但必须承认，从狭义上讲，它是关于海洋文化史最好的英文著作之一，也将是中国读者的宝贵参考工具，或许还能成为进一步推动中国海洋史研究的引擎。需强调的是，这并非是说中国的海洋研究缺乏丰富悠久的传统，由此，不得不提起我的一位老朋友兼老师王连茂，多年来他一直担任泉州海外交通史博物馆馆长，在中国航海史的学术研究方面做了大量的工作。如今，王老师已经退休，他的工作由新馆长丁毓玲继续，而他们也只是国内外无数从中国人的角度为海洋文化史作出贡献的学者中的两位。

本套丛书所展示的文化史方法或许会给海洋文化史领域带来富有见地的思想，这也是本套丛书的一大优点。丛书中的文章并没有遵循严格的时间顺序，而是从知识、实践、表现等八个不同的主题来审视海洋文化史，这八大主题都经过仔细考量、跨越古今，契合丛书的全部六卷。书中的每种观点都有一个中国故事的类比。事实上，在阅读这些书籍时，我常想如果将每个主题都用中国例子的重要证据来阐述，那这些观点又会有何不同？这些观点的内容十分广泛，中国的历史学家们可以考虑引用，而无需担心被指责成将国外类别和术语无知地引入不同的历史背景。因此，我希望本套丛书的出版能够对中国的海洋文化史领域产生积极的影响。

上文中，我提到了在全球海洋文化史研究中本套丛书忽视了中国的影响，当然，世界其他地区被忽视的问题也同样可能出现。从积极的一面来说，本套丛书或许能让世界各地从事海洋文化史研究的学者之间进行更多的对话和交流。最终，这些对话可能促成真正的世界海洋文化史的诞生。丛书的第六卷告诉我们，如今我们生活在人类世（Anthropocene）时代，人类的行为正给我们的持续生存造成威胁。在这种背景下，深入了解导致持续忽视环境的所有不同文化遗产，以及最终可能会让我们改变自身行为并为我们所面临的问题找到综合解决方案的所有文化资源，则成为我们非常重要的一个目标。

应同事金海博士（本丛书第一、三、六卷的译者）之邀，我为该书作序，但恐难达到他的预期，希望此序不会使他或中文版的出版商感到不妥，无论如何，希望我的序言能够如同英语谚语所说，“to call a spade a spade”（抛砖引玉）。

宋怡明（Michael Szonyi）
哈佛大学费正清中国研究中心主任
哈佛大学东方语言与文明系教授

主编序 xii

过去三十年间，海洋研究已经成为人文学科中一个领先的跨学科领域。海洋研究的重要性在于它能够说明完全跨文化、越千年的全球化。在其逐渐成形的过程中，海洋研究合并和修订了通常在国家历史框架内的涉及海洋运输、海洋战争和全球探索的早期学术成就。海洋研究领域有着各种类型的文献，主要展示海洋运输和海洋资源如何将分开的陆地连接成水基区域，重现两个从未接触过的社会在海滩的相遇如何带来棘手的统治结构，并揭示从外太空拍摄的我们这个蓝色星球的单张照片的影响。今天，海洋研究的目的在于讲述那些在海上旅行的人物的故事，包括专业人士、冒险家、乘客、被迫迁移者，以及动物。

此外，这一新领域还认为，海洋是个充满想象的地方，尤其是海洋对许多人而言十分遥远，但同时对于生命的维持又非常重要，这种矛盾对立使得海洋更具想象空间。据说，诺贝尔奖得主、诗人德里克·沃尔科特（Derek Walcott）写过一句令人难忘的名言：“海洋是历史。”①同时，对海洋的想象并不是纯粹的幻想，而是根据所处的海洋环境以及人类海洋实践而形成的想象，引导人文主义者去接触物质世界的现实。现代海洋学和海洋生物学在 19 世纪形成时，将海洋确立为非人类的自然领域，但此前，两者是结合了对环境的好奇以及对权力和财富的追求的混合性实践知识。伴随两种学科的分离，海洋一次又一次地向我们表明，我们必须认识到海洋为人类而生、与人类共存及其本身的存在。

21 世纪，第二次全球化、后殖民冲突和气候变化等使得海洋在世界发展中的重要性 xiii
越来越明显，让我们不能忽视海洋的社会和文化现实。用《全球时代》（*The Global Age*）编者弗兰兹斯卡·托尔玛（Franziska Torma）的话说，这种发展“迫使我们一并‘思考科学和人文’，因为科学提供了数据，而人文将它们‘转化’为社会和学术解释，这就开启

① 这是沃尔科特一首诗的标题（“The Sea Is History”，2007）。

了对海洋从古代到现在的历史视角”（Franziska Torma，个人通信，2020 年 5 月）。无论是利用航海考古学来重现沉没的城市和船舶，还是利用气候变化对沿海社区影响的科学研究，海洋研究在这种令人感到迫切但又棘手的交叉的人文学科领域中都处于领先地位。

在编辑“海洋文化史”的过程中，我有幸与制定 21 世纪海洋研究议程的各卷编者合作。总体而言，他们的专业知识涵盖了全球各大洋，特别是地中海、印度洋、大西洋和太平洋的知识，也包括科学和环境历史方面的知识。我们的跨大西洋大学机构启动了研究项目，但我们首先就表示，我们承认以西方为导向的观点的地位并反对它。此外，读者还会看到，西方的抽象观点本身在受到水上活动和航海实践的压力时会不攻自破。因此，海上旅行涉及跨越数千公里的遥远接触区域，我们不能将其简单地视为西方的取向，即便西欧可能是一个出发点。这些接触区域中的社会极其复杂，会改变区域中的人，而区域中物理环境的重要性又带来了更多的思考。此外，由于船上生活的艰苦以及帝国航线的海船上都有的多元文化习惯等因素，海上生活的需求使那些在船上工作的人失去归属感，可能形成一种与陆上社会脱离的文化。

为让世人更多地了解海上相遇的历史，我们将丛书的主题进行了定义。布鲁姆斯伯里（Bloomsbury）出版社的文化史丛书的一个特点就是为每本书都设计了贯穿古今的八个章节标题。这些标题涉及从广泛人类学意义上对文化的理解，即指定组织社会结构的不同实践领域。就海洋而言，重要方面包括但不限于战争、技术、海上贸易、科学知识以及神话和想象。我们以一种使撰稿者能够呈现民主历史的方式定义我们的主题。例如，我们将海
xiv 上的“战争与帝国”的历史定义为“冲突”，以说明海上暴力斗争的多种范围，包括国家支持的海军、非国家行为者以及船上生活的暴力等场景，从船上哗变到旅客待遇和奴隶贩运等不一而足。此外，我们将“科学与技术”的主题重新定义为“知识”，以便有机会阐述严格科学界限之外的知识。这种知识包括古典哲学思辨以及西方范式之外的海洋知识和实践等。

我们在组织章节时，也考虑到了由陆上事件形成的传统西方历史分期。同时，读者会在丛书各章节中看到有关这种历史分期是否会由于前面提到的以陆地为重点的海洋视角的压力而最终在陆上停止的问题。因此，埃及航海以及与其地中海盆地其他文化的接触的历史贯穿了这一特殊文化的陆上分期，传统上是根据该文化的统治王朝来分期，即从希腊史前到古典时期再到罗马时代，大约是从公元前 2000 年到公元 1 世纪。在现代，以单一技术为例，1769 年到 1989 年只是航海史上的一个时期，但这个时期贯穿了三卷书。1769 年，英国工程师约翰·哈里森（John Harrison）完善了一种可以在长时间航行中保持准确时间

的计时器。这种计时器能够比较船舶在航行期间的正午和在任意定义的起点处（按传统习惯，被定为格林尼治子午线）的正午，使得导航员最终可以在航行时确定船的经度，这一发展大幅提升了海上安全性，即使这种计时器的使用在数十年之后才扩展到海军圈之外。直到 20 世纪第三个 25 年全球定位系统（GPS）的发明为止，天体导航一直是确定船舶位置的最佳方法，后来到 1989 年，美国国防部发射了一个 GPS 卫星系统，人们只需触摸几个按钮就可以摆脱天体导航所需的费力计算。

海上分期特殊性的另一个方面是海洋作为一种物理环境的时间尺度。千万年以来，海洋历史都是按照地质变迁的速度发展，但在“人类世”的时代，我们正在了解人类对地球领域的影响。长期以来，地球一直被认为有着用之不竭的资源和人类无法企及的巨大力量。这种人类的影响可能我们每个人在有生之年都可以见到，例如，自 1979 年以来，极地冰盖的融化已经使之在卫星可视化景象中大幅减少（Starr，2016）。这种影响反过来又影响着社会，影响着依赖于天气模式的北极土著居民和世界各地的农民，但天气模式已经因为全球变暖而遭到破坏。但冰盖的融化导致了穿越北极的新航线的开辟，进一步扰乱了 xv
海洋的人类和地质时间尺度，可能给北极带来更多的人类足迹。

极地冰川融化的全球性后果说明了如何从海洋视角（无论是将海洋作为一种环境还是作为人类活动的场所）重新界定地理分析的陆地单元。丛书各章节揭示了国家划定的边界对海洋文化的重要性可能不如由自然特征定义的流动空间，并说明了从陆基历史的角度来看，非中心的岛屿或海岸如何在一个国家的海洋抱负中发挥巨大的形成性作用。而且，海上运输导致了一些在同一旗帜下立即联合、但领土互不相连、具有独特和特别难解的行政特征的国家的产生。但在词汇层面上的另一个挑战是，当我们试图用陆地上的语言来表达海洋现象时，我们所采用的形象化描述会妨碍理解，难以令人满意。当今有关这方面的一个很好的例子是太平洋上巨大的污染“垃圾带”（garbage patch）。“带”（patch）这个形象限制了污染的范围，并没有捕捉到塑料在海水中的微观扩散。

海洋浩瀚无边，对海洋的研究使人们认识到，任何研究均需为零散研究并有具体定位。丛书的撰稿者包括具有既定和新兴观点的作者，他们所撰写的章节是围绕我们中心主题的原创研究，而不是二手文献的摘要。丛书编辑鼓励撰稿者以他们认为最能展示其主题原创性并最适合其专业知识的方式来阐明自己的见解。有些撰稿者采用了调查叙述的方式。另一些撰稿者则把一个典型的或异常的单独事件作为画布。但还有一些撰稿者围绕海洋环境的尺度提出问题。

这种灵活性也很重要，因为我们丛书标题中的“海洋”并非只是一个事物。相反，根据参与海洋研究的人员以及目的的不同，海洋元素的文化构建和想象方式有着很大的区别。这一范围在各章节的丰富形象的描述中也很明显，这是文化史丛书的另一个特点。因此，读者将看到，在古代，人类从未直接描述海洋，而只是在壁画和花瓶上，用鱼、船或神话海洋生物的绘画来暗示海洋。相比之下，将海洋展现为一个令人敬畏的剧场的宏伟海景吸引了启蒙和浪漫时代的众多观众。有一个跨越几个世纪的常用工具，即实用图表，这种图表用各种方法，根据不同的认识和环境，来寻找和标记跨越开放水域的路径，这一切都是为了一个共同的目标——安全。我希望读者在梳理本丛书中收集的各种主题和方法时，能够更好地理解人与海洋之间持久而普遍的联系，并认识到海洋研究的新的和未来的发展方向，从而将在浩瀚的、很多情况下无人涉足的水域的航行与新兴学术领域作个比较。

玛格丽特·科恩（Margaret Cohen）

引　言

海上全球化：作为世界体系的近代早期海洋

史蒂夫·门茨（Steve Mentz）

近代早期是全球主要海盆之间海上航行迅速增长的时期。这一时期虽有所发 1
展，但并非漫长海洋勘探、殖民和贸易历史的开启。其间形成了多个区域系统之间的定期互联，这成为人类历史上第一个完整的全球海上网络。早期历史阶段就有了大量的海上旅行，包括一些跨洋航线。在瓦斯科·达伽马（Vasco da Gama）的船队于公元 1499 年抵达印度洋的季风系统地区之前的一千年里，那里一直存在一个活跃的贸易网络。十五世纪，中国著名的航海家（Admiral）郑和率领船队往返于太平洋和印度盆地之间。公元 1000 年左右，莱夫·埃里克森（Lief Erikson）穿过北大西洋，在文兰（Vinland）建立了一个时间相对较短的殖民点。少数坚定的学者一直认为，在哥伦布之前，美洲大陆和非洲—欧亚大陆之间偶尔有接触[①]。但是，在公元 1500 年前后的几十年里，随着达伽马、哥伦布（Christopher Columbus）和许多其他欧洲航海者的出现，跨洋航行、越洋贸易和殖民潮的突然爆发推动了生态和经济世界体系的重大变化。我将之称为“海上全球化”，这一过程通过海洋将地球物质和文化整合在一起，对近代早期的世界产生了巨大的影响[②]。在物质和文化方面，近代早期的航海者创造了我们今天生活的全球化世界。

本卷共包括八篇文章，对于由近代早期海洋变化带动的文化变迁进行了探索。 2
正如近年来“蓝色人文”学术争论的那样，人海关系一直是物质和文化历史的主要驱动力[③]。1522 年，斐迪南·麦哲伦（Francis[*] Magellan）率领的船队回到西班牙

---

① 请参阅杰特，2017。

② 请参阅门茨，2015：xxix 等。

③ 最近的蓝色人文学术成就纳入了许多生态批评和当代学术成就，包括斯泰西·阿莱莫（Stacy Alaimo）、埃斯佩思·普罗宾（Elspeth Probyn）和帕特里夏·耶格（Patricia Yaeger）的作品。然而，这种有关海洋的话语在早期现代文学和文化研究中也有很深的渊源。请参阅布雷顿，2012；科恩和达克特，2015；达克特，2017；门茨，2015，2009 等。我在《沉船现代性》（2015）中引入了“海上全球化”一词，在《莎士比亚的海底》（2009）中引入了“蓝色文化研究”。

* 应是 Ferdinand，而非 Francis。——中文编者注

（但麦哲伦本人死在了环球航行的途中），带动了海洋的扩张和一系列快速的环球航行，使得近代早期成为海洋史上一个关键过渡时期。由于最初关注的是欧洲船只，因此这种对近代早期全球化的分析无法完全避免欧洲中心主义。但是，只要我们把非人类海洋视为“海上全球化”之结构和布局的共同创建者，我们就可以推翻“大写的人”在其中的所谓主导地位。现代海洋学家称之为“世界海洋”的物理空间，可以让那些在海洋中溅起水花和横渡海洋的渺小水手置身其中。近代早期的全球航行对世界各地的人类和非人类种群产生了巨大的影响，但近代早期海洋的故事几乎都和征服或发现无关。相反，“海上全球化”讲述了一系列的灾难，以及一系列对灾难的实际和意识形态反应。这一时期充满了人类的邪恶和残忍，包括殖民主义和奴隶贸易等可怕罪行的关键早期阶段。但以海洋为中心的观点表明，哥伦布这样的人物远没有“海洋海军上将”这样的头衔所幻想的那样霸气。海洋的自然地理构造了“大航海时代”的所有航行。似乎我们需要记住的是，哥伦布到新大陆的航行，只是沿着盛行风、加那利群岛和北赤道洋流的顺风路线。他的船队抵达巴哈马是因为他们无法抵达其他任何地方。

许多据称是欧洲文艺复兴时期的新发明，从所谓的“人类的发明”到资本主义、民族国家和内在性等创新，在世界历史的这一时期既不新鲜也非唯一。但是，从我们可以追溯到的历史和史前证据来看，海上旅行的知识和经验一直是人类文化的核心，而全球范围内的海洋转变主要始于十五世纪。在与世界海洋互动的漫长历史中，渺小的人类总是试图将占据地球一大部分的广阔水域概念化。近代早期水手开创的全球思维忙于应对至今仍在定义人海关系的看似矛盾的物理二元论：

（1）大海是人类无法生存的恶劣环境。

（2）大海使得全球范围内的长途运输成为可能。

人海关系总是在这两极之间摇摆不定。在被称为近代早期或文艺复兴时期的欧洲文化时期，全球平衡向运输方向转移：众所周知，在1522年之前，没有任何欧洲船只环游地球，但到十六世纪末，至少有三艘船，也许还有一百多人，完成了这一壮举。这些船只和水手只是这一时期从事海洋贸易和旅行的人类的一小部分，但他们对全球历史产生了巨大的影响。

近代早期海洋是一个充满争议的空间，特别是当环球航行揭示出世界海洋的面 3
积覆盖了地球的一大部分之后。“海上全球化”在论证强调全球经济和生态运动的近代早期海洋概念时，与几种现有的海洋思考方式一起，提供了有益的背景。为便于解释这些想法，我将使用现代作家的流行语作为试金石。近代早期海洋文化史包括后殖民主义、浪漫主义和反奴隶制的海洋思想学派。

1. **海洋是（后殖民）历史**：德里克·沃尔科特（Derek Walcott）1979 年的伟大诗篇《海洋是历史》（2007：137—139）以加勒比海为中心，对大西洋历史进行了重新解读，该诗篇以奴隶贸易为主线，重述了从《创世纪》到文艺复兴，再到解放的西方起源故事。他写道，“这一切都微妙而又隐秘”，让我们以海洋为中心重新思考历史。海上全球化从沃尔科特基于大西洋的批判中汲取灵感，设想了一个全球范围内的海洋史变迁理论。

2. **“海洋是奴隶制”**：英籍圭亚那诗人兼小说家弗雷德·德·阿吉亚尔（Fred D’Aguiar）在其小说《养鬼》（*Feeding The Ghosts*，1997）的开篇就将沃尔科特的“历史”转变为对大西洋奴隶贸易的狭隘关注。通过讲述臭名昭著的桑格号（Zong）奴隶船的故事，当时活着的非洲人在被运送到新世界的过程中被扔进大海，以赚取保险金，阿吉亚尔强调了经济扩张和暴力之间的关系。他对海洋运动促进跨大西洋奴隶贸易方式的戏剧性关注加强了海洋文化在催生现代暴力方面的中心地位。

3. **海洋是浪漫主义**：奥登（W. H. Auden，1950）也通过诗歌描绘了历史上的大海，但他强调的是浪漫主义，而非奴隶贸易。我以前曾说过，奥登关于浪漫主义诗人“创造”了现代意义上的海洋的说法颇为夸大，特别是因为奥登的很多例子都来自莎士比亚（Shakespeare）（Mentz，2015：50n179）。他认为，梅尔维尔（Melville）和拜伦（Byron）的作品中，深不可测的海洋的浪漫景象占主导地位，这给任何关于前浪漫主义海洋作品的研究都投下了一个引人入胜的倒影。

4 虽然我对全球化的关注似乎过于接近“伟人学派”对以欧洲为中心的探险家和征服者历史的歪曲，但后人类方法强调，这些环球航行海船上最重要的乘客并非曾经为偶像的、但现在道德上声名狼藉的欧洲精英，如具有奴隶制、帝国主义和海盗流血事件等足够多的人类遗留问题的哥伦布、达伽马和弗朗西斯·德雷克爵士。除了海盗和奴隶贩子，欧洲船只还携带非洲—欧亚大陆的疾病和非人类动物，包括鼠疫、疟疾、天花和许多其他具有毁灭性的疾病。两个半球还通过这些航行交换了动植物种群，在非洲—欧亚大陆茁壮生长的马铃薯、玉米和木薯等美洲作物，以及马等欧洲动物，也逐渐融入了美国的文化生活[①]。我最近认为，描述这一过程的“哥伦布大交换”一词应该被淘汰，取而代之的是更客观的“生态全球化”，但不管怎么称呼，美洲与非洲—欧亚大陆的生态混合产生了巨大的全球环境影响（2015：特别是第九到第二十三节）。建设和整合连接地球上几乎所有陆地的海洋路线的“海上全球化”标志着 1450—1750 年这一时期是人类历史上对环境影响最大、最具灾难性的时期之一。

本引言将通过勾勒出近代早期全球化的三种替代理论来构成本卷后续内容的框架。地球系统科学家西蒙·刘易斯（Simon L. Lewis）和马克·马斯林（Mark A. Maslin，2018）最近的分析认为，近代早期美洲与非洲—欧亚大陆生态系统的重新整合创造了一个“新盘古大陆”，为农业发明以来生态史上最重要的转折。与刘易斯和马斯林所谓的客观观点相反，我提出对激进地理学家凯瑟琳·尤索夫（Kathyrn Yussof）的有力批评，她的短篇著作《十亿黑人人类世或无》（*A Billion Black Anthropocenes or None*，2018）将种族和性别纳入了地质对话。这两种不同的地质历史探索都与德国哲学家彼得·斯洛特迪克（Peter Sloterdijk）的“球体学”理论形成了鲜明的对比，该理论贯穿了其《球体》三部曲（1998 年第 1 卷，2011 年英文版；1999 年第 2 卷，2014 年英文版；2004 年第 3 卷，2016 年英文版）。斯洛特迪克

① 有关最近的经济调查，请参阅纳恩（Nunn）和奎恩（Quian），2010：163—188；有关广泛流行的调查，请参阅曼恩，2011；有关范式定义研究，请参阅克罗斯比，2003。

认为，近代早期的全球航行代表了知识和地理历史的关键文字化。在斯洛特迪克看来，将古老的球体形象转化为地理现实拉开了近代时期的大幕。斯洛特迪克的意识形态批判、尤索夫的种族主义分析以及刘易斯和马斯林的地球物理历史为理解近代早期的海洋全球化提供了概念基础。在叙述完上述内容之后，我将简要探讨反映近代早期海洋史窗口的六个关键词。推测性的结论简要暗示了与陌生海洋相遇的诗情画意。

新盘古大陆：刘易斯和马斯林的《人类星球》 5

七亿五千万年前，当超级盘古大陆破裂并开始漂移成为不同的大陆时，新大陆块的生态系统开始彼此分化①。在随后的大部分历史中，智人最早进化的巨大大陆，即非洲—欧亚大陆和遥远的美洲生态系统之间只有有限的联系。在距今近一万两千年前结束的最后一次冰河时期，水位非常低，使得包括人类在内的许多动物都能够穿越连接西伯利亚和北美的大陆桥。但在冰川融化、海平面上升之后，生态圈的分离变得近乎绝对。公元 1000 年左右，鸟类穿越海洋，少量北欧海盗船穿越北大西洋，而对太平洋岛屿文化的海上探索范围仍难以准确界定。但从广义上讲，从历史初期到十五世纪晚期，美洲的生活网络和人类生态系统与更大的非洲—欧亚大陆相连的网络和生态系统彼此分开。在数千年的时间里，大西洋和太平洋盆地两侧的动物、植物、病毒和人类生态系统在彼此隔绝的情况下分别发展。大家熟悉的 1492 年哥伦布发现新大陆被认为是重新联通这些生态系统的生态全球化新时代的开始，但在 1499 年，由达伽马率领的葡萄牙舰队抵达印度，也标志着一个面向东方的关键节点，这个节点很快发展成为一个全球贸易、暴力和殖民的海上网络，并最终成就了一个帝国。用地球系统科学家刘易斯和马斯林的话来说，学者们称为“近代早期”的时期见证了重新联通曾经分离的大陆的生态和经济的“新盘古大陆”的构成（2018：166）。

欧洲航海者踏上世界海洋，环绕地球，并开始占领世界历史的全球空间，这

① 本章本节的部分内容源自门茨《海洋》（伦敦：布鲁姆斯伯里，2020）第 31—34 页。

一时期被人们冠以许多不同的名称。1972 年，环境历史学家阿尔弗雷德·克罗斯比（Alfred Crosby，2003）颇具影响力地提出了“哥伦布大交换”一词，开创了将克里斯托弗·哥伦布的美洲航行视为海上全球化成型必不可少的第一步的传统。但克罗斯比的重点是生态过程，而不是人。他研究了盘古大陆分离之后的部分，即美洲和非洲—欧亚大陆的生物和非生物网络的物理交织。他观察到，如果将这些生态系统重新组合到一起，就会发现不同的系统变得越来越像彼此。克罗斯比写道，“生物同质化趋势，是自大陆冰川退缩以来地球生命历史上最重要的方面之一”（3）。查尔斯·曼恩（Charles C. Mann）有关全球生态史的两部著作，《1491：前哥伦布时代美洲启示录》（2005）和《1493：哥伦布新世界揭秘》（2011），促进了对于克罗斯比愿景结果的宣扬，强调“大交换在生态和经济方面的作用”，“不是……发现，而是创造一个新世界”（2011：第二十四章；他的重点）。马克思主义生态历史学家贾森·摩尔（Jason W. Moore）强调了近代早期边疆资本主义的发展如何产
6 生了一种占有和剥削的“世界生态”（2015：3）。摩尔认为，“资本主义”在这一时期首先成为“一种组织自然的方式”（3，78）。公元 1400 年至 1800 年期间的历史学家也使用“近代早期”之类的词语和较早的欧洲中心术语“文艺复兴”来描述文化扩张的过程，借用杰弗里·冈恩（Geoffrey C. Gunn，2003）对公元 1500 年后出现的全球贸易网络的描述，这也可以被准确地称为“第一次全球化”。一篇更古老的历史文献以欧洲中心术语提到十五世纪八十年代和九十年代航行到亚洲和新世界后的“海洋发现”（帕里，1974）。尽管几乎注定为徒劳，但为避免将个人奉为圣人，我还是建议我们忽略哥伦布，而将这一时期描述为“海上全球化”，因为这一时期的关键技术是远洋船舶，也因为这一时期的基本环境是与陆地截然相反的海洋。

在描述“海上全球化”时，我喜欢“离岸轨迹”这个词，因为这个词语强调了海上全球化过程依赖于海水的导航和环球运动。海上旅行将人类、国家、帝国和宗教联系在一起，更不用说植物、动物、病毒和生态系统了。全球化现在和过去都是通过海上航线来运作，从十六世纪连接美洲太平洋海岸、菲律宾和中国的西班牙白银贸易，到 2018 年夏天俄罗斯努力开拓不再被冰封的北极水域的西北和东北集装

箱船通道。尽管今天大多数人，至少是相对富裕的人，都是乘飞机环游世界，但组成全球经济的货物仍然是装入标准尺寸的集装箱，用船来运输。如果我们把注意力从坚固的地面转移到覆盖我们星球表面大部分的不稳定流体，我们就会知道，发现时代和帝国时代的许多事件都是因为在很大程度上超出个人控制的力量和遭遇而发生，甚至那些被封为“发现者”或“探索者”的知名人物也不例外。目前再用一个并不突出个人的名称来重命名“哥伦布大交换”可能为时已晚，但我称之为“海上全球化”的论据之一在于这一词语表明了在这段历史时期中起决定性作用的力量的非个人性质。世界海洋以其相互交织的海流和盛行风模式将分离的大陆上的人口重新聚集在一起。任何一个水手、国家或社区都无法靠自己来推动这些航行。新盘古大陆在海上漂浮。

对于刘易斯和马斯林而言，从地球系统科学的角度来看，近代早期的海上全球化标志着人为气候变化的新阶段。他们认为，这一时期确定了人类世和现代世界生态系统的起源。在把1610年称为“地球之钉”，即人类世开启的“金色道钉”时，他们强调了人类历史上这一时刻的超人类后果：

> 从地球系统的角度来看，这是人类世长期温暖之前的最后一个全球凉爽时 7
> 刻，也是地球生物群在全球逐渐同质化的关键时刻……从而将地球置于新的进化轨迹上。
>
> （2018：318）

科学家们选择1610年作为观察到的最低碳水平的年份，是因为当时新世界人口锐减，以及随之而来的植树造林。在工业化和全球人口增长之后，碳水平随之迅速上升，而且迄今为止一直没有中断过。作为一名人文学者，我相信人类意义需要故事，我仍然对所有神奇的日期持怀疑态度，但科学家们对于1610年的命名与哥伦布的1492年形成了鲜明的对比。对于刘易斯和马斯林来说，人类时代始于死亡时代：根据对美洲原住民死亡率的历史估计，至少70%的接触前人口，也许高达90%，在欧洲人和他们带来的病毒到来后的最初一百五十年内死亡（156）。在接触期和早期殖民时期，总伤亡人数在5000万到7600万之间。早期的欧洲殖民者正是在这片满目疮痍的美洲大陆上插下他们的旗帜，“在1493年至1650年期间，到达美洲的欧洲人可能杀死了地球上大约10%的人类”（158）。近代早期美国人口的锐减为我们提供了一面可怕的镜子，我们可以从中窥见当今大规模气候破坏的最坏情况。刘易斯和马斯林证明，近代早期的越洋旅行标志着人类行为在全球范围内显著改变环境的关键时刻：

> 1610年“地球之钉”标志着当今全球相互联系的经济和生态的开始，它将地球带上了一个新的进化轨道……。在叙事方面，人类世始于广泛的殖民主义和奴隶制：这是一个关于人们如何对待环境以及人们如何对待彼此的故事。
>
> （2018：13）

在接触后的几年里，世界的海洋流淌着美洲原住民的血液，不久之后，被中央航路（横渡大西洋贩卖黑奴的航线）抛弃的黑奴的尸体将进一步污染这片水域。

全球化新生态秩序踏着征服、奴役和殖民的血红海水而来。两次种族灭绝（疾病；征服欲望驱动的对美洲原住民的灭绝；以及跨大西洋奴隶贸易的残酷迁徙）在物质和象征上的中心地位，将近代早期置于海洋的阴云之下。马提尼克诗人和理论家爱德华·格利桑（Édouard Glissant）认为，奴隶船和非洲黑奴的尸体被扔进的加勒比水域捕捉到了世界上新事物的艰难诞生：

> 8 这艘船本应是你的子宫，是母体，但它却将你驱逐。这艘船载满了已经被判死刑的死者和生者。
>
> （1997：6）

这位诗人和理论家所称的“关系”的多样性，是从“中央航路”的子宫里发出的。历史学家马库斯·雷迪克（Marcus Rediker）在他获奖的《奴隶船：人类历史》(2007)中写道：将人类货物从非洲运送到新世界的远洋轮船创造了全球现代性。用格利桑的话说，与船只“孕育”的生者和死者构成了定义现代的全球经济和生态的熔炉。雷迪克引用了威廉·爱德华·伯格哈特·杜波依斯（W. E. B. DuBois）著名的话语，认为奴隶贸易是“人类最后一千年历史上最壮丽的戏剧”(348)。雷迪克以其海事历史学家的专业知识详细展示了这场悲剧如何依赖于跨洋航行实践展开。雷迪克总结道，中央航路的历史，其核心是贩奴船甲板下经历的早期“恐怖”(354)。一种控制贩奴船沉浮和方向的海洋文化逐渐形成，将世界带入一个全球化的新阶段。

仿佛被残酷的力量和改变世界的邪恶所牵引，任何对海上全球化的思考都不可避免地将我们的注意力引向奴隶贸易。在海上全球化时代，非人类因素造成的破坏和动荡，特别是摧毁了身体缺乏抗体的美洲土著人的非洲—欧亚大陆的疾病，可能造成了比奴隶贸易更多的死亡人数，但是毫无道德可言的奴隶贩子也向其人类同胞，第一次全球化的先驱者，展示出他们的根本不人道性。正如刘易斯和马斯林所看到的，在通向人类世的生态历史长弧中，任何一个转折点的选择都是一种叙事选择。对于1610年以及导致新盘古大陆暴力诞生的水上生态全球化的选择，彰显出人类的残忍，以及催生气候变化的意外生态后果。在基本的物理层面，这场全球性灾难的根本原因是海水这种基质：残忍的行为在海水之上漂浮，病毒和细菌穿过海水来到新世界，分离的生态系统通过海水重新构成一个统一的全球系统。

海上全球化对新世界的毁灭性后果包括墨西哥、秘鲁和其他地区的主要美洲土著政治的崩溃。首先是欧洲殖民地，后来成为独立民族的在美洲兴起的各类文化，最终发展成为以海洋为中心的国家。往来于欧洲和亚洲的海上通道主导了糖、朗姆酒、烟草和靛蓝等商品的贸易。生活在这个全球体系中的人类面临的结果之一就是对人类自由的特别痴迷。正如历史学家埃德蒙·摩根（Edmund Morgan）所说，“美国独立战争中经历的自由意识的壮大，在很大程度上依赖于当时有超过20%的人类被奴役，尽管我们不愿承认这一点”(1975：x)。摩根强调的不仅是建造了白宫的 9
奴隶劳动的物质贡献，还有为一个致力于人类自由的奉行奴隶制国家辩护所需的思想体操。

在近代早期的新世界，海上奴隶制的普遍存在也产生了一个被称为“逃亡黑奴聚居地（Marronage）”的特殊自由故事。在新世界的无数地方，逃离奴隶制建立自由社会的幻想成为历史事实。这些黑奴社区包括不同的群体，例如巴拿马的西马罗内斯（Cimarones），弗朗西斯·德雷克爵士在十六世纪八十年代与他们结成反西班牙联盟，以及在加勒比海、苏里南、法属几内亚和其他地方与美洲原住民混合的更大群体。正如人类学家理查德·普莱斯（Richard Price）和萨利·普莱斯（Sally Price）所称，苏里南的萨拉曼卡黑奴社区保持着一种复杂的非洲和美国混合的社会和语言文化[①]。在世界舞台上，美国的黑人并不像欧洲殖民者的后代那样引人注目，但是黑人飞向自由的幻想代表了新世界的基本梦想。

从被奴役到走向自由，不仅标志着投身历史海洋的个人努力，而且也表示依靠自身力量的奋争。正如哲学家尼尔·罗伯茨（Neil Roberts）最近在他的著作《飞向自由》(*Freedom as Marronage*）中所写的那样，这种行为“是一种多维、持续的飞行行为”(2015：9)。在罗伯茨看来，逃离奴役抓住了“现代性的阴暗面”(23，引用恩里克·杜塞尔［Enrique Dussel］的话)。在格利桑关于加勒比海自由和逃离奴役著作的基础上，罗伯茨发展了一种“与固定、确定的结局背道而驰的逃离奴役哲学”(174)。在罗伯茨看来，逃离奴役的不固定性否认了康德关于自由和自主的哲学思想，其关键在于暗示了一种海上联系。逃跑和逃离的行为以及绝对差异都表明了罗伯茨对启蒙运动政治哲学的批判，同时也说明了固体陆地变成液体海洋的不稳定过程。格利桑通过对比地中海，“被陆地包围的内海”，和断裂的加勒比海，“一片将分散的土地炸成弧形的海洋”，描述了全球现代性的诞生（33）。在这个“衍射之海”(33）中，人类文化呈现出海洋的多样性。

海上全球化联通了格利桑和罗伯茨描述的向固有自由的逃亡与刘易斯和马斯林
10 描述的重新构成全球生态的“新盘古大陆”。前现代人类世，即人类从十五世纪后期开始有意或无意建造的世界，依赖于海洋的结构运动和暴力，缺少这种结构运动和暴力将是无法想象的。

① 参阅普莱斯，2007 等。

重新思考我们的人类星球：尤索夫的《十亿黑人人类世或无》

刘易斯和马斯林对地球系统不断变化的性质提出了有说服力的科学描述，但他们的分析迫切需要批判性地质学家凯瑟琳·尤索夫所说的“对人类世白人地质学的纠正”（2018：第六章）。那种认为一个集体人群通常是白人、男性，并拥有政治权力的默认倾向，一直是人类世研究的批判对象。“地质世纪”现在已经有了其他名称，包括“资本世”和“特朗普世”等。（在我 2019 年的作品《打破人类世》中，我研究了二十多个不同的“新世”。）尤索夫的分析之所以引人注目，一方面是因为她自己就是一名地质学家，另一方面是因为她将自己的专业论述与从爱德华·格利桑，尤其是奥德雷·洛德（Audre Lorde）、迪翁·布兰德（Dionne Brand）、西尔维亚·温特（Sylvia Wynter）、赛亚·哈特曼（Saidya Hartman）等黑人女权主义诗人和理论家的“批判种族理论”中提取的黑人历史主义分析相并置。虽然对于刘易斯和马斯林来说，《人类星球》中的“人类”是一个不需要解释的类别，但尤索夫则将种族和近代早期种族化思维的发展作为“人文主义及其除外问题”的一个例子（2018：14；她的重点）。仅从黑奴船的船舱里重新解读人类世，会使上面的科学观点显得过于简单化。

对于刘易斯和马斯林提出的 1610 年的“地球之钉”和其他“金色道钉”的可能性，尤索夫将所有这些神奇的日期解读为“可疑的起源”（23）。她引用了弗雷德·莫顿（Fred Moten）和哈维（S. Harvey）的作品中对于“下层平民”的定义：由承受着“殖民和工业化环境影响”的黑色和棕色群体组成的阶层（28）。谨记人类苦难的根源，使得尤索夫能够重构地质思维的论述。她指出，刘易斯和马斯林确实提到了奴隶贸易和殖民暴力，但她认为这些是人类世形成的核心事实，因此她“很快承认然后忽略”（29）。相反，她需要对地质学本身进行彻底的重塑，“作为一种具体的思维方式，地质学仍然受到限制，无法承认这种行为习惯在世界或专题制作维度上的过度”（29）。尤索夫建立了一种关注人类真相和不公正历史的“反叛地质学”（87）模型，来取代目前流行的相对和平的有关地球系统科学的陈腔滥调。

尤索夫的反叛灵感来自黑人女权主义学者的研究，特别是哈特曼的梦想，“以
11 可替代性和逃亡性为主线的黑人地球物理学，一种在奴隶制及其后续来世的临时基础上形成的美学”（87）。尤索夫论点的部分说服力来自人文主义批判和地质分析的根本并置。她探索了对近代早期及之后黑人主体性形成进行了评估的传记、艺术、诗歌和其他流派。她的“人类世去殖民化”的目标在她所说的“地质诗学”中成形（104）。尤索夫从丹尼斯·席尔瓦（Denise Silva）的作品中提取出诗歌和伦理的印迹，给它们贴上“地质”的标签，使得地质学与黑人女权主义的人文主义激进实践融为一体。她认识到，她称为“白人地质学”的论述是不容易被取代或修改的。但她坚持认为，“与其将黑人身份（仅仅）视为生物政治，不如将其视为一种通过非人性的语法将肉体与土地分割开来的地缘政治行为”（107）。带着这种对黑人地质学的理解，她在她的短篇文章中寻找“下一次风暴的地质语法”（107）。尤索夫拒绝了“将其多余物质分泌到地球每个孔隙中的白人地质覆盖层”（108）的说法，提出了另一种可能性，即“接受我们与非人类的亲密关系”（107）。她的“世界末日的反叛地质学”将打开“不以反黑人为标志的其他世界的可能性，在这些世界中，非人类是一种关系，不再是具有可替代性的附属物”（107—108）。她努力将生活中的人类苦难与深层地质时代的叙述连成一体，将 1610 年人类世重构为黑人的文化实例以及全球碳排放曲线。将尤索夫的激进批评与刘易斯和马斯林的技术官僚论述联系起来，海上全球化就成为与人类和地球密切相关的主题。

全球化理论：彼得·斯洛特迪克的“球体学”

当与近代早期海洋全球化的另一种理论和抽象探索一起考虑时，刘易斯和马斯林的全球观与尤索夫的社会正义批判之间的紧张关系变得更加清晰。有争议的德国理论家彼得·斯洛特迪克就他认为的全球或球体在整个西方思想史上所具有的象征力量发表了多份典型的夸张声明。斯洛特迪克的《球体》三部曲的关键一篇，第二卷《地球》的开篇就提出了这样一个宏大的论断：

> 如果要用一个词来指出欧洲形而上学时代的主导主题，那只能是“全球化”。西方理性与整个世界之间的关系以完美几何圆形展开和结束，我们现在仍用希腊语的“球体”，或甚至更多地用罗马语的“地球”来称呼这种圆形。……全球化或最大规模的球体生成是欧洲思想的根本事件，两千五百年来， 12
> 它一直在引发人类思想和生活条件的根本变化。
>
> （1999：45—46）

全球化作为一个数学和哲学概念（斯洛特迪克曾指出，这种概念“早于其陆地概念2000多年”，31），与全球化作为历史经验之间的紧张关系，在十五世纪晚期和十六世纪欧洲航海者们开始环球航行的那些年里达到了顶峰。斯洛特迪克还称，“一致审慎的纯粹思维领域成为对经验主义、不完美、非圆形现实的批判”（49）。麦哲伦之后的环球航行中，球体理想主义中注入了混乱、潮湿和危险的真实体验。

在这一命题的延伸部分——《资本主义世界内部》中，斯洛特迪克还表示，十六世纪地理学家发现的“水世界”为现代思想提供了一个通常不被承认的基础（2013：40）。在从几何领域的“形而上学家”到全球海洋的“地理学家和航海者”的转变中（21），斯洛特迪克定位了近代早期海上全球化思想中的强烈反理想主义和实践主义分子。这项分析的关键人物是麦哲伦和埃尔卡诺（Magellan and Elcano）第一次环球航行日志的保管人安东尼奥·皮加费塔（Antonio Pigafetta）。皮加费塔在他的日记中用一句看似天真的话说明了太平洋的范围：

> 三个月零二十天……我们没有遇到任何风暴。
>
> （41）

在斯洛特迪克看来，这个大约110天的浩瀚的时间和空间标志着这一时期在世界历史上的本质变化。太平洋的浩瀚使得地球的范围在近代早期水手面前变成了一个实际的球体。在这一刻，欧洲人遇到了他们从古代就开始理论化的地球的字面表达。在这种“海洋学的逆转”中，斯洛特迪克的近代早期概念中的太平洋水域比玻利维亚的银矿、印度尼西亚的香料岛或中国的繁荣市场更为重要。近代早期水手经历了痛苦和坏血病感染，认识到世界海洋的浩瀚，他们是海上全球化的主要参与者[①]。转向海洋而不是陆地，将重现人们对近代早期文化交流、冲突和殖民主义的思考方式。正如玛格丽特·科恩（Margaret Cohen，2012）在对十七世纪航海指南的巧妙分析中所称，近代早期的海上生活条件迫使人们把对海洋的哲学抽象概念转变为生存实用性概念。她按照约瑟夫·康拉德（Joseph Conrad）的说法把思考和行动的习惯称为“手艺”，而我按照荷马的说法将其称为“梅蒂斯”(metis)，这种“手艺”指的是在海上迷失方向时的一种具体技能[②]。斯洛特迪克将这种劳动和思考的方式称为“海事理性”(2013：88)；我在其他文章中用“游泳者诗学”
13 的隐喻描述了凡人身体和世界海洋之间技术接口的人类大小方面（2012：586—592)。这种特殊的思维模式，虽然对近代早期毫无意义，但却通过海上经验和智力劳动的相互关联而表现出来。海上全球化定义了欧洲经历的全球复兴，也定义了大约1550—1750年间全球海洋文化的两极。一方面，这一时期见证了欧洲第一次全球化的航行和殖民地，随之而来的是经济混乱、文化混乱和生态灾难；另一方面，这个过程一直在海上进行，需要水手的手工劳动以及诗人、几何学家和其他受过教育的人的脑力劳动。我们对全球和全球化的感觉中一旦有了这种“海上”的概念，我们的面前就会呈现一幅想象中的地球与活生生的物理体验交织的图像。

关键词

以下六个关键词构成了本书关于人类、生物和文化在全球范围内的海洋运动的全球叙事。即使将这些关键词与书中的八个重要章节结合起来，也无法涵盖近代早期全球航海过程的所有要素。对于我们在本书中缺乏空间和专业知识来探索、但构成宏大故事的重要部分的事情，最值得注意的是，我们需要更多关注美国土著和太

① 有关太平洋航行和疾病，请参阅兰姆（Lamb），2016。

② 请参阅科恩，2012：XXX；门茨，2015：77—128。

平洋岛民的经验和知识。在这个全球海上扩张的时代，从关注女性、酷儿（queer desire）和性别不一致（GNC）的少数群体中涌现出来的批评性论述也值得关注，本书仅仅涉及其中一部分。这些领域中的学术讨论非常丰富，本书只是呈现其中的一小部分。

环球航行

这一时期的环球航行始于西欧，也结束于西欧。1519 年，麦哲伦的五艘船的船队离开塞维利亚，1522 年，在麦哲伦死后，船队在胡安·塞巴斯蒂安·埃尔卡诺（Juan Sebastian Elcano）的指挥下返回西班牙。德雷克的旗舰“金鹿号”（Golden Hind）号于 1577 年离开普利茅斯，1580 年返回。1586 年，托马斯·卡文迪许（Thomas Cavendish）的“欲望号”和另外两艘船开始了环球航行。他的旗舰于 1588 年返回，比他的同胞德雷克快了九个月。在讲述这些作为近代早期海洋核心事件的熟悉故事时，我所强调的是许多船的沉没，而不是只有少数几艘船的成功返航。我对于海船指挥官的兴趣不大，我的兴趣在于船只和船员，尤其是在多年航行过程中水手群体的变化。1519 年，在麦哲伦的指挥下，有五艘船 14
从塞维利亚出发，但在 1522 年，只有“维多利亚号”在埃尔卡诺的指挥下返回西班牙。

1577 年，弗朗西斯·德雷克爵士（Sir Francis Drake）率领五艘船的船队离开普利茅斯，随后在佛得角群岛附近捕获了一艘葡萄牙商船，船队船的数量又增加了一艘。该商船的船长，努诺·达席尔瓦（Nuno da Silva），加入了德雷克的船队，很可能以他的南美航海经验为船队提供了帮助。到 1580 年他们回到普利茅斯时，德雷克的麾下只剩下一艘船，即“金鹿号”号和 59 名船员。1586 年，托马斯·卡文迪许在普利茅斯开启了第二次英国环球航行，当时他只带了三艘船，但就像德雷克和埃尔卡诺一样，他的船队在 1588 年返回英国时只剩下一艘，时间比德雷克的船队快了九个月。

奴隶制 15

跨大西洋奴隶贸易始于十六世纪早期，当时葡萄牙的奴隶被从非洲第一次贩运到巴西。

图 0.1　弗朗西斯·德雷克爵士以及他的环球航行地图。《弗朗西斯·德雷克，他那个时代最著名的英格兰骑士》(*Franciscus Dracus nobiliss eques Angliae aetatis suae*)，第四十六章。科隆，1596。© 布朗大学约翰·卡特·布朗图书馆提供。

16 其他欧洲国家也紧随其后，法国、西班牙、荷兰和英国的船只也加入快速增长的贸易中。最近的学术研究，包括约翰·桑顿（John Thornton）的开创性工作，已经探索了欧洲奴隶贩子与近代早期西非奴隶制的接触和交织的方式[①]。金·霍尔（Kim Hall，1996a）和阿雅娜·汤普森（Ayanna Thompson，2011）等有影响力的文学学者，以及乌尔瓦希·查克拉博蒂（Urvashi Chakrabarty，2016）和安伯丁·达博伊（Amberdeen Dadhboy，2020）的新作品，已经开始考虑奴隶制度在英国、欧

① 请参阅桑顿，1998。

图 0.2 马提尼克岛的奴隶待遇。弗朗索瓦·弗罗格（Francois Froger），《航海关系……》。伦敦，吉利弗劳尔（M. Gillyflower），1698。第 120 页后的印版。© 布朗大学约翰·卡特·布朗图书馆提供。

洲和全球范围下的中心地位。文森特·凯瑞塔（Vincent Caretta）的有关奥拉达·艾奎亚诺（Olaudah Equiano，2005）的作品，以及其他十八世纪大西洋废奴主义者的著作，为重新考虑促成了奴隶制及其相应文化发展的跨大西洋海上网络提供了一个实用模型。我们还有更多的工作要做，特别是关于十六世纪晚期和十七世纪奴隶贸易的增长。

飓风

飓风是新世界的风暴，在十五世纪晚期之前，欧洲水手可能从未遇到过这种

图 0.3　飓风袭击陆地。《最难忘的作品集……》莱顿，皮特·范德·阿（Door Pieter Vander Aa），1707。第三卷第 12 页之后的折叠印版。© 布朗大学约翰·卡特·布朗图书馆提供。

17 风暴[①]。加勒比语中“hurucan”一词在十六世纪早期伴随一些关于加勒比海航行的报道进入了欧洲语言。飓风很少会到达欧洲大陆外的爱尔兰和英国岛屿。飓风从北大西洋环流内部开始聚集，通常在非洲西海岸外形成。飓风向西旋转进入加勒比海的温暖水域时积聚力量，随后向北转向墨西哥湾，或向东北沿着北美海岸线前进。最终，飓风转向大海，在海上通常会减弱，然后再一路向东旋转至亚速尔群岛、不列颠群岛或欧洲大陆。彼得·休姆（Peter Hulme，1986：93）称，飓风代表了近代早期欧洲探险家所遇到的一种全新天气模式。加勒比海本土的单词“hurricane”融入西班牙语、法语和英语，是新单词含义进入旧世界体系的缩影。

美洲植物

土豆和西红柿等新世界植物改变了旧世界的农业体系。爱德华·麦克莱恩·特斯特（Edward Maclean Test）最近在《神圣的种子：新世界植物和近代早期英语文

① 有关历史和英国文学文化中对于飓风更全面的探讨，请参阅门茨，2017：257—276。

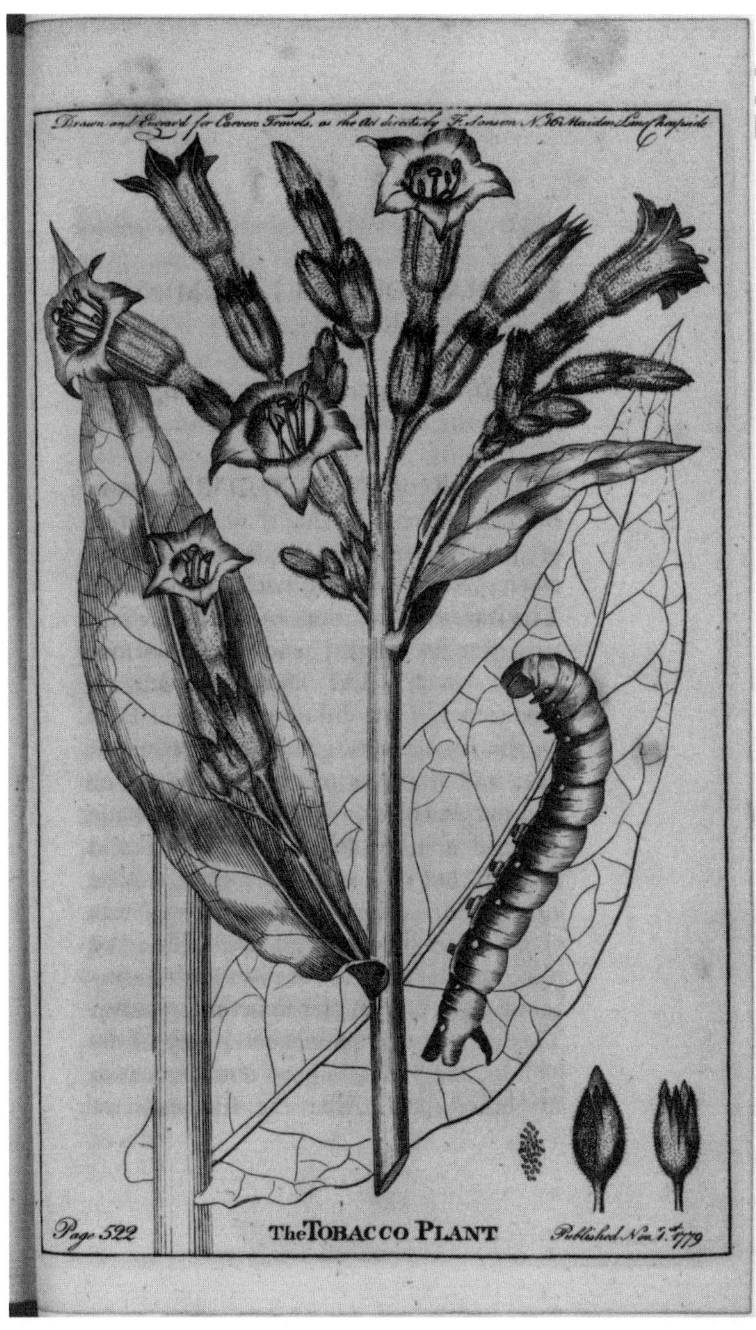

图 0.4　烟草工厂。乔纳森·卡弗（Jonathan Carver），《穿越北美内陆地区的旅行》，伦敦，威廉·理查德森（William Richardson），1779。第 522 页后的印版。© 布朗大学约翰·卡特·布朗图书馆提供。

19

图 0.5　海洋地球仪。佩德罗·库伯罗·塞巴斯蒂安（Pedro Cubero Sebastian），《探索全球之旅》（*Peregrinacio del Mundo*……）。那不勒斯，卡罗罗斯·波西尔（Carolos Porsile），1682。雕刻的题名页。© 布朗大学约翰·卡特·布朗图书馆提供。

学》(2019)中指出，新世界植物对欧洲文化有着巨大的影响。特斯特将著名的烟草与不太为人所知的新世界产品结合在一起，包括苋菜花、愈创木果和用来制造红色染料的伴随墨西哥仙人掌生长的胭脂虫。特斯特表示，当人类殖民新世界时，“植物殖民了旧世界”(188)。在十六世纪三十年代成为一种主要贸易商品并且是非洲奴隶贸易主要驱动力的烟草仍然为最臭名昭著的植物，但其他植物，包括不起眼的土豆，也在这一时期产生了全球影响。

地图

在近代早期许多重要的航海地图中，我主要关注的是印在本书封面上的怀特—莫利纽克斯世界地图。这幅地图在理查德·哈克路伊特（Richard Hakluyt）的《1599—1600 年主要航海史》的第三卷中首次得以印刷。这本书的封面显示了怀特世界地图的“东方”和“西方”的复合页。这张地图被称为“怀特—莫利纽克斯世界地图”，因为怀特借用了英国制图师埃默里·莫利纽克斯（Emery Molynuex）的地球仪上的地形和海岸线图像。然而，怀特地图的基本特征并不是莫利纽克斯所绘制的代表海岸线的曲线，而是怀特所绘制的横跨海洋表面的许多直线。怀特的世界地图是对 1569 年杰拉德·墨卡托（Gerard Mercator）用投影法绘制的世界地图的补充。

怀特对墨卡托的图像进行了数学上的扩展，以便提升这些图像对航海的特殊价
值。这幅航海者地图的基本特征，即数学证明，也在怀特（Wright）1599 年的小册 20
子《航海中的某些错误》中有过介绍。怀特的世界地图之所以对航海史至关重要，是因为它是第一张用数学精度表示三维地球的二维欧洲地图。怀特在《某些错误》中加入了精确的数值公式和表格，补充了墨卡托和莫利纽克斯的图像。怀特结合表格和图像，制作了第一张平面地图，在穿越大西洋的时候就可以去想去的地方。正如怀特早期在《某些错误》(1599)中指出的那样，在从西印度群岛到亚速尔群岛的航行中，如果没有怀特对墨卡托图像的校正，试图用全球平面图来绘制航线，可能会导致航行偏离 150 至 200 里格*，相当于 500 英里，远到足以完全忽略亚速尔群

* League，长度单位，在英美为三英里或三海里。——中文编者注

21

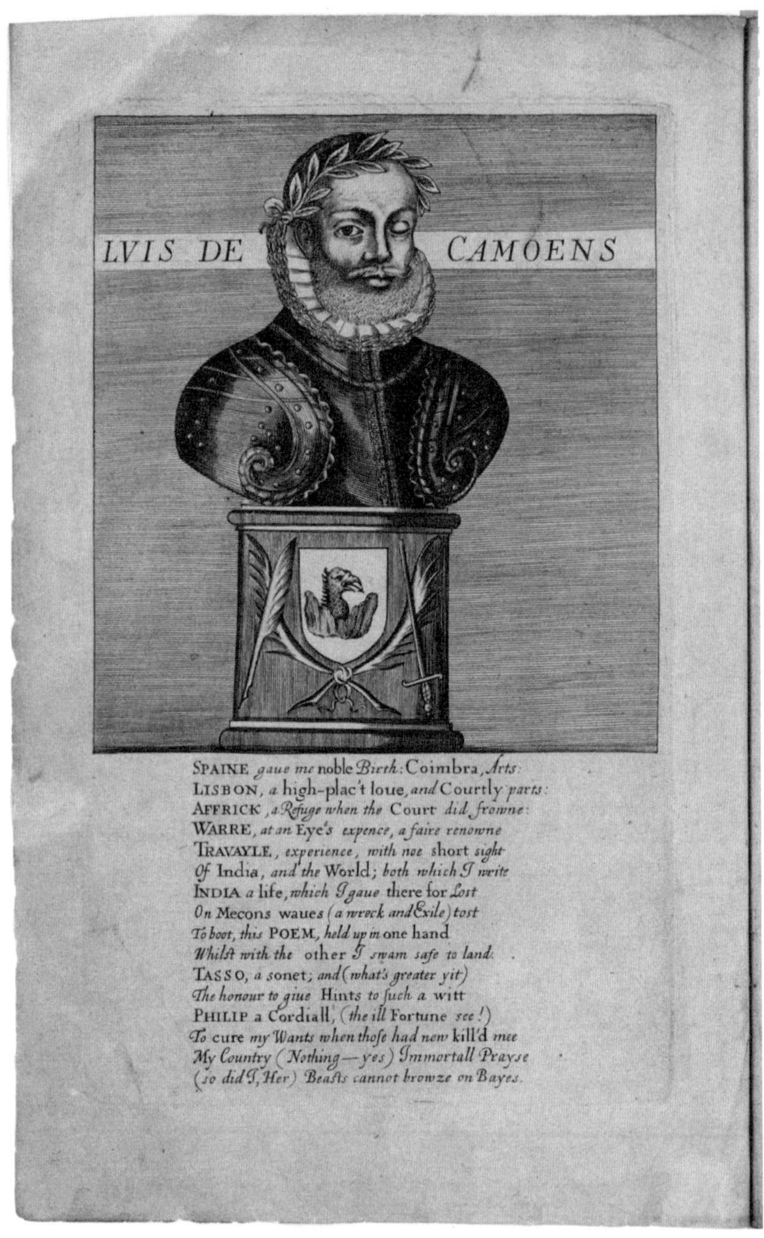

图 0.6　贾梅士（Luís de Camões），《卢济塔尼亚人之歌或葡萄牙史诗》（*The Lusiad, or, Portugals Historicall Poem*, 1655）。卷首插图。© 布朗大学约翰·卡特·布朗图书馆提供。

岛。怀特本人更像是一位数学家，而不是航海家，尽管他在 1589 年至少进行了一次去亚速尔群岛的海上旅行（阿普特［Apt］，2004）。他所绘制的亚速尔群岛精确海图在《某些错误》的最后几页，其中包括对航海有用的恒向线，这似乎是他对德雷克航行的主要贡献。他在“读者序言”中写道，当我们从亚速尔群岛返回诺曼底海岸外的一个岛屿时，“我们看到了那个岛屿，但根据普通的海图，我们离它还差 50 里格”（1599：1，未分页）。怀特注意到明智的航海大师不相信图表，因此他试图通过数学建立更好的地图。

怀特在他 1599 年的小册子中介绍了他的数学证明和创建 1600 年地图的技术。怀特的创新之处是提出了计算恒向线的数学公式，在怀特的海图中，恒向线是贯穿整个海洋的径向直线。这些线条相对于它们所相交的南北经线保持一个恒定的角度。为保持这个角度，并在地球的曲面上准确地表示方向，地图的绘制需要扭曲南北高纬度地区的地理地块的大小。墨卡托的地图从视觉上开始了这一过程，但怀特的数学公式提供了一种计算印刷地图在页面上显示的等距线的方法。劳埃德 · 布朗（Lloyd Brown）在《地图的故事》中的总结似乎并不夸张，“爱德华 · 怀特的《某些错误》可以被适当地认为是关于航海的第一篇实际上正确的论文，在大多数方面，它标志着科学海图构建的转折点”（1949：138）。这张地图故意绘制大小不精确的地理位置，使冰岛这样的小岛看起来几乎和西班牙一样大，格陵兰岛几乎和非洲一样大，这样就可以准确地描绘全球空间的方向。根据地球仪来航行需要在地图上叠加复杂的数学系统。

诗歌手稿

近代早期欧洲最杰出的海上叙事性诗歌是史诗《卢济塔尼亚人之歌》，由作者 22
贾梅士用葡萄牙语写成。贾梅士诗歌的第十章似乎讲述的是手稿被海水淹没的故事，当时是 1559 年，诗歌作者所在的海船在今天越南湄公河三角洲附近失事，作者游着泳将手稿带到了岸上。这一我们现在称为传奇的壮举的唯一证据是贾梅士自己诗歌中的一些零星引用，但如果我们相信诗歌、传说和一些零星书面证据，那就表示贾梅士很可能在 1559 年的时候在湄公河附近遭遇到了海船失事。根据他在《卢济塔尼亚人之歌》（1997：10：128）（后于 1572 年在里斯本出版）中的隐晦叙述，诗人因为“不公正的命令”被从远东召回果阿，并将于1561年在果阿监禁。尽管他因为海船失事失去了所有的财产，但他保留了这篇后来成为现代葡萄牙民族史诗的草稿：

> 这片静谧而安详的大地呵，将把浸湿的诗章迎入怀抱，
> 诗人遭受不幸的悲惨海难，
> 侥幸从浅滩的飓风中逃命，忍饥挨饿度过巨大的危险，
> 发生这一切不幸都是因为，
> 他被不公正的命运所注定：
> 获得美好诗名，
> 遭受一切不幸。

（1655：10.128.2—8；p. 218）

诗人夸张的自我呈现，表现出他受到不公正执政官的迫害，同时在海上遭遇海难，这与他诗歌中“甜蜜的灵巧”形成了鲜明对比。《卢济塔尼亚人之歌》不仅将达伽马1497—1499年第一次前往印度的航行置于史诗英雄的中心位置，而且成为一个遭遇海难水手笔下的变形作品。

贾梅士的诗中对于海难起源的描述可能为虚构，但突出了这位经典文学人物与海上旅行和灾难之间的密切关系。贾梅士并不是一名航海者，但他的生活与越洋旅行有很大的联系。在这篇史诗的前面部分，他再次用了非常传统的术语描述自己，风暴袭来时：

> 有时是翻腾的海浪，
> 有时是血腥的危险，马蒂尔！……
> 现在我的生命，
> 挂在一根纤绳上（即使不堪重负）：
> 这是个奇迹，我仍然活着，

然后是犹大国王十五年的新租约。

（1655：7.79.5—6；7.80.5—8）

奥德修斯（Odysseus）痛苦的回声确实存在，但它们也被历史化了，因为文艺 23
复兴时期的史诗把孤独的古典水手变成了一个早期现代海洋国家的象征。诗歌和海水在贾梅士的想象中结合在一起，定义了他任性生活的极点：他忍受着大海的咆哮，只为写出一首诗，让海洋成为一股力量，为葡萄牙写下一种英雄般的命运。

1559年，贾梅士所搭乘的海船在湄公河三角洲附近失事，让人领略到这一时期远洋航行的不可靠。正如乔西亚·布莱克摩尔（Josiah Blackmore，2002：44）所称，海难事件在近代早期的葡萄牙文化中产生了对海洋帝国的“反历史编纂”，在颂扬其成就的同时也强调了其脆弱性。贾梅士在海浪中带着手稿游泳的形象既是胜利，也是冒险。

结论：陌生海洋与沉船生态诗学

这些关键词和对近代早期全球系统的分析强调了海洋旅行如何在近代早期产生了新的历史经验和思想。我希望借助本引言来强调人类在遭遇海洋这一巨大的陌生空间时所受到的巨大冲击。特别是太平洋，这个比大西洋和印度洋大得多的大洋制约着人类的极限。我将以人类与海洋相遇时所经历的亲密和痛苦为结尾。我们喜欢海洋，但海洋却会让我们溺亡，我希望本书能阐明这些事物之间的关系。

第一章

知识

近代早期海洋的构建，1450—1700

克里斯托弗·帕斯托（CHRISTOPHER L. PASTORE）

克里斯托弗·哥伦布既是一位经验丰富的水手，又是一位坚定的学者，他通过 25
口头和书面的有关探险和世界地理的记录来确证来之不易的经验，积累下关于海洋的知识。据曾与父亲一起航行并为父亲写了一本传记的哥伦布的儿子费迪南德（Ferdinand）说，哥伦布有一种直觉，认为可以从欧洲向西航行到亚洲，哥伦布曾与许多远航到“西海”的水手交谈，其中有一位葡萄牙领航员告诉哥伦布，他在海上发现了一块顺着持续的西风漂流的木雕。哥伦布的姐夫佩德罗·科雷亚（Pedro Correa）发现了几根“来自一些邻近岛屿或可能来自印度”的被风吹向欧洲海岸的大“拐杖”（哥伦布，1959：48）。亚述尔群岛的岛民证实，松树的树干有时会由于“长时间西风的吹动”而冲刷到海岸上。在其中一个例子中，他们还发现了几艘“被覆盖的船或独木舟”，以及两具“有着很大的脸盘，样貌与基督徒不同”的人的尸体（49）。哥伦布认为，洋流暗示着地平线之外的某个地方存在着某种东西。

这些记录似乎证实了哥伦布仔细收集的那些古典和中世纪学者所作的推测。例如，普林尼（Pliny）曾断言，从遥远的海岸冲来的木头在海上形成了像岛屿一样的大木筏。塞内加（Seneca）曾声称，在印度，一种漂浮的石头有时会形成漂流的岛屿。哥伦布还关注了圣布伦丹，布伦丹曾指出，佛得角和亚述尔群岛以外还有岛屿。他提到了显示“安提拉岛”的图表，葡萄牙人猜测，这可能是传说中的“七
城之岛”（卡萨斯［Casas］，1957：76—78）。哥伦布用已发表的作品证实他的笔记， 26
成为探索时代海洋知识生产的影响深远的人物。当然，他会精心挑选资料来源，把重点放在那些有助于他寻找通往亚洲的向西路线的目标资料之上。后来，哥伦布的儿子兼传记作家整理了哥伦布的笔记，试图为他的家族争取到皇室年金（哥伦布，1959：20—21）。但仔细研究哥伦布的方法和观察，仍然可以发现近代早期海洋知

识生产和流通的可能性和局限性：现实与神话交织，文字来源与本土传说和观察交流，所有海洋知识都经过了记忆和时间的沉淀之后喷薄而出。

大约在1450年到1650年之间，欧洲人在海洋航行、地理和自然历史方面的知识急剧增长。1439年之后，古腾堡（Gutenberg）的印刷机促进了哥伦布及其同时代编纂者的工作，地图、探索编年史、海洋技术和实践论文以及殖民宣传材料等的出版达到了前所未有的规模。正如米歇尔·福柯（Michel Foucault）所称，仔细阅读文艺复兴时期的文学作品揭示了他认为的认识论的突然转变，神话让位于更具经验性的认知方式（福柯，1973）。多琳达·奥特拉姆（Dorinda Outram）批评了福柯关于这些结构性变化是普遍存在的假设，指出盎格鲁-爱尔兰和盎格鲁-美洲背景下的自然历史的产生颇有区别，自然历史学家的“目的是对特定区域内的人类和自然活动给出一个统一的解释”（奥特拉姆，1997：467）。换言之，知识的产生因地而异。但知识也来自过去，同时还标志着与过去的决裂。正如布赖恩·奥格尔维（Brian Ogilvie）所称，文艺复兴时期的博物学家经常用古典古代（classical antiquity）的记录来证实他们的观察，从而融合了人文主义、经验主义和神学。反过来，他们创造了新的自然哲学文化和经济，并最终形成了一种新的“描述科学”（奥格尔维，2006：10—17）。这些解释自然世界的新方法延伸到了海洋。正如本章所论述的那样，文艺复兴时期出版的大量海洋书籍开创了一个海洋知识的新时代，在这个时代中，曾经只为相关人员所用的海洋知识成为欧洲商业和宗教扩张不可或缺的一部分。换句话说，“手艺”，这种被小说家约瑟夫·康拉德和文学学者玛格丽特·科恩称之为海员的特殊技能和冷静思考的能力，在一段时间内被印成了文
27 字（科恩，2010：15—58）。当海洋的感官体验，包括海洋在各种情况下的样貌、气味、感觉、味道和声音，被写入书本，神话与新的现实展开对话，在越来越多的读者中流传，重塑了更广泛的海洋概念。随着欧洲国家竞相进入海洋领域，他们对海洋知识的追求日趋完美，因此他们重新制定了长期依赖主导他们和海洋本身的法律制度。本章将阐述，近代早期见证海洋知识的深远扩展，重新定义地理、自然历史和法律领域。总而言之，海洋知识的传播有助于培养全球对于海洋的新意识。

海洋地理

欧洲文艺复兴继承了对全球地理的理解，融合了古典和基督教的空间概念。在希腊人看来，地球由一个叫地环（Orbis Terrarum）的岛屿组成，这是一块圆形的陆地，被俄刻阿诺斯（Oceanus）河所包围，由此形成了宇宙。这条河以泰坦俄刻阿诺斯（Titan Oceanus）的名字命名，它无限期地延伸，“形成了地球边界之外的一个区域”（罗姆，1992：23，16）。一片混乱、无法无天、不可捉摸的海洋，完全无文明可言。当亚历山大大帝希望远航寻找新大陆时，他的顾问阿特蒙（Artemon）警告说，海洋标志着“自然的边界”和“众神的起源”。海洋神圣无边，因此阿特蒙警告亚历山大，“海水太圣洁，船只无法穿越”（25—26）。虽然有些古人认为，尼罗河从俄刻阿诺斯流入地中海，即塔拉萨（Thalassa），但希罗多德（Herodotus）断然否定了这一说法。他写道，“他们说海洋环绕着整个地球……但他们没有任何证据”（34）。另一些人，包括最著名的斯特拉博（Strabo），把地球之岛描绘成由小海或海湾形成的锯齿状物体。托勒密（Ptolemy）甚至把海洋河的概念称为“谬误”。中世纪时期，海洋包围、渗透和分割土地的概念与海洋环绕世界的概念并存（刘易斯，1999：191）。

中世纪的思想家将这些想法改编为犹太-基督教宇宙论。《创世纪》称，第二天，上帝将海水与天空的水分开。然后，上帝把水聚集起来，“让旱地显露出来”（《创世纪》，1：9，《新修订标准版圣经》）。陆地是人类的空间，天空和海洋是神灵的空间。中世纪的空间概念浸透了宗教思想，正如约翰·柯克兰·赖特（John Kirkland Wright）所说，中世纪地理学可以更准确地描述为“地球哲学”。地图反映了这种宗教观念。例如，许多中世纪世界地图（mappae mundi），不管是那些一直使用T-O格式（外围是圆环形状的海洋，即“O”，中间为圆形的陆地，而陆地又被一横一纵两片水域分割为三块，即“T”）的地图，还是那些试图描绘世界上已知大陆及其海 28
岸的起伏轮廓的地图，都经常把欧洲、亚洲和非洲的辐条向外辐射的精神枢纽——耶路撒冷置于中心位置（吉利斯［Gillis］，2004：5—18）。海洋以传达宗教信仰和巩固政治权力的方式包围、渗透并最终分割了地球之岛（哈雷［Harley］，2002：

56）。即使这些中世纪地图更多的是对基督教寓言的反映，而不是对地理空间的描绘，但它们仍然在创造新的海洋想象中发挥了重要作用。1406年左右，托勒密《地理学》的拉丁文翻译版及其流传是欧洲地理知识的最重要突破之一。托勒密将地球划分为360度的球体，经纬度线为地球地图的绘制提供了坐标系统。托勒密的想法引入了更多全球空间的量化概念，提供了绘制远超中世纪世界地图和点对点图的方法（帕里，1963：11—13）。不过，近代早期地理知识的创造在很大程度上依赖于来之不易的经验。地理理论的突破十分重要，但海洋的形状是由海船上的水手绘制，地图上会随着新陆地的发现而增加新的信息。

岛屿在不断增长的海洋知识体系中是一个不可或缺的角色。约翰·吉利斯（John Gillis，2004：1）证实称，岛屿"提供了一种让我们能够将一个本来无形且无意义的世界赋予形状的隐喻"。岛屿作为想象空间，带来了混乱和困惑中的心理永恒。岛屿沐浴在神圣的海洋中，打开了通往精神世界的通道（赫希，1995：4）。对于基督以前的欧洲人而言，岛屿是与神灵联系的重要场所。中世纪的基督徒后来采用了这些神圣的景观，将之重新塑造以满足他们的物质和精神需求。例如，公元六世纪到八世纪之间的某个时候，一群修道士来到爱尔兰西海岸外的斯凯利格·迈克尔岛的岩石海岸居住。在大西洋波涛汹涌的海浪之上，他们建造了蜂巢式的石头小屋，过上了半与世隔绝的祈祷生活。位于欧洲边缘的爱尔兰西部水域据传也有更多的岛屿，到公元十世纪，地图绘制者开始用想象中的陆地将这些空间填满。圣布伦丹岛、幸运岛、布拉西尔岛（Hy Brasil）以及"天涯海角"（图勒岛，Ultimate Thule）等岛屿出现在中世纪的地图上，但随着海洋地理知识的增加，这些岛屿迁移到不断扩张的大西洋，有时甚至是太平洋和世界的新边缘。例如，圣布伦丹岛从爱尔兰西海岸向地中海移动（见图1.1）。在马德拉岛和加那利岛建立种植园之后，圣布伦丹岛继续向西迁移，到十六世纪，它出现在纽芬兰海岸附近的某个地方（吉利斯，2004：51—54）。与此类似，对于古罗马人来说，"天涯海角"被认为是在英国北部的某个地方，可能在法罗岛（Faeroe）或设得兰（Shetland）群岛之间。一些早期的中世纪地理学家设想在亚洲会有另一个"天涯海角"，在大西洋东北部靠近挪威的某个地方也会有另一个"天涯海角"，但随着欧洲人跨越大西洋的扩张，"天

29

图 1.1　潜伏在海洋知识范围之外的想象中的岛屿和想象中的生物。在地中海以西的想象中的圣布伦丹岛和幸运岛之间的某个地方，圣布伦丹落在一个海怪的背上。奥诺里乌斯·菲洛波努斯（Honorius Philoponus，1621），圣布伦丹和鲸鱼岛，新版《修道院院长圣布伦丹之航行》，第 10 页后的印版，奥地利林茨：沃尔夫冈·基利安（Wolfgang Kilian）。© 布朗大学约翰·卡特·布朗图书馆提供。

涯海角”先于他们的扩张之前迁移，首先到冰岛，然后到格陵兰岛，然后到文兰，总是在地理知识的限制之外显现（卡西迪，1963）。

地中海岛屿作为物质场所，也是海洋知识积累和传播的基石。从黎凡特开始，地中海岛屿就一直是重要的糖生产基地。当欧洲人沿着非洲海岸向大西洋和南部扩张时，岛屿就成为重要的商业和帝国前哨。随着欧洲对糖需求的增加，种植园主向西推进，寻找新的耕种土地。他们在亚述尔群岛、马德拉群岛、加那利群岛和佛得角群岛定居，然后向南航行进入几内亚湾，在那里的费尔南多波岛、普林西比岛、安诺本岛和圣多美城的奴隶劳工产地附近建立种植园。西班牙人在加那利岛建立了一个制糖中心，葡萄牙人则在马德拉岛建立。十五世纪末，哥伦布从加那利岛向西探索，来到加勒比海，佩德罗·卡布拉尔（Pedro Cabral）在巴西登陆。菲利普·科廷（Philip Curtin，1998）指出，欧洲人向美洲的扩张并不仅仅是新事物的开始，更确切地说，这是大西洋世界中一个非常古老种植园扩张过程的结束。

随着种植园横跨赤道大西洋，渔民向西航行穿越北方大西洋。对鱼的需求很大 30

程度上是受在特定的神圣日子里要禁吃肉食的宗教饮食规则的推动。每年禁吃肉食的天数随着时间的推移而增加，因此到十四世纪，天主教徒几乎有半年都不吃肉。尽管在公元1000年之前，欧洲人主要食用淡水鱼，但农耕农业和欧洲大陆河流沿岸水坝的激增造成的侵蚀破坏了鱼类栖息地，导致渔获量下降以及鼓励渔民转向海洋捕鱼（费根，2006：147，94，99）。为了满足日益增长的需求，渔民加大了捕捞咸水鱼类的力度。考古遗迹表明，到十四世纪和十五世纪，人们食用的鱼类中有60%到80%是咸水鱼类（罗伯茨，2007：26）。为了寻找更大的鱼和更丰富的资源，渔民将船驶过地平线去捕鱼，将渔获物运回欧洲市场。理查德·霍夫曼（Richard Hoffman，2001）指出，在中世纪晚期，腌制鱼的长距离贸易，以及牛和谷物的贸易，开创了人们在生态系统之外进食的食物消费模式。结果，消费者往往忽视或忽略从遥远边疆购买食物的“社会和环境成本”。霍夫曼总结道，“生态关系逐渐从城市消费者的视野中消失，取而代之的是经济联系”（155）。跟随海洋知识的新形式出现的是对环境漠不关心的新模式。

如果说海洋是农业种植的外围地带，是仅运输劳动力、糖和设备的地方，那么大海就是鱼类生产的主要场所，这也塑造了人们对大海的理解。虽然没有证据表明，在约翰·卡伯特（John Cabot）于1497年代表英国人航行到新世界之前，渔民们曾到过纽芬兰，但有可能渔民们已经进入了这些水域探索，只是他们把这一知识留在了自己的记忆中。然而，在卡伯特航行的报道传开后，越来越多的欧洲人到了纽芬兰附近的水域。他们发现那里有丰富的鱼类，但他们也注意到美洲的北大西洋与欧洲的北大西洋非常相似，这里除了一些特有的物种，还有最引人注目的马蹄蟹。他们看到了同样的鳕鱼、黑线鳕和比目鱼；岩石上覆盖着贻贝，爬满了带爪的龙虾；四周种着米草的海滩和北海的海滩很相似；还有不停尖叫的海鸥实在是太熟悉了。尽管十六世纪和十七世纪的评论家对如此丰富的海洋生物感到惊奇，但他们还是看到了相似的生物。杰弗里·博斯特（W. Jeffrey Bolster，2008，2012）表示，
31 当人们把北大西洋想象成一个从北海延伸到北美的连续的生态系统时，纽芬兰、新斯科舍和缅因湾附近的水域似乎不太像是进入新世界的门槛，而更像是进入旧世界的西部边缘。

与美洲的相遇从根本上挑战了欧洲的宇宙学（奥戈尔曼，1961：127—137）。与基督教的世界地理千禧年概念一样，美洲代表的是对古老圣经土地的“恢复”，而不是对新事物的发现（吉利斯，2004：43）。如果说“新世界”是被创造出来的，那就是欧洲创造的，因为更世俗的文艺复兴人文主义的支持者根据欧洲大陆重新构想了基督教世界（刘易斯和维根，1997：25）。整个十六世纪，一些欧洲地理学家都不愿意承认美洲与欧洲、非洲和亚洲都在一个世界岛屿上。但是，关于一个有人类居住并且可以通过海洋航行到达的新大陆的知识有效打破了“地环”的说法。马丁·刘易斯（Martin Lewis）和凯伦·维根（Kären Wigen）解释说：“希腊人的统一人类地域概念被分解成组成它的大陆，具有讽刺意味的是，这些大陆的相对孤立现在变成了它们的定义特征。”（1997：26）到了十七世纪，地理学家达成了一个共识：美洲被广阔的海洋空间隔开，自成一体。总之，十五世纪和十六世纪的海洋探索和商业扩张从根本上挑战了当时的地理空间概念。曾经是一个统一的地球岛已经被粉碎成一个全球群岛。这就迫使地理学家对在新的大陆群之间流动的海洋空间进行重新思考。实际上，海洋是第一次被纳入“地环”（奥戈尔曼，1961：128）。

海洋不再是障碍，而是一座桥梁，连接着一个更大的充满新可能性的世界。这从根本上改变了人类对自己在宇宙中角色的想象。如果像埃德蒙多·奥戈尔曼（Edmundo O’Gorman）所说的那样，“地环”上的生活是一个“宇宙监狱”，美洲的发现则使“人类……把自己想象成一个自由的行动者，具有一种自己拥有无限可能的深刻和激进的意识，生活在一个由他按照自己的想象和标准创造的世界里”。当文艺复兴时期的绘图者将美洲纳入他们新的全球地图景象时，海洋不再是一个限制人类雄心的无差别的空白，而是构成了有着连接走廊的不同水域。总之，这个新定义的陆地地球，一个大陆网络被某些海洋盆地所打断的地球，展现出人类的潜力（奥戈尔曼，1961：68—69，129，131—132）。

在文艺复兴时期，这个曾经是永恒、无差别的贫瘠之地变得充满了地域感。给海洋命名赋予了它们新的意义，将它们与邻近的陆地和居住在那里的人们联系起来。例如，1570年，亚伯拉罕·奥尔特利乌斯（Abraham Ortelius）在南大西洋 32
发现了一个“埃塞俄比亚海”，在北大西洋发现了一个“马德尔诺特海”（Mar del

Nort）。但他也标出了“不列颠海”和“杜卡多纽斯海”，即苏格兰海；再往东，他标上了“印度海”，把现在的太平洋称为“南马德尔”。其他地图绘制者也同样确定了一个“南海”或“太平洋”，其最东北部的部分有时被称为“西大洋”，即西方海洋。荷兰地图将太平洋西缘标记为“新讷瑟斯海”，即中国海。即使在十七世纪，地图上开始标注欧洲西部的“大西洋”，大多数水手也把这个空间称为“西方海洋”（刘易斯，1999：198—203）。水手们航行了数千英里，系统地编织了新的海洋网络（帕里，1974：8）。各种叙述和印刷地图给海洋增添了形状，随着海洋地理知识的扩展，海洋有了新的含义。

航海知识

海洋技术的突破使人们更容易进入海洋。尽管在十五世纪早期，中国人已经建造了一支庞大的远洋船队，这支船队穿过印度洋、红海和波斯湾，但统治者很快就意识到，长途航行成本高昂，不值得，因此限制了中国对东南亚的贸易（帕里，1981：17—18；费根，2012：162—164）。但在文艺复兴时期，欧洲人制造出了一些具有最先进技术的帆船，很快就扩大了他们的全球足迹。

十五世纪的葡萄牙卡拉维尔帆船标志着海上航行的一次重要革新。细心的舵手借着稳定不变的风精心调整风帆，把帆船控制在与风成30度的范围内。卡拉维尔帆船的框架为橡木和软木制成，帆船有着精致的船头、狭窄的横梁和宽大的三角帆，其特点是快速和高度机动（罗素，2000：227—228）。这种帆船吃水很浅，可能不足六英尺，搁浅后可以通过简单移动货物的重量来漂离障碍物（帕里，1981：25）。其纵向大三角帆很可能起源于西亚水域的某个地方，也许是地中海东部、波斯湾或西印度洋，另外很可能在大洋洲的印度尼西亚群岛的某个地方（坎贝尔，1995）。尽管卡拉维尔帆船的古老起源仍然难以捉摸，但在十一世纪，大三角帆索套装置已经穿过地中海到达了伊比利亚的大西洋海岸，很快就成为该地区的标准航行配置（帕里，1963：58）。三角帆卡拉维尔帆船也可以安装多根桅杆，桅杆上有时会装上方形帆，以达到更有效的顺风行驶。

尽管最近的学术研究质疑三角帆索套对大西洋扩张的重要性，但这种风帆配置

图 1.2　多桅卡拉维尔帆船及其三角帆和方形帆的混合配置是探索时代之初一种重要的技术形式。卡罗·维拉迪（Carlo Verardi，1494），《海洋经典》（*Oceanica Classis*），《赞美最平静的西班牙国王斐迪南、贝西卡和格拉纳达王国》，第 36 页反面，瑞士巴塞尔：约翰·伯格纳姆·德·奥尔佩尔（Johann Bergname de Olpel）。© 布朗大学约翰·卡特·布朗图书馆提供。

34 肯定适用于许多形式的商业活动。或许是三角帆索套推动了海洋探索，或许它只是当时几种技术选择中的一种（坎贝尔，1995：23）。但它确实对帕里（J.H. Parry）所说的“侦察时代”的形成起到了重要作用（帕里，1963：58）。

在整个十四世纪，方形帆船越来越多地推动着海洋探索。尽管方形帆船长期以来在北欧的水域中很受欢迎，但它们开始向南迁移到地中海。虽然方形帆船可以根据风的情况配置更多的帆，以最大限度地提高航行能力，但它们的逆风航行能力比卡拉维尔帆船要小得多。到了十五世纪，地中海的水手们通过反复试验，已经知道如何将方形帆和三角帆组合到他们的船上。这些后来被称为多桅卡拉维尔帆的风帆配置很快在整个欧洲被采用（见图 1.2）。造船工人开始增加桅杆，这样一些远洋船只就有三到四个桅杆，通常至少有一个三角帆，一般放在船尾附近作为风舵，为延伸到吃水线以下的舵提供支持（帕里，1981：167—170）。

这些新技术使水手们能够冒险进行更长距离的探索。尽管关于非洲的知识早在十四世纪初就传到了欧洲，但直到十五世纪中叶，欧洲探险家才开始较为精确地描述撒哈拉以南的海岸。到十五世纪四十年代初，几位葡萄牙船长已经探索了撒哈拉沙漠的大西洋海岸。1455 年和 1456 年，威尼斯航海家阿尔维塞・达・卡达莫斯托（Alvise da Cadamosto）沿着塞内加尔河为葡萄牙建立了一个立足点，可能是在几年后，产生了“在现代海外扩张之初，欧洲企业开拓一些地区并在这些地区进行航行的幸存下来的第一份原始记录”（克罗恩，1937：24；帕里，1981：124—125）。迪奥戈・康（Diogo Cão）探索了刚果河，巴托洛梅乌・迪亚斯（Bartholomeu Dias）则冒险绕过非洲南端进入印度洋。葡萄牙人的故事，无论是真实的还是虚构的，都激起了其他人的好奇心，包括克里斯托弗・哥伦布，他把这些故事编进了他的笔记本里。到十五世纪后半叶，伊比利亚的帆船经常出没于亚述尔群岛、马德拉群岛、佛得角群岛和加那利群岛，并将他们的触角延伸到几内亚湾（科廷，1998：18—25）。他们开发了返回伊比利亚港口的系统，驾驶着“返航号”（volta do mar），穿过东北信风出海，然后在盛行西风带之前返回欧洲（爱德华兹，1992；罗素，2000：228）。一旦有了这些模式，更多的冒险就从可能变成了现实。

35 随着海洋探险的前景越来越明朗，航海知识变得越来越有价值。1492 年哥伦布第一次到美洲的航行，激发了西班牙战胜其欧洲竞争对手、寻找通往亚洲的其他航线的热情。1497 年，达伽马率领一支葡萄牙船队绕过非洲到达印度。约翰・卡伯特在英国进入海外资源争夺战后，于同一年前往纽芬兰。他很大程度上依赖于从布里斯托尔（Bristol）水手那里获得的经验知识，其中的一些水手曾到西方捕鱼。5 月 22 日，卡伯特乘坐马修号离开布里斯托尔，沿着爱尔兰西海岸航行到科克郡的德西岛，然后向西南方向航行，一个多月后，他在新斯科舍省东部登陆。他向东航行到纽芬兰北部，然后返回，首先沿着布雷顿海岸登陆，然后向北航行到布里斯托尔。不久之后的 8 月 10 日或 11 日，卡伯特来到伦敦，报告了他的成功航行（奎因，1974：94—96）。消息很快传开，因为卡伯特讲述了他去拜访了威尼斯人洛伦佐・帕斯夸里戈（Lorenzo Pasqualigo），洛伦佐在 8 月 23 日给他的兄弟阿尔维塞（Alvise）和弗朗西斯科（Francesco）写了一封信。在信中，他解释说，“我们的那个威尼斯人（卡伯特）”向西航行了 700 里，发现了“大汗的国家”。他的发现于 8 月被发送给米兰公爵，12 月公布了更多细节（“从伦敦发送给米兰公爵的消息，1487 年 8 月 24 日”：96—97）。1 月，一位名叫约翰・戴（John Day）的伦敦商人把这次航行的描述［《约翰・戴又名休斯・赛致海军上将（克里斯托弗・哥伦布）》（1497：98—99）］寄给了一个人，很可能是克里斯托弗・哥伦布的记者。总之，有关这一发现的消息很快就传开了，不久，由英国、西班牙、法国和葡萄牙赞助的到纽芬兰的航行就成倍增加。

对新世界、新人群和新商业机会的了解，加上对许多航行以悲剧告终的严峻认识，肯定了改进航海方法的重要性。大多数航海家使用某种形式的航位推算来计算他们在海上的位置。航海家用沙漏测量速度和时间，从而计算出距离。特别有天赋的航海家可能会在航行开始时绘制一张海图。另一些人可能带着出版的地图，但也承认这些地图在很大程度上缺乏地理精度。航海家还可以通过测量与北极星的夹角来计算北半球的纬度。越朝北航行，角度越大；越靠近赤道，角度越小。人们还可以使用罗盘计算出大致的方向。向东或向西航行时，航海家可以通过与北极星保持恒定的角度来修正罗盘的航向。到十五世纪中叶，航海家们带着象限仪、星盘或十字形标尺航行，所有这些都提供了一种测量地平线和北极星之间角度的方法（帕里，1981：173—175）。

36 远洋贸易的扩大带动了对航海知识的需求。到十六世纪，一种被称为“拉特”（rutter）的航海手册开始在欧洲各地流传（莫里森，1974：174）。为了给英国水手写一本更实用的航海手册，伦敦最多产的数学作家之一威廉·伯恩（William Bourne）于1574年出版了《海上军团》（*A Regiment for the Sea*）一书（哈克尼斯，2007：122）。虽然伯恩没有大学学历，但他通过与水手交谈、担任驻军炮手、在伦敦和他的家乡泰晤士河口附近的格雷夫森德之间运营驳船，获得了大量的实践知识（特纳，2004）。他的写作反映了他对海洋指导的务实态度。伯恩（1574：7）写道：“航海是一门艺术，它教导我们如何在海上指引航向，如何到达任何指定地点……同时考虑如何在所有……天气变化的情况下保护船舶……并在最短的时间内将船舶安全运到指定的港口。”伯恩的书提供了如何使用星盘和十字杖的指导，他解释说，船长“必须保持清醒和明智”，必须“管理好他的船员”。但是，他接着说，为了给船员们灌输信心，一个称职的船长必须了解潮汐、如何避开障碍物、如何使用航海仪器，而且他必须“有能力修正这些仪器”，从而作出准确的航海计算（8）。在他1578年出版的《旅行者的宝藏》一书中，伯恩简单地问道，对于旅行者来说，还有什么比“知道一个地方到另一个地方的距离……以及如何制作一张适合任何国家的普拉特图（Plat）或卡德图（Carde）”更加重要？他悲叹道，他认识“许多人”，他们远道而来，却“不知道这个地方在世界的哪个角落”。他的书不仅提出了航海的方法，还提出了计算陆地和海上物体的大小和重量的方法。他还研究了自然特征，如沼泽、河流、悬崖和洋流形成的过程［序言（3）第4—5章］。说到底，他并未对航海数学进行抽象阐述，相反，他通过展示海洋的构成元素及其工作方式，提出了一种实用主义对航海技术的定义，达成了“物质与理性的对话”（门茨，2015：79）。对伯恩来说，海洋知识的核心仍然是实用性。

仪器制造商能够将水手的船只与头脑知识联系起来，他们在扩展航海知识方面发挥了重要作用。伊丽莎白时代的伦敦，尤其是它的西端和莱姆街一带，成为航海仪器和实践的名副其实的“珠宝屋”（哈克尼斯，2007）。1588年西班牙无敌舰队入

图 1.3　航海技术的革新带来了新的海洋知识。这幅寓言式的航海艺术画中，四个女人手持一对分隔线和铅垂线（左下）、一个船舵（左上）、一张地图和分割线（右上）以及一个星盘和分割线（右下）。左边的两个女人俯视着大海，右边的女人凝视着大地和天空。安东尼奥·德·乌略亚（Antonio de Ulloa，1748），《航海与南美的历史关系中的航海艺术》，卷首插图，马德里，安东尼奥·马林（Antonio Marin）。© 布朗大学约翰·卡特·布朗图书馆提供。

侵英格兰失败后，数学教学市场，尤其是航海教学市场，急剧扩大。但正如黛博拉·哈克尼斯（Deborah Harkness）所指出的（2007：104，133，137），随着时间的推移，数学书籍演变成了技术手册，“因为费力的算术计算和艰苦的几何测量被仪
38 器所取代”。例如，1597 年威廉·巴洛（William Barlow）出版的《航海家手册》中非常详细地描述了最新的航海设备。

他描述了欧洲和亚洲制造罗盘的方式，警告船主们要仔细注意他们购买的东西，并竭力让仪器制造者们认识到他们手艺的重要性。他甚至主张“那些准确地创造了仪器的人应该得到相应的奖励和尊重”（巴洛，1597：B3）。巴洛描述了罗盘以及用于测量角度的象限仪和测力计的使用方法。他还解释了它们“在海上或陆地上的几个最必要的用途”，包括变量的计算，或真北和磁北（E2）之间的角度差。他描述了如何计算纬度和如何使用横坐标板，横坐标板是一种用于在航行时通过航位推算来跟踪速度、时间和航向，然后将这些信息转移到“卡德图”或图表上的仪器（F3，H2—H5）。（见图 1.3）

巴洛相信，他和其他人的工作正在使航海艺术更容易接近，因为近年来，他甚至看到那些“能力有限”的人也学会了航海艺术。他宣称，只要有一颗“心甘情愿的心”、一次“足够的课程指导”和“合适的仪器”，几乎所有人都能“在一个月内达到对知识的极大满足”（K2）。约翰·巴尔格雷夫（John Balgrave）在他 1596 年关于航海仪器的论文中解释说，他的目的是“每个人都应该拥有这个星盘设备”（C）。他决心让广大观众都能看到星盘，于是他把星盘的纸模板留给了舰队街的出版商威廉·马茨（William Matts），这样他的读者就可以自己制作这个仪器了（哈克尼斯，2007：139）。

政府政策也影响了航海知识的产生。对于英国人和荷兰人来说，他们在皇家特许公司下运营，航海信息的探索和出版权利被下放，大部分已被私有化。但西班牙人和葡萄牙人在这方面的工作由国家控制。塞维利亚的“契约之家”和里斯本的“印度之家”控制着制图知识和持照领航员，并监管着殖民地贸易的许多方面。他们要求航海家保存航海日志，记录天气和显著的海岸特征。这些日志随后在船返回时提交给“契约之家”和“印度之家”（莫里森，1974：474—475）。如果在某些

情况下，航海知识的整合限制了知识的流通，西班牙就会聘用一些欧洲最有经验的航海家，包括阿美利戈·韦斯普奇（Amerigo Vespucci）和塞巴斯蒂安·卡伯特（Sebastian Cabot），指导领航员的培训，西班牙的这种能力颇受邻国钦佩（帕里，1963：96）。

虽然书籍、仪器和行政实践无疑加强了航海能力，但神灵对近代早期海洋仍然
保持着最终控制。威廉·巴洛谨慎提醒他的读者，水手出海是出于上帝的旨意，他 39
在《航海家手册》的结尾解释说，"再没有比你们的手艺更能显明神的能力，神允许你们遵守一定的规则，并且不断地增加规则，不断向着完美前进，就像世界朝着它的终点前进一样"。人类穿越海洋的能力在不断提高。但是，巴洛警告他的读者，"只有上帝是海洋的主人，所有的暴风雨都在执行上帝的意志和使之喜悦，海洋的所有波浪都永远服从上帝的命令"（1597：13）。

在探索时代，大多数远洋航行都伴随着对上帝和海洋本身的敬畏。史蒂夫·门茨称，在近代早期的想象中，海难的幽灵若隐若现。如果说文艺复兴一直被誉为人类进步的时代，那么正如门茨（2015：28）所称，海难"可谓符合文艺复兴的胜利主义"，沉船打击了改善的精神，最终，海难表明，尽管人类寻求对自然世界更理性的理解，上帝仍然对海洋有相当大的影响力。实际上，以经验主义的方式理解风暴和海浪等自然过程的转变是一个缓慢而不规则的过程，与其说是对过去的明确突破过程，不如说是一个缓慢的"海上破碎"过程（门茨，2014：80—82）。旧形式的海洋理解融入新的认知方式。

文艺复兴时期最深刻的变化之一是一种新的行星意识的发展。在麦哲伦 1519 年至 1522 年间环球航行之后的绕地球的航行，建立了我们仍在努力探索的持久全球互动模式。正如乔伊斯·卓别林（Joyce Chaplin，2012：21）所称，文艺复兴时期派遣船只环游世界的努力明确了人类可以创造"技术和政治联盟来统治地球"的信念。在褒奖麦哲伦之后的 250 年里，有超过一半的水手在环球航行中死去。环球航行也让我们痛苦地意识到，"地球可能只会对我们不屑一顾"。人类的野心和大自然的限制之间的紧张关系激发了对新形式海洋知识的探索。

海洋的自然历史

如果近代早期的思想家已经确定了海洋的位置以及穿越海洋的方法，他们就会想知道海洋里有什么。十六世纪，自然历史发展成为一门学科，自然哲学家们寻找经典资料，试图重建关于植物、动物、矿物和药物的知识。布赖恩·奥格尔维（2006：89）解释说："通过创造性地利用过去，文艺复兴时期的博物学家们在人文主义的修复风格中塑造了一个新的领域。"文艺复兴时期的人文主义者们从亚里
40 士多德（Aristotle，被广泛认为是第一个"将自然历史视为一种智力追求"的作家）的作品中，系统地整理了对自然世界的观察，目的是解释他们看到了什么以及为什么会发生。尽管自然历史有多种形式，也没有召集一个连贯的研究者群体，但他们的工作却创造了一种新的文学类型，一种"优先考虑经验而非理论"的文学类型，一种倡导"关注特殊"而非学术上专注于普遍现象的文学类型（奥格尔维，2006：93，99，115—116）。

但海洋却无法采取应用于陆地环境的系统调查。到十五世纪，自然历史学家在描述和说明各种植物和药草方面取得了长足的进步。到十六世纪，他们收集了越来越多的标本，并在文艺复兴时期的欧洲各地建立了标本园。到十七世纪，随着荷兰和英国在与西班牙和葡萄牙的竞争中进行其商业帝国的扩张，自然历史网络不断扩大（奥格尔维，2006：210）。但是，人们对海洋的自然历史关注相对较少。那些以探险家、渔民、商船水手和海军水手的身份在海洋中航行的人最了解它（迪肯，1971：23）。尽管在中世纪时期，学者们煞费苦心地解释潮汐的原理，但大多数近代早期的海洋知识都牢牢植根于古代思想（同上：39）。到了十七世纪，杰弗里·博斯特（2006：592n21）解释说："大多数英国人只是把海洋视为理所当然。海洋是一条高速公路，是一道屏障，是渔场，而不是要统治的政治空间，不是博物学家研究的对象，也不是游乐场。"

如果说近代早期的自然历史学家对海洋的研究不够深入，那么探险家和传教士却为海洋的自然历史奠定了基础。西班牙航海家首次对新世界的海洋性质进行了描述。哥伦布描述了无数的海鸟，并目睹了数量众多的海龟，因此他担心船会因为它

图 1.4　关于海洋的自然知识往往是在寻找财富的过程中，由从事这项工作的人所创造的。图中，美洲和/或非洲当地潜水者在十七世纪的委内瑞拉采珠场劳作。克里斯托弗·维尔豪尔（Christoph Vielheuer，1676），《异种与香料的起源、生长、来源地和发展的相同性质和特性的详细说明》中的采珠场，第 176 页后的印版，莱比锡：约翰·弗里茨切（Johann Fritzsche）。© 布朗大学约翰·卡特·布朗图书馆提供。

们而搁浅。在哥伦布的第二次航行中，他在伊斯帕尼奥拉岛附近进行了一次捕杀海豹的行动，这可能是在新世界的首次。据推测，他的船员捕鱼的方法是将一根线系在七鳃鳗上，七鳃鳗附在宿主上后被卷了起来，因此在这个过程中同时捕获了两条鱼。这个故事就像哥伦布所说的 1493 年 1 月他在伊斯帕尼奥拉岛附近看到了三条美人鱼一样，毫无疑问都引起了人们的怀疑。但正是他对发现珍珠的描述激起了当时人们的好奇心，包括文森特·亚内兹·平松（Vincente Yañez Pinzón），他在 1499 年至 1500 年间沿着南美洲北岸寻找珍珠时，发现了亚马孙河口（德阿苏亚和弗伦奇，2005：2—4，13）。

在随后的一代中，新世界的观察者创造了更全面的自然历史。例如，贝纳迪诺·德·萨哈贡（Bernardino de Sahagún）于 1529 年到了墨西哥，并借鉴阿兹特克人的知识，在他的《新西班牙事物通史》一书中发表了生动的动植物描述，包括鱼类。

42 弗朗西斯科·费尔南德斯·德·奥维耶多（Francisco Fernandez de Oviedo）在 1514 年航行到新西班牙后，于 1535 年出版了他的《印度群岛通史和自然史》。何塞·德·阿科斯塔（José de Acosta）1570 年前往秘鲁后，于 1590 年出版了他的《印度自然史与道德史》。书中对植物和动物的研究都有记述，包括海鸟、鱼类和其他生物。像其他近代早期自然历史一样，他们的观察经常被用于补充经典资料，但作者仍然用他们自己的观察和从美洲原住民那里收集到的实用知识来填充他们的作品，从而为现有的海洋理解库增添了新的想法（德阿苏亚和弗伦奇，2005：42—43，62—74，76—85）。（见图 1.4）

在欧洲，这些海洋信息碎片经过了新的组织形式。十六世纪和十七世纪初，几位著名的编年史家开始汇编关于海洋的知识体系。尽管这些编年史家书生气十足而缺乏实践，但他们还是为人们提供了有关海洋的新知识。例如，意大利历史学家彼得·马特（Peter Martyr）就写了一些关于欧洲人与新世界相遇的最初记录。他收录了沿海地图，描述了巨大的海龟，并讲述了新西班牙家养海牛的一个特别奇怪的故事（德阿苏亚和弗伦奇，2005：58）。英国编年史家理查德·哈克路伊特和塞缪尔·珀切斯（Samuel Purchas）编纂了更多的海洋故事。影响较为深远的是哈克鲁

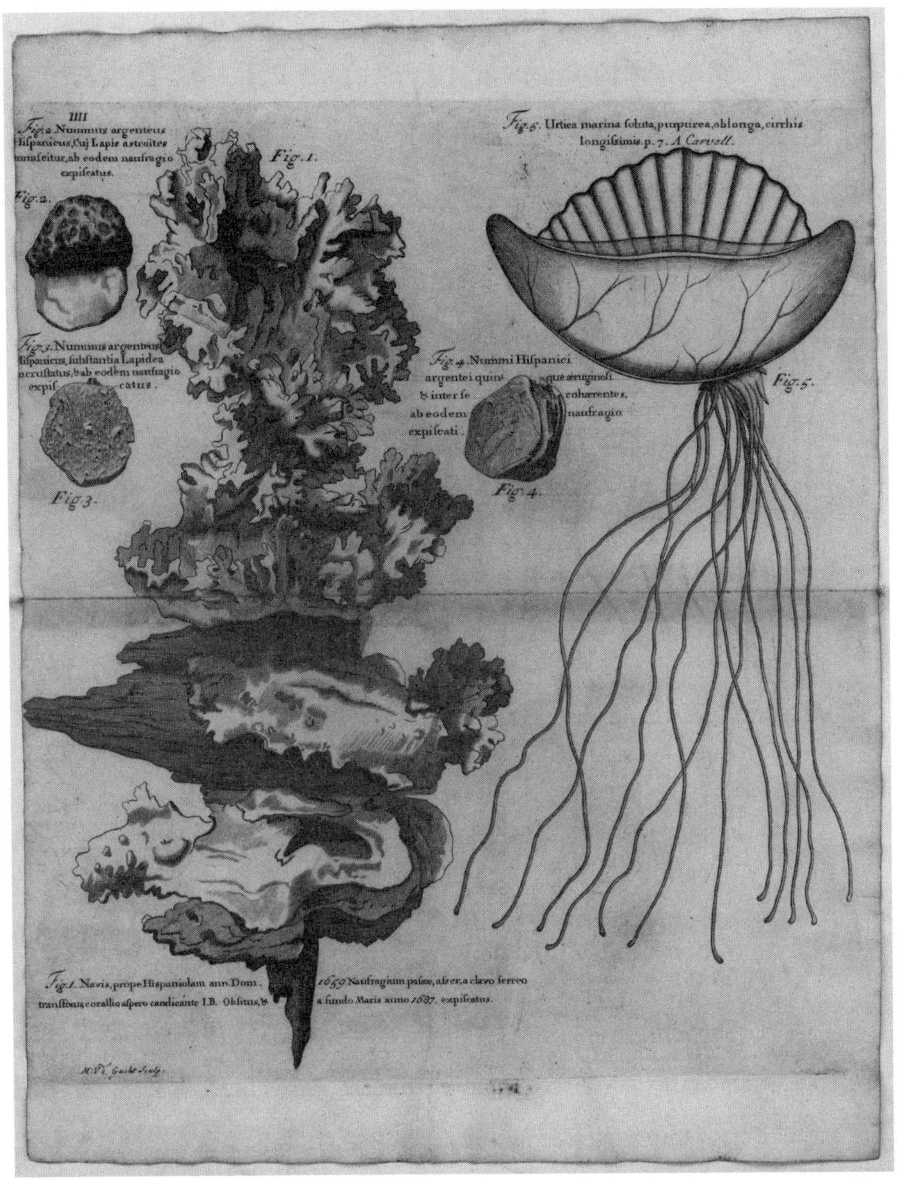

图 1.5　1660 年英国皇家学会的成立开创了一种更系统的海洋自然历史研究方法。汉斯·斯隆爵士（1660—1753）是一位特别细心的海洋自然观察者，他描绘了珊瑚覆盖的船板、银币和航行中的水母，这让人想起葡萄牙的卡拉维尔帆船（在英语中后来被称为“风帆战舰”）。汉斯·斯隆爵士（1707），“西班牙银币，其石头是星陨石，从同一艘沉船中捞出……（以及）苧麻、紫瓶子草、榅桲、长卷”，《马德拉群岛、巴巴多斯、尼维斯岛、圣克里斯托弗岛和牙买加岛旅行记；及上述岛屿中最后一个岛的草木、四脚野兽、鱼、鸟、昆虫、爬行动物等等的自然志》，伦敦，由 B. M. 为作者印刷。© 布朗大学约翰·卡特·布朗图书馆提供。

特的《英国民族的航海、航行、交通和探索原则》(1589—1600)，珀切斯的《塞缪尔·珀切斯的旅游》(1613)和他的《哈克鲁特·波塞摩斯》，又名《珀切斯的旅游》(1625)，成为英语向新世界扩张的强大证明（德阿苏亚和弗伦奇，2005：130—131；曼考尔，2007）。

自然历史是自然哲学的一个分支，它支持观察、系统探究和叙述性描述，是特别适合医生掌握的技能。结果，自然历史的研究在欧洲医学院蓬勃发展，特别是在莱顿、巴黎和伦敦（库克，1996：99—100）。蒙彼利埃的医学教授纪尧姆·朗德莱（Guillaume Rondelet）的《海洋鱼类指南》(*Libri de Piscibus Marinis*)(1554—1555)是十六世纪最重要的海洋生物研究之一。几年后的1558年，康拉德·格斯纳（Conrad Gessner）出版了他的《动物史》第四卷，尽管该书大量借鉴了朗德莱等作者的早期作品，但特别强调了鱼类（楠川，2016：306）。医生也是第一批科学学会的重要贡献者，包括1660年在伦敦成立的皇家学会（库克，1996：103—104）。汉斯·斯隆爵士（Hans Sloane）是英国皇家内科医师学会的主席，也是英国皇家学会最著名的成员之一（从1727年到1741年担任主席），他是一位非常忠诚的自然历史收藏家，他的收藏品构成了大英博物馆的基础（德尔布尔戈，2017）。（见图1.5）

44 神学家在推动自然历史作为一种重要的科学探究模式方面也发挥了核心作用，因此宗教和对自然世界的系统调查齐头并进（里维特，2011）。所谓的“物理神学”试图表明自然是神创造的映像（帕里什，2006：53）。1667年，自然主义者兼神学家，后来成为汉斯·斯隆爵士的通讯记者的约翰·雷（John Ray）恢复了自然主义者弗朗西斯·威鲁格比（Francis Willughby）于1663年撰写的著作《鱼类志》的出版。英国皇家学会支持以精确再现鱼类形态为基础，创造鱼类自然史的探索。值得注意的是，该书与早期强调超自然海洋生物的著作有所不同。朗德莱和格斯纳的书都倾向于强调各种鱼类的药用品质，雷则热衷于创建一个有助于识别鱼类的指南（楠川，2000：180—183）。但《鱼类志》的价格太过昂贵，皇家学会的财政基础不稳定，印刷艾萨克·牛顿（Isaac Newton）的《原理》的能力受到限制，而出版《原理》需要埃德蒙·哈雷（Edmund Halley）的参与并承担费用（同上：192—

193）。不管怎样，《鱼类志》仍然是海洋知识发展的一个重要转折点。尽管雷试图恢复上帝创造的历史，但他还是成功地创造了当时对海洋生物最准确的描述之一，并为将海洋知识的创造和传播置于正式建立的（并得到政府支持的）科学团体中开创了一个重要的先例。

实际上，1660年英国皇家学会的成立引起了人们对海洋科学的关注（迪肯，1971：73—74；罗兹瓦多夫斯基，2001）。为了寻求航海知识，1661年6月，皇家学会向三明治伯爵爱德华·蒙塔古（Edward Montagu）发出了一套指示，给他提出了在即将进行的地中海海军之旅中要调查的六个课题。在指示中，皇家学会敦促他观察海洋深度、盐度、水压、潮汐、洋流以及生物荧光，并提供如何测量的方法建议（迪肯，1971：74）。1662年，劳伦斯·鲁克（Lawrence Rook）代表皇家学会向“船长、领航员和其他适合航海的人”发出了一系列科学指示（433—438；迪肯，1965：32）。在接下来的几年里，皇家学会为水手们配备了测量仪器，并指导他们如何记录测量结果。关于海洋的本土知识支撑着系统研究的新模式。

皇家学会认为，海洋提供了广阔的新研究领域。罗伯特·博伊尔（Robert Boyle）在学会的《哲学汇刊》中写道，他对不同海域的盐度变化以及“在同一海洋中盐度是否总是一样”颇有兴趣。他写道：“海水相对于淡水的重力，以及海水之间的重力是多少？”海水是否会因季节或气候而变化？他想知道海水在“气味、
颜色和味道”上的差异有多大？“海底……和地球表面”的海水是否有区别？1667 45
年5月出版的博伊尔的《问题》（315—316）表明，当时学院有关海洋的知识仍然充满了神秘感。他想知道为什么晚上大海会发光，龙涎香由什么产生。海水是否能治愈狂犬病？海洋植物是否能使土地肥沃？到十七世纪七十年代，博伊尔代表皇家学会推进了几篇关于海洋内部运作的小册子，其中大量借鉴了“来自船长、领航员、种植者和其他旅行者到偏远地区的真实信息”（博伊尔，1674：“广告”，15—16）。从那些经常出海的人那里收集到的海洋知识不仅可以帮助航海，还可以促进对全球地理和人类健康的理解。

但对海洋生物的了解也塑造了帝国扩张的模式。十七世纪的过程中，许多记者记录了他们的旅行，有时候，这些描述会强调海洋的慷慨，以促进殖民定居。例

如，1634 年，威廉 · 伍德（William Wood）的《新英格兰展望》提供了一份名副其实的该地区陆地和海洋动植物目录。同样，托马斯 · 莫顿（Thomas Morton）1637 年的《新英格兰乐土》中详细描述了新英格兰沿海地区令人难以置信的丰富的鳍类和贝类。1655 年，阿德里安 · 范德唐克（Adriaen van der Donck）在他的《介绍新荷兰》中歌颂了哈德逊河谷的自然丰富性。同样，尼古拉斯 · 丹尼斯（Nicolas Denys）1672 年的《北美海岸的描述和自然史》对新法兰西的海岸自然进行了详细的描述。这些编年史者在描述他们所看到的情况时，与众多其他十七世纪的观察者一道，描述了一个海洋知识的概要，强调了全球扩张的前景。

印刷文化是他们的描述和他们帮助创造的新想法的传播中心。可移动式的视觉传播优于口头传播和听觉接收，它连同其他社会变革一起，改变了实验知识产生的方式（麦克卢汉，1962：18—19）。正如伊丽莎白 · 爱森斯坦（Elizabeth Eisenstein）所言，皇家学会的《哲学学报》和美文学院的《学者杂志》等期刊“加快了科学新闻的传播速度，并使分散在各地的大师们能够了解彼此的工作进展”。印刷文化的发展还使得自然哲学家能够用最新的观察结果修正早期的出版物，使科学成为一个迭代的过程（爱森斯坦，1979：460，487—488）。这一点在海洋的自然历史中表现得最为明显。如果说近代早期的水手在讨论船上的航行和仪器方面已经花费了大量的精力，那么到了十七世纪，自然哲学家们开始以更系统的方式研究海洋的物质以及生活在海洋中的事物。到了十八世纪，自然历史学家开始对海洋生物进行分类，把它们列入珍奇的宝库，并按照卡尔 · 林奈（Carl Linnaeus）的标准化分类系统赋予它们新的拉丁名称。但是，激起人们对海洋知识日益增长的兴趣的远不止是上流
46 社会的好奇心。伴随欧洲各帝国纷纷争夺全球主导地位，对世界海洋的了解成为他们建立管辖权，从而对新获得的土地和资源进行控制的必要条件。

海洋法律

如果说在近代早期，海洋印刷文化重塑了人们对海洋地理、通航性和自然史的理解，那么它也带来了全新的海洋法律制度。长期以来，海洋一直是一个藐视欧洲所有权观念的无法无天的空间，如今，海洋成为一个能够维护成文法、同时也容易

受到主权竞争影响的空间。根据惯例和先例，海洋法源于“使用或习惯”（科伦波斯，1967：10）。但海洋的不确定性和短暂性使得在海洋中建立管辖权和执行正义的工作并不完整。

帝国竞争促成了海洋空间的合法划分。从十五世纪五十年代开始，西班牙和葡萄牙签署了一系列条约，赋予大西洋岛屿以主权，赋予非洲沿岸贸易以准入权。1479 年的《阿尔卡索瓦斯条约》授予西班牙对加那利群岛的专有权，葡萄牙则获得了亚述尔群岛、马德拉群岛、佛得角群岛和几内亚的专有权（达文波特，1917：1，33—48）。当哥伦布航行到美洲的消息传到西班牙时，费迪南德和伊莎贝尔（Isabel）立即向教皇亚历山大六世（Pope Alexander Ⅵ）发送了一份快件，亚历山大六世立即发布了几份教皇诏书，承认西班牙对新发现土地的主权，并将卡斯提尔（Castile）的主权扩大到亚述尔群岛或佛得角群岛以西 100 里格。西班牙人还明确表示，没有卡斯提尔的明确许可，任何船只都不能靠近新发现的土地，有效将西班牙的主权延伸到西班牙土地周围的水域（达文波特，1917：71）。为了平息葡萄牙的不满，1494 年的《托德西利亚条约》将南北线推至佛得角群岛以西 370 里格，将葡萄牙的主权从巴西向东延伸至亚洲。西班牙保留了横跨美洲和太平洋线以西的土地（古尔德，2003）。该条约还规定，西班牙船舶只能从最直接的航线通过葡萄牙海域（同上：84—85）。随着欧洲帝国与伊比利亚争夺美洲和亚洲土地的控制权，尤其是在 1517 年导致很多北欧国家挑战教皇权威的新教改革之后，这种笨拙的全球划分自然会破裂。

随着欧洲帝国加强对遥远领土的控制，它们的主权主张经常重叠。为了调解所有权的争论，欧洲人在罗马法律实践的基础上创建了一套国际法体系（丘吉尔和洛 47
威，1999：4）。但正如法律历史学家劳伦·本顿（Lauren Benton）所称，在外围，它们的主张是完全站不住脚的。本顿（2010：2）解释道：“各帝国并没有均匀地分割空间，而是组成了一个充满了洞的织物，由一块块的东西缝合在一起，是一团乱麻。”欧洲帝国在建立陆地主权的同时，它们也在海上建立了新的法律制度。

但它们很少能就如何建立跨越海洋空间的管辖权达成一致。被广泛认为是国际法之父的荷兰法学家雨果·德·格鲁特（Hugo de Groot），或称格劳秀斯

（Grotius），在他 1608 年的《海洋自由论》中主张海洋的绝对自由。在中世纪时期，威尼斯宣称拥有亚得里亚海，热那亚声称拥有利古里亚海。丹麦曾宣称对波罗的海拥有主权，十五世纪时英国也宣称对英国周围的海域拥有主权。格劳秀斯拒绝了教皇亚历山大六世的十五世纪的大话，即由葡萄牙和西班牙分享世界海洋。他特别支持荷兰东印度公司在葡萄牙控制的亚洲地区进行贸易的权利（马尔登，2002：16—20）。他还认为，海洋的自由是自然法则的基础，因为人类并不是永久居住在海洋，并且就航行和渔业而言，海洋是“无限的”（格劳秀斯，［1608］1916：28）。

格劳秀斯的想法引发了法律学者的反驳，他们认为海洋确实可以被拥有。葡萄牙律师塞拉菲姆·德·弗雷塔斯（Serafim de Freitas）认为，葡萄牙有权要求对印度洋的管辖权。苏格兰人威廉·韦尔伍德（William Welwood）在他的《所有海洋法的删节》（1613）中辩称，苏格兰可以拥有英国周围的海域，但公海仍为共有，因此对外人关闭了领海，但允许英国舰队航行到更远的地方（马尔登，2002：21）。1616 或 1617 年，约翰·塞尔登（John Selden）写下了可能是对格劳秀斯的最有力的回应。他在直到 1635 年才出版的《闭海论》一书中表示，英国皇室不仅可以对其属地附近的沿海水域宣称主权，而且可以将管辖权扩展到北美殖民地，有效宣称了对北大西洋的所有权（马尔登，2002：22）。实际上，塞尔登（［1635］1652：499）总结称，英国的全球帝国“（在某种程度上跨越了整个海洋）必须都在他的（国王的）权力和管辖权范围内”。

48 如果在理论上无法达成一致，则交由英国海事法院处理，英国海事法院在创建海洋法的实践中起到了非常重要的作用。海事法院最初于十四世纪成立，多年来扩大了其管辖权。由于海事法院没有陪审团审判，而且似乎集中了王室权力，因此引起了英格兰普通法法院和议会的反对。在詹姆斯一世（James Ⅰ）统治期间，海事法院扩大了其权力和范围，詹姆斯一世至少有一次在海事法院任职（哈林顿，1995：588；科伦波斯，1967：11—17）。为规范海外捕鱼，詹姆斯一世于 1615 年在纽芬兰建立了一个副海事法院，但当他的儿子查尔斯一世（Charles Ⅰ）在 1649 年被推翻后，监管美洲商业活动的工作被搁置一边。随着 1651 年一系列控制贸易的航海法的通过以及 1660 年王权的恢复，很快人们就发现需要专门的法庭来管理帝

图 1.6　近代早期，帝国的争夺带动了新海洋法律制度的建立。如果大都市水域至少有一点点的法律和秩序，那么暴力往往会在“边界之外”占据主导地位。图中，臭名昭著的新英格兰海盗爱德华·洛（Edward Low）处决一名对手，而他的船员们则在一旁观看。丹尼尔·笛福（Daniel Defoe，1725），《爱德华·洛杀人》，《英国海上掠夺者的历史》，第 590 页后的印版，阿姆斯特丹，赫曼努斯·乌伊特沃夫（Hermanus Uytwerf）。© 布朗大学约翰·卡特·布朗图书馆提供。

国日益复杂的海事事业。国王和议会看到许多殖民地都在逃避航海法，因此于 1697 年在罗德岛、巴哈马、南卡罗来纳、宾夕法尼亚和西泽西建立了副海事法院（哈林顿，1995：594）。尽管殖民地对监督的加强提出了抗议，但到十八世纪初，海事法院成为最重要的海事法仲裁机构，或其中之一。

但法律权力往往受到管辖海洋空间的实用性的限制。各国可以声称对一大片海洋及其内的资源拥有控制权，但也认识到海洋是辽阔无边和无法控制的。随着英国实施重商主义经济体系，寻求通过自己的港口和船只输送贸易，它被迫接受海洋是“一个抵制政治权威（以及占有权）的空间”（斯坦伯格，2001：101）。1713 年的《乌得勒支条约》签署后，英国当局开始以新的力量在全球范围内起诉海盗，尽管海军巡逻在美洲和加勒比水域远比在印度洋和非洲大西洋沿岸普遍。十八世纪早期，海盗活动得到了遏制，但西班牙的海岸防卫艇开始扣押英国、荷兰和法国的船只。法国和荷兰的私掠船也扣押了贸易竞争对手的船只。伴随律师和外交官在捕获物法庭上的争吵，他们创建了新的法律体系来管理私掠船和贸易（本顿，2010：148—156）。

如果说帝国的代理人相信，欧洲的法律权威可以延伸到世界的各个角落，那么他们终究也会认识到，在越远离大都市中心的地方，法律权威就会越小。条约可能会促进欧洲水域的和平，但当船只越过“边界”时，海盗、私掠船和走私就变得司空见惯了（见图 1.6）。埃利加·古尔德（Eliga Gould）（2003：481）解释说，“欧洲是一个法律区域，是一个没有相互竞争的司法管辖区和无休止战争的世界”。十八世纪上半叶，英国先后与西班牙和法国发生冲突，荷兰则处于有利地位，既向英国提供武器，又与英国的敌人进行贸易。根据 1674 年的《英荷条约》，荷兰的行为在欧洲水域基本上得到了支持，但英国海军船只和私掠船却肆无忌惮地在西印度群岛抓捕荷兰商人（同上：487）。就像加勒比海变幻莫测的色彩一样，近代早期的海洋法律也是五花八门，转瞬即逝。

50 但在十八世纪的历史进程中，这些欧洲列强就如何管理沿海空间达成了一些协议。1702 年，科尼利厄斯·范·宾克舒克（Cornelius van Bynkershoek）认为，公海应该是自由的，但一个国家的海岸线的主权可以延伸到大炮能射到的地方，大约三英里。反过来，斯堪的纳维亚国家将主权从海岸延伸到一个斯堪的纳维亚联盟的固定距离，即四英里（帕斯托，2014：170）。劳伦·本顿（2010：158）解释说，到十八世纪中叶，“全球海洋文化已经产生了海洋监管领域的多样化，并为新的（但不是和平的）海洋法律制度奠定了基础”。这种新的法律制度为国际法提供了基础，而国际法最终在为民族国家的崛起创造条件方面发挥了重要作用。

结论

文艺复兴见证了海洋知识的繁荣，从根本上改变了人们理解世界的方式。近代早期学者通过融合基督教和人文主义的空间概念，重新构想了全球地理。随着探索者探索地球的尽头，他们拆散了地球上的岛屿，形成了一个由海洋连接的大陆和更小岛屿组成的星座。随着时间的推移，这些海洋的地名往往与邻近的陆地和居住在那里的人相对应。海洋曾经被认为是无穷无尽的水域，现在则有了新的身份。

探索的过程中，为解决实际问题，产生了许多精心设计的新技术，在船舶设计和航海工具上的突破使得水手们可以航行到更远的地方。他们通过信件传播他们的方法和发现，这些信息被收录在海洋文献中，在欧洲广泛传播。新世界的地图和描述带动了更多的航海实践，他们所学到的知识为后来的航行提供了参考，因此，到十六世纪，世界各地都有了欧洲水手，这就促进了人类知识可以主宰地球的观点，换句话说，对海洋知识的追求引领了全球化时代。

随着对世界海洋探索的不断加强，自然历史学家试图揭开海洋的神秘面纱。他们想知道海洋从何而来，由什么构成，以及海洋生物如何形成。有时，他们看到了跨大洋盆地的海洋生物的相似性；有时，他们对海洋生物的差异感到惊讶，但几乎在所有方面，他们都陶醉于欧洲周边丰富的海洋生物。他们把亲眼所见的大部分内容都印成文本，开创了海洋文化的时代。十七世纪中期，正式科学社团的建立为海洋研究和发表研究成果提供了新的制度基础。他们的工作为哲学好奇心和帝国争夺所带动。海洋知识提供了一种获得国家财富、威望以及最终全球力量的手段。

但各国却在海洋资源方面相互竞争，为此，敌对帝国开始在海上建立管辖权。51
通过教会法，帝国条约，借鉴先例，并诉诸公约，他们将海洋划分为独立的主权领域。法律学者以相互竞争的论著来增进他们的国家利益。一些人主张海洋的自由，另一些人则认为海洋可以被占有。随着时间的推移，他们达成了法律上的妥协。但由于海洋广阔无垠且不断变化，它经常会颠覆主权主张和模糊的法律概念，因此，对遥远海岸的控制不断转变，帝国的偏远地区经常发生暴力事件。达成法律协定的集体努力为新的国际法制度提供了基础，使得新的国际法在整个近代早期都得到了发展。总之，建立一套关于海洋的新法律知识体系是现代民族国家发展的一个基本要素。

长期以来，海洋一直被想象为一种无边无际、永恒的东西，而且不知何故超出了人类的理解范围，但对海洋知识的实践和学术追求从根本上塑造了近代早期及之后的人类历史。伊丽莎白·曼克（Elizabeth Mancke，1999）表示，在殖民扩张的过程中，控制海洋比控制土地更重要，因为正是“掌握海洋空间”的过程（225）使得十九世纪的陆地帝国得以建立。海洋探究也带来了现代科学生产模式，例如，十八世纪下半叶，詹姆斯·库克船长的航行将地理探索和海洋科学结合在一起，使获取海洋自然知识成为英国和美国海军优先考虑的事情（罗兹瓦多夫斯基，2005：39，46—47）。海洋法的不断演变构筑了沿海发展的轮廓，这一点在波士顿表现得最为明显。1641 年，波士顿的一项法律以及随后对该项法律的解释形成了大量的浅滩填埋，从而从根本上改变了城市的地理环境（帕斯托，2015）。在一个工业发展和海港扩张的时代，当有大量资金投入的时候，海洋管辖权一直是争论的焦点（鲍迪奇，1832）。最终，海洋知识的获取是有关人类与自然世界关系的重新谈判、有关手脑知识的融合以及有关本地与全球的联通。这是一个始于近代早期并一直持续到今天的过程。

第二章

实践

将口头传统和实践经验转为文字

约翰·哈滕多夫（JOHN B. HATTENDORF）

1500 年到 1680 年间，以前主要通过口头和实践经验进行交流的海事实践开始 53
被写下来并印成书本进行交流，这一发展标志着海事实践专业文献的开端。这一发展也呈现在各种各样的海事主题中，包括语言、航海技术、航海、船舶设计和建造、海洋捕捞、枪支和火炮、海上冲突、宗教和海上活动的管理。虽然这一时期产生了许多最早的文字记录，但这些实践中有许多并非新实践。通过考察近代早期航海实践的文字档案，本章提供了进一步研究的学术资源和材料指南。本章的资料分为语言、航海技术、实用航海、科学方法航海、海上旗帜和通信、船舶设计与建造、海洋捕捞、枪支与火炮、海上暴力、个人生活和宗教、海上活动管理等十一大类。

本文节选自约翰·哈滕多夫的《“无边无际的深渊……”欧洲征服海洋，1450—1840：珍本图书、地图展览目录》；约翰·卡特·布朗图书馆的航海史相关图表、印刷品和手稿（普罗维登斯：约翰·卡特·布朗图书馆。2003）。

这些资料收集自罗德岛普罗维登斯的约翰·卡特·布朗图书馆，包含对欧洲在近代 54
早期进行的全球海洋扩张实践的全面调查。

语言

航海的独特术语源于海员生活的专业海洋环境与建造、舾装和处理船舶的专业性质的结合。来自欧洲主要海事国家的海员们已经发展出了一套专门的词汇，它的起源是日常工作的行话，但通过教学和培训，它已经成为一种传统形式，并被保留下来。当然，它也体现在许多文学作品和诗歌中，甚至在今天也出现在许多陆居人使用的常见表达中。英语中的海洋词汇在伊丽莎白时期就已经确立。在十六世纪的最后几十年和十七世纪的头几十年里，学者们刚刚开始编纂欧洲本土词典，并在本土语言之间寻找同等意义，而不是求助于拉丁语。同时，辛勤的海员们周游世界，到访使用多种不同语言的港口。这一事实，再加上海上劳动力市场的国际性，即不同国籍的水手可能会成为同一艘船的船员，是多语言词汇和海洋词汇词典经常有需求的实际原因之一。

船长亨利·梅因沃林爵士（Sir Henry Mainwaring，1587—1653）“对公海上的冒险产生了永不满足的热爱”，他编写了第一本有关航海术语的英文书籍：《海员词典》（1644）[1]。1619 年，在一次更像是海盗而非私掠船的航行结束后，他担任多佛城堡的中尉和五港联盟的副典狱长。1620 年到 1623 年间，他为白金汉公爵写了这本手册，白金汉公爵是海军上将，这个职位通常由朝臣而不是有经验的海员担任。梅因沃林评论称：“学习航海艺术要比学习船舶的机械操作和相关术语容易得多。”他的书解释了船舶相关内容，第一次印刷于 1644 年，当时议会的命令是“为了共和国的利益而印”。

从那时起，英语的海事词典又随着威廉·福尔克纳（William Falconer）的《通用海事词典》（1769）而进一步发展，《海事词典》在 1769 年至 1789 年之间翻版了七次。1815 年 3 月，威廉·伯尼博士（Dr. William Burney）出版了《通用海事词典》，航海词典的英语流派在航海时代达到了顶峰。伯尼的词典最初是对福尔克纳词典的修订，并使用了相同的标题，伯尼扩展了词典的格式，从一个没有修饰的词
55 汇表，到一个按字母顺序排列的、有许多插图的、全面描述拿破仑战争末期英国海事事务的词典。

约翰·史密斯（John Smith，1580—1631）于 1627 年在伦敦出版了《海洋语法》。该材料曾在 1626 年出版，书名为《经验入门或经验之路：年轻海员之必需》，1627 年，约翰·史密斯采用主题法对该书进行了修改、重新安排和扩充，并将其命

① 该书中引用的早期作品包括爱德华·布什内尔（Edward Bushnell）的《造船工大全》（1664）；托马斯·米勒（Thomas Miller）的《完整模型清单》（1664）；以及亨利·邦德（Henry Bond）的《水手长的艺术》（1642）。

名为《海洋语法》。这是第一部用英语写成的关于船舶和航海技术的印刷作品，在1705年之前，它以同一标题被多次重印，而出版商一直到1724年都在为它做广告出售。尽管史密斯的著作早在梅因沃林的《海员词典》出版之前就已经出现，但史密斯还是把梅因沃林早期的手稿作为自己著作的素材。

航海技术

一个水手是否有成就，就体现在他的航海技术上。作为一项技能，航海技术要求人们对船舶在海上如何应对不断变化的自然条件有广泛的了解。航海技术是在风、天气和潮汐等各种条件下操纵船舶或渔船的技术。这项技术包括转向、操纵帆和绳索、锚、绞盘以及其他与移动、系泊和装载船只有关的设备。

纳撒尼尔·巴特勒（Nathaniel Butler，约1640年）的《六对话录》(1685）的原稿的名称为“在海上的高级海军上将和船长之间关于海事事务的对话录”。这本书以问答的形式展示了当代航海技术的许多方面。

巴特勒是赞助詹姆斯敦殖民地的弗吉尼亚公司的重要成员，也是弗吉尼亚委员会的成员，他在1619年至1622年期间担任百慕大总督，任期三年，并撰写了百慕大的历史著作。1638—1640年，他在尼加拉瓜海岸外的普罗维登斯岛担任被围困的清教徒定居点的“总督和海军上将”，监督那里的私掠船行动。巴特勒于1634年开始撰写《六对话录》，并在普罗维登斯岛对其进行了修订，将梅因沃林的《海员词典》中的信息与他自己的原始观察融为一体。他写这本书的目的可能主要是为了自娱自乐，也可能打算把它送给他的朋友财政部长韦斯顿（Weston）勋爵，韦斯顿是1634年的海军部委员会主席。该书1685年首次印刷，1688年再次印刷。过程中，印刷商摩西·皮特（Moses Pitt）使用了巴特勒姓氏的一种中世纪形式，这是作者自己从未使用过的。

亨利·邦德（Henry Bond）是一位著名的航海老师，但就像其他许多精通航海的人一样，他也教授航海相关的技能，例如，他的作品《斯韦恩斯船长的艺术》 56
（1664）就讲述了这种技能。大约从1633年开始，邦德担任查塔姆船坞水手航海课教师，这个职位在1631年之前设立，在英国内战期间终止。从1642年第一次出版起，他的书就成为标准文本之一，直到1787年，该书一直以同样的标题重印。从1726年起，该书通常与大约出现于十七世纪六十年代的安德鲁·威克利（Andrew Wakely）的《水手罗盘矫正》（1704）一起发行。

实用航海

当欧洲的领先知识分子和科学家们致力于了解地球和天空，并对海洋的本质有了科学的认识时，普通海员们需要掌握其中的一部分知识，并将其转化为实际应用。在许多情况下，为此所需的数学技能和科学理解远远超出了普通水手的理解范围，但是，有关程序和必要工具的资料越来越多，最初只是偶尔在与船位推算航行进行比较时付诸实践。水手们继续通过口口相传的方式与他人分享航海的传统信息和经验，但这种做法开始被一种被广泛使用的专门形式的印刷作品所补充。航海指南和航海教科书的设计初衷是为了交流海上的基本实践，但由于经常使用并暴露在船上恶劣的环境中，因此这些书本的质量迅速下降。在许多情况下，这些“操作指南”的书已经不复存在，或者已经变得罕见。

实用指南的一个来源是关于航海的书籍。西奥多·德·布里（Theodor de Bry，1528—1598）在他的《小航行》（*Petit Voyages*，1601）中指出，对于航海家来说，海洋本身提供了各种各样的指示器，帮助他们从一个地方走向另一个地方。靠近陆地时，水的颜色常常表明了深度。在海上，鸟类和鱼群的出现可以为有经验的海员提供重要的信息。在1492年的航海日记中，哥伦布特别注意到鸟类和鱼类的出现，将其作为接近陆地的信号。根据他在佛得角群岛的经验，护卫舰鸟或风帆战舰鸟很少在远离陆地200英里以上的热带大西洋冒险。

最早的航海指南印刷书籍是《所有前往世界各地水手的必备工作》（*Questa e vna opera necessari a tutti li naviga*［*n*］*ti chi vano in diverse parte del mondo*，1490），是所有现代海岸领航指南的祖先。1490年，贝纳迪诺·里佐（Bernardino Rizo）在威尼斯印刷了这本书，该书是一本匿名汇编，收录了许多水手的航海经历，以及“一位见识过这片地区的威尼斯绅士”从各种来源获得的资料。该书在商业上取得了巨大的成功，并多次重印。这本书的大部分篇幅都用来描述地中海的海上路线，

57

IX.
AVIVM QVARVNDAM, VT ET PISCIVM NONNVLLORVM, NAuibus in Indiam currentibus nonnullibi occurrentium, delineatio.

QVAE in Indiam naues commeant, his in transitu insolita quædam volucres prouisuntur, quales sunt Garayos, gallinas nostrates æquantes. Volucres itidem Rabos de Iuncos dicta: quibus nigris cauda longa, & in forficis modum diducta est. Hanc volando modò dilatant, modò astringunt. Sed & varij pisces occurrunt, vt Albacores, Bonitos & similes. Præcipuè tamen plurimi volantes pisces ibi sunt, qui à piscibus reliquis maioribus insectati, extra aquam se eleuant auolantque. Hi tamen volantes à modò dictis auibus plerunque intercipiuntur & vorantur.

c 2

图 2.1　西奥多·德·布里，《小航行》，法兰克福，1601。© 布朗大学约翰·卡特·布朗图书馆提供。

比如从威尼斯到黎凡特的路线。还有大约五分之一的篇幅用于描述地中海以外的地区。在十八世纪，这本书被认为是威尼斯商人阿尔维斯·达·卡·莫斯托（Alvise da Cà da Mosto，1433—1477）的作品，但几乎没有令人信服的证据表明他是作者。

58

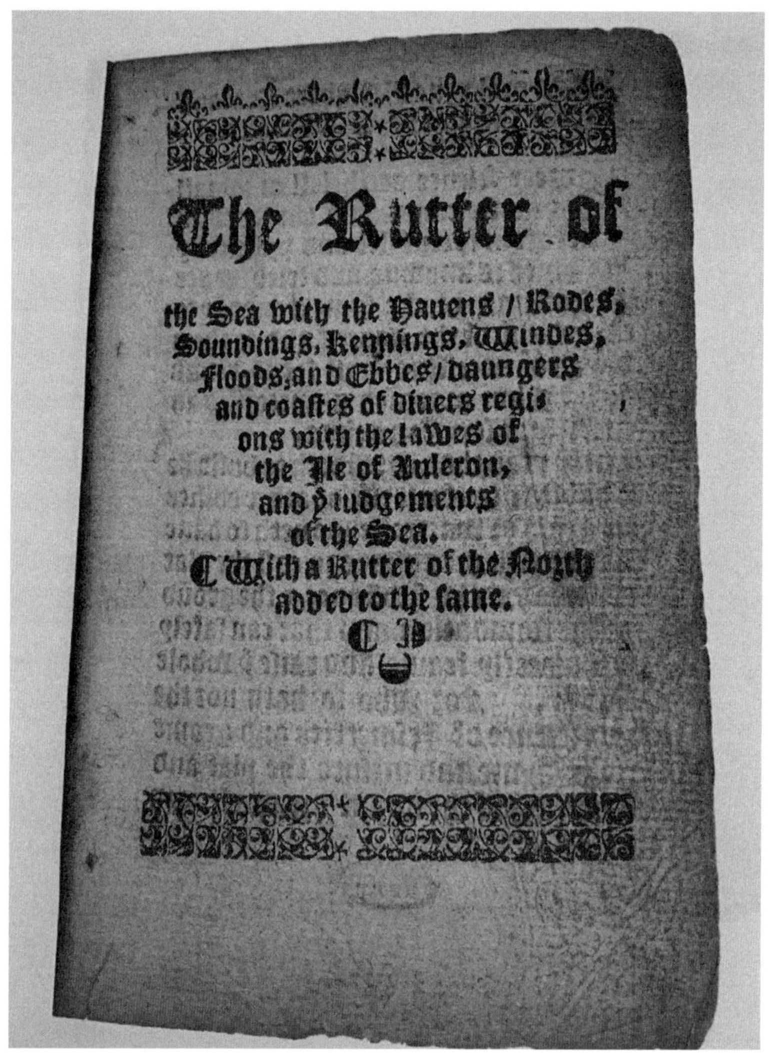

The Rutter of
the Sea with the Hauens / Rodes,
Soundings, Kennings, Windes,
Floods, and Ebbes / daungers
and coastes of diuers regi-
ons with the lawes of
the Ile of Auleron,
and ye iudgements
of the Sea.
With a Rutter of the North
added to the same.

图 2.2　皮埃尔·加西亚（Pierre Garcie），人们称之为费朗德（Ferrande），《海洋指南：避风港、罗得岛、水深测量、观察、风、洪水和退潮等》，伦敦，1567。© 布朗大学约翰·卡特·布朗图书馆提供。

59 这一流派现存最古老的作品是一份匿名希腊手稿《厄立特里亚海航海记》，创作于公元 95—130 年，直到现代才印刷出来。

用于在海上港口之间寻找方向的描述性指南或航行方向在德语中被称为“Seebuch”，在意大利语中被称为“portolani”，在西班牙语中被称为“derroteros”，在葡萄牙语中被称为“roteiros”，在法语中被称为“routiers”，在英语和荷兰语中被称为“rutters”。第一本印刷的法国和英国海岸航海指南的作者是皮埃尔·加西亚，人们习惯称之为费朗德（1435—1520），该指南的名称是《海洋指南：避风港、罗得岛、水深测量、观察、风、洪水和退潮、危险和潜水区海岸以及奥莱龙岛的法律》（1567）。加西亚的《海上航线》（*Le Routier de la mer*）最初写于1484—1485年，并于1520年在鲁昂出版。罗伯特·科普兰（Robert Copeland，1508—1547）翻译的加西亚作品的英文版，最初于1528年出版。1555年之后出版的版本还包括理查德·普劳德（Richard Proude）的《北方指南》。

托马斯·布伦德维尔（Thomas Blundeville，1561—1602）于1594年首次发表了他的平装本作品：《布伦德维尔的练习，包含八篇论文，标题在下一页》。该书十分受欢迎，最终在1634年之前共出版了八次。该书的重要之处在于，它概括了一个伊丽莎白时代的水手对于实际航海的理解。布伦德维尔是第一个描述了皮尔巴赫（Peuerbach）和雷格蒙塔努斯（Regiomontanus）使用三角表进行天文计算的早期工

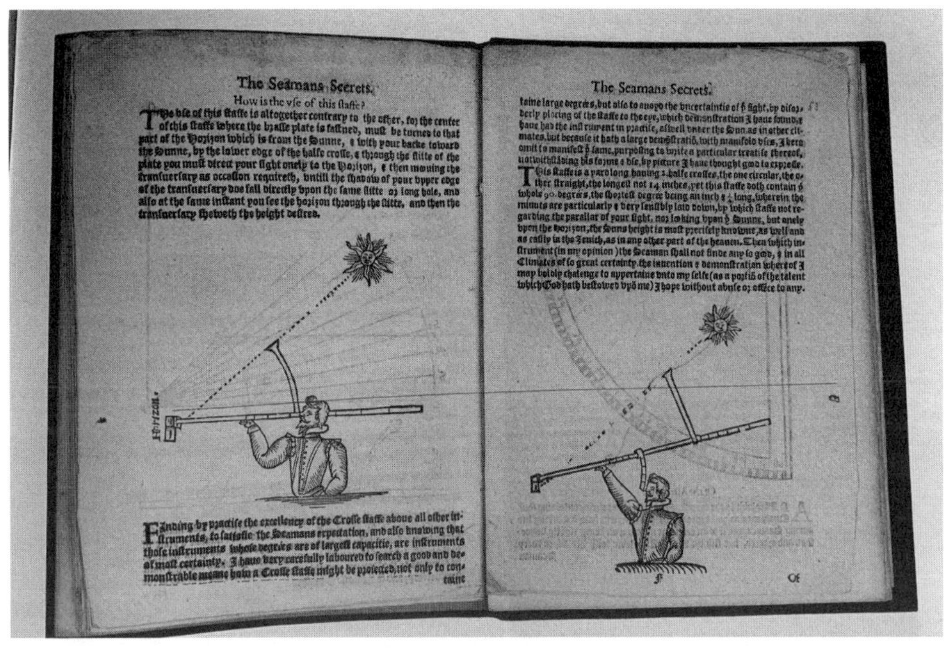

图 2.3　约翰·戴维斯，《海员的秘密》，伦敦，1595。© 福尔杰莎士比亚图书馆。

60 作的英国人。在他的最后一部分“航海，它是什么，以及航海原则的顺序是什么”中，他借鉴欧洲大陆上所有重要航海作家的资料，提出了自己的一些见解。在建议中，他暗示一种绘制海图的新方法正在研制中，预示了潮汐表的使用，这个想法直到 19 世纪才实现。

约翰·戴维斯（John Davis，1550？—1605）是伊丽莎白时代英国最有经验的水手之一。戴维斯的名字经常与汉弗莱·吉尔伯特（Humphrey Gilbert）爵士和沃尔特·罗利（Walter Ralegh）爵士等知名人物相关，最为人所知的是，他在 1585 年至 1586 年的航行中担任船长和领航员，探索了格陵兰岛、巴芬岛、坎伯兰海峡和以他的名字命名的戴维斯海峡。1591 年，他加入了托马斯·卡文迪许的探险队，希望找到西北航道的太平洋尽头，但未能通过麦哲伦海峡。戴维斯根据他在这些航行中的广泛实践经验，于 1595 年首次出版了《海员的秘密》，书中讲述了三种航海技巧。

十五世纪末，葡萄牙航海家率先找到了绕过非洲南端去往印度的海上航线。在接下来的几百年里，葡萄牙垄断了与印度的海上贸易。里斯本和果阿之间的通道被称为“印度之路”（Carreira da Índia），通常需要五到七个月的时间。

安东尼奥·德·马里斯·卡内罗（Antonio de Maris Carneiro）的《东方印度》于 1666 年在里斯本出版，是他于 1642 年在里斯本首次出版的早期作品《领航员和东印度航行路线图》的修订版。他的作品反映了葡萄牙多年的航海经验。然而，到了十七世纪，来自荷兰和英国的竞争极大地削弱了葡萄牙与亚洲的贸易。从东印度群岛到达里斯本的船只数量从十七世纪头十年的平均每年 3.2 艘下降到十七世纪三十年代的每年 1.8 艘。

皮埃尔·乔治·福涅尔（Père Georges Fournier，1595—1652）是十七世纪对航海和海军军官教育感兴趣的一群耶稣会士之一。在迪耶普的耶稣会会堂里，福涅尔成为一名海军牧师，于 1633 年至 1641 年在船长苏迪斯（Sourdis）的带领下首次在海上任职，并于 1640 年至 1642 年成为埃丹的数学教授。他献给路易十三的著作《航海各部分理论和实践的水文地理学》（1643）被认为是首次对于当代海事实践百科全书的尝试。在书中，福涅尔总结了从海军建筑到港口的各种信息，包括航行原理、潮汐、海图、风、海军组织和行动，以及为海员祈祷。在1643年出版第一版后，福涅尔进行了第二版的修改和扩充，并在1667年和1669年两次印刷后最终出版了第二版，他的书被水手们广泛使用。私掠船船长尼古拉斯·加戈特（Nicolas Gargot）在1668年的一本小册子中写道，17年前，当他的私掠船“金钱豹号”的 61
船员在海上叛变并袭击他时，他巧妙地使用了福涅尔的对开本副本作为盾牌来保护自己。

本杰明·哈伯德（Benjamin Hubbard，1608—1660）于1656年在伦敦出版的书《正统航海》是英国美洲殖民地居民在航海方面最早发表的作品。哈伯德称自己是“新英格兰查尔斯敦数学学院的晚期学生”，他写这本书是为了推广使用墨卡托图进行大圆航行的方法。虽然他并没有声称自己在这方面为独创，但这是一个对水手来说很重要的实际问题，在当时的普通教科书中被忽略。人们对哈伯德知之甚少，据信他于1633年来到马萨诸塞州，并在查尔斯敦住了一段时间，他在查尔斯敦拥有一处房产。显然，他是在1644年回到英国的，他在英国是一个不墨守成规的牧师。

约翰·沙利（John Seller，1658—1698）成为十七世纪晚期英国最著名的实用航海教师和作家之一。他最初在泰勒商人公司当学徒，1654年开始单干，最终在1667年成为钟表匠公司的兄弟，担任仪器制造员。1671年，查理二世（Charles Ⅱ）任命他为国王的水道学者，1686年，海军委员会任命他为船只提供罗盘。此外，他还在伦敦基督医院教授数学。沙利的家和商店位于伦敦沃平的冬宫楼梯（Hermitage Stairs），他在那里经营着一项活跃的生意，销售新的和二手的导航仪器、地图和地球仪。他的《实际航海或整体艺术导论》于1669年首次出版。

纳撒尼尔·科尔森（Nathaniel Colson）的《水手新历法》于1676年首次出版，直到十八世纪末一直是水手们的标准参考著作。通常情况下，这些书的过度使用已经造成了损失，只有少许幸存下来的版本。经过多次重印和修订，最后一个版本于1785年发布。这本书由著名的海事出版公司芒特佩奇（Mount & Page）出版。1676年，理查德·芒特（Richard Mount）买下了威廉·费希尔（William Fisher）在伦敦塔北侧的塔山拥有的印刷厂，费希尔1669年时在该印刷厂当学徒。他娶了费希尔的女儿，继续他岳父的工作，所出版的作品包括科尔森、诺伍德（Richard

Norwood）、梅因沃林等主要海事作家的出版物。该公司存续了很长时间，先后被称为理查德芒特（Richard Mount）、芒特佩奇、佩奇芒特、芒特戴维森，十九世纪时叫作史密斯埃布斯（Smith & Ebbs）。

理查德·诺伍德（1590？—1675）的《海员实践》是工作海员参考的另一个标准。这本书首版于1637年，1732年之前定期重印，直到1776年还在做广告出售。

62

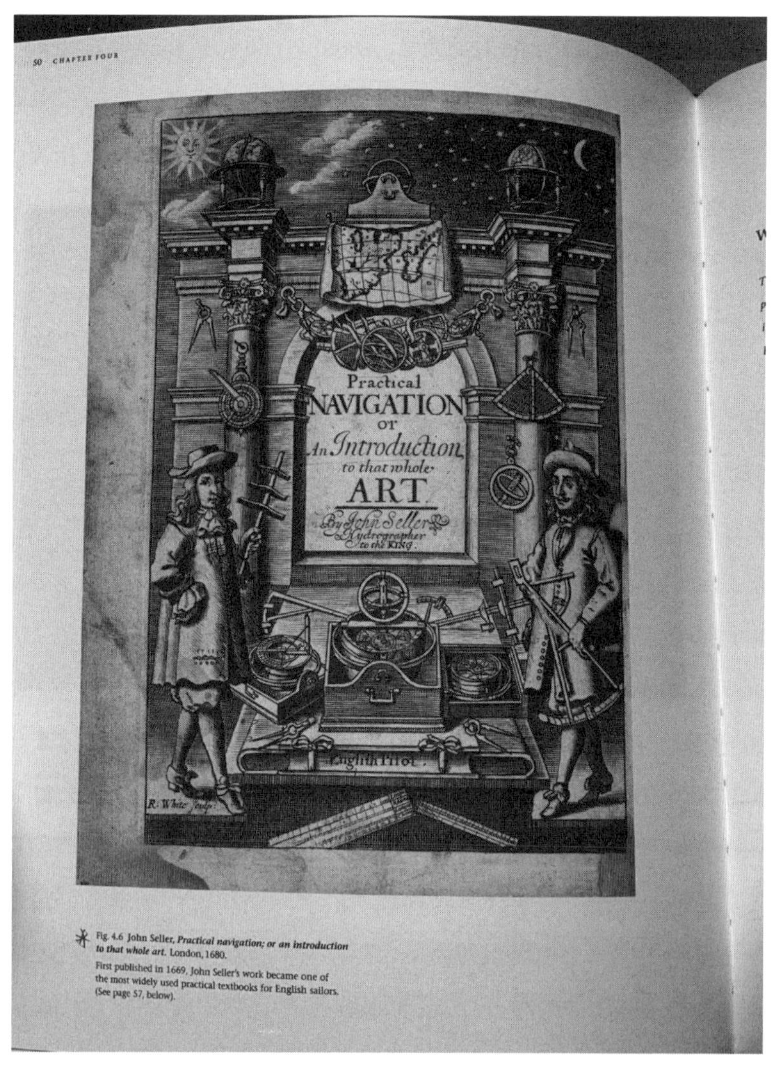

图2.4 约翰·沙利，《实际航海或整体艺术导论》，伦敦，1680。© 布朗大学约翰·卡特·布朗图书馆提供。

这部作品的一个有趣的特点是作者对海里长度的讨论。1633 年到 1635 年，诺伍德计算出，沿着伦敦和约克之间的子午线，1 度的长度是 6120 英尺。现在的实际值为 6080 英尺。

科学方法航海

经过实际应用，航海科学慢慢开始发展出一种与之相适应的技术。在海上收集信息的最古老的仪器是测深索，水手们用测深索确定海水的深度，并能提取海底样品，作为确定位置的辅助手段。随后的是磁罗盘，它和海图一起成为深水航行的基
本工具。经过几个世纪的实践，地中海的航海家们已经把用罗盘航海的艺术发展成 63
一种精确的技能。正如 1275 年的比萨航海图（Carta Pisana）所示，航位推算、海图、罗盘方向和距离刻度等基础知识，在这一时期之初被广泛使用，当时来自阿马尔菲、热那亚、比萨和威尼斯的水手正向地中海西部和大西洋东部的岛屿展开探索。

直到十八世纪及以后，航位推算一直是一种基本方法。随着航海实践变得越来越复杂，海图、测深索和罗盘之后又出现了平行规、量角器、用来在海图上测量距离的机械罗盘、用来估计船速的航海日志和绳索，以及用于测量天体之间或地平线之间角度的各种各样的仪器，如星盘、十字标尺、八分仪和六分仪。

以《宇宙学》（1524）而闻名的彼得·阿皮安（Peter Apian，1495—1552）也是天文和地理仪器的先驱。他的《仪器手册》（因戈尔施塔特，1553）中有大量木刻插图，列出了可供天文学家和航海家使用的各种仪器，包括象限仪和刻度盘。他的研究首先讨论了人体可以作为测量仪器的方式，并以手为例进行了说明。更重要的是，这本书还包含了阿皮安对每分钟弧的正弦的计算，半径用小数点除。这是这种表格在世界上首次出版。

卢卡斯·扬索翁·瓦赫纳尔（Lucas Janszoon Waghenaer，1533/1534—1606）于 1584 年在莱顿首次出版了《水手之镜》（*Spieghel der Zeevaerdt*），最终以荷兰语、法语、德语、拉丁语和英语出版了大约 24 种不同的版本。最初的荷兰版首次汇集了关于航海的论文、仪器描述以及附有海图的详细航行方向。这本书的影响力非常之

大，以至于从十六世纪晚期到十八世纪晚期，荷兰作者的名字“瓦赫纳尔”在英语中被广泛使用，作为这些手册的通用术语。英译本《水手之镜》（伦敦，1588）通常被认为是十六世纪最优美的书籍之一。标题页说明了海员可使用的各种航海仪器和工具，包括测深索、十字标尺和分隔线。英国海军上将，埃芬厄姆的查尔斯·霍华德勋爵（Lord Charles Howard of Effingham）赞成将荷兰版《水手之镜》翻译成英文，1588 年 10 月，在英国军队与西班牙无敌舰队作战之后，《水手之镜》的英文版发行。当时在英国工作的西奥多·德·布里在该书的标题页上刻上插图，两年前他还在法兰克福，开始出版他著名的航海故事系列插图。自 1911 年 1 月以来，这
64 个标题页的改编版一直是英国的主要学术期刊《水手之镜：航海研究协会期刊》的封面。

托马斯·布伦德维尔（1561—1602）是诺福克郡牛顿镇的一位乡绅，对天文学、航海和数学着迷。在他的第一部作品《通用地图和卡德图及其使用的简要说明：以及托勒密的桌子》（伦敦，1589）中，他描述了一种似乎是他自己发明的仪器：航海量角器。布伦德维尔在报告它的用途时写道：“我只会用与水手的飞行器一样用线把一个圆圈分开的工具来确定方向。我确实认为，用这种方法来确定方向，比用地图或卡德图来确定方向要方便快捷得多，因为地图或卡德图通常画有许多交叉的线……”

在可靠的机械表于十八世纪晚期发明之前，人们一直用日晷来确定时间。日晷很受科学家和富有地产业主的欢迎，在牛津和剑桥学院的四合院和英国的乡间别墅中仍然可以看到这样的例子。仪器制造商反复尝试制造出适于海上使用的日晷。尽管他们已经尽力改进了，但各种设计在海上使用时仍然不够准确，因为需要在南北轴上精确地校准刻度盘，调整它的纬度，并在读取时保持稳定。

最初被称为“雅各之杖”或“香客杖”的十字标尺从十六世纪初到十八世纪末一直被广泛使用。它是世界各国水手测定纬度的基本仪器，他们用它测量太阳在地平线上的高度、正午的太阳高度或夜晚北极星的高度。尽管各类仪器在十八世纪都得到了改进，但十字标尺因其简单和低成本的特点而被人们一直使用。

十字标尺的一个主要缺点是，它要求观测者在进行测量时直接看着太阳。在

十五世纪，葡萄牙犹太人列维·本·格尔森（Levi Ben Gerson）发明了一种背测式测天仪，但它没有被广泛使用。在十六世纪末的英国，许多专家开始研究改进仪器的问题。其中，包括剑桥大学的爱德华·赖特（Edward Wright）和牛津大学的托马斯·哈里奥特（Thomas Harriot）。但最终是由约翰·戴维斯在大约 1594 年想出了解决这个问题的最成功的办法，他发明了一种仪器，可以根据太阳投射阴影的角度来测量太阳的高度。这种仪器被称为“背测式测天仪”“戴维斯测天仪”或“英国四分仪”，很快被广泛使用，并在十八世纪末之前一直很流行，特别受到在美洲航行水手的欢迎。

曼努埃尔·皮门特尔（Manuel Pimentel，1650—1719）编写的一本教科书被很多人认为是葡萄牙经典书籍中关于航海仪器和航海的实际使用的顶峰，书名为《航海艺术及其实践规则》(1699)。皮门特尔的父亲路易斯·塞劳·皮门特尔（Luis 65
Serrão Pimentel，1613—1679）曾是葡萄牙皇室的宇宙学家，在去世前的某个时候，他完成了一本航海手册《航海实用艺术与领航员》的写作。曼努埃尔·皮门特尔也是皇家宇宙学家，他编辑并于 1681 年以他父亲的名义出版了这本书。十八年后的 1699 年，曼努埃尔·皮门特尔出版了另一本书，这次是以他父亲 1681 年早期的作品为基础，以他自己的名义出版，书名为《航海艺术》。曼努埃尔·皮门特尔对该书进行了修改，并于 1712 年再次出版。虽然他在 1719 年去世，但这部作品在 1746 年和 1762 年两次再版。

海上旗帜和通信

旗帜在航海中的作用与在陆地上的作用往往不同。在某些语言中，这种差异反映在海旗的特殊术语上：在法语中，“pavillons”与“drapeau”相对，在德语中，“flaggen”与“fahnen”相对。在英语中，与在其他语言中一样，当海旗具有特定用途或形状时，会有各种各样的附加词汇来描述它们，例如“船旗”“船首旗”“三角旗”或“燕尾旗”。在海上和海洋环境中，旗帜是一种标识、一种交流方式，甚至是一种装饰。在航海时代的大部分时间里，当海员们在彼此可以呼喊听到的距离之内航行时，旗帜是海上船只之间或船与岸之间最实用和最通用的通信工具。但通过使用旗帜来开发一种语言的过程缓慢而艰难。最终，单一的旗帜有了特定的含义，可以一眼就能解释一艘船的国家身份、功能和角色。在试图传达信息或行动命令时，早期的方法是在船索具的特定位置放置特定的旗帜。标准的旗语直到十八世纪末和十九世纪初才出现。

卡雷尔·阿拉德（Carel Allard，约 1648—1709 年）的著作《新荷兰造船业》（阿姆斯特丹，1695）是最早涉及海旗的书籍之一。阿拉德关于海旗的第一部著作最初作为《新荷兰造船业》的附录出版，后来他单独出版了这本书。插图中有一面在“登布里尔号”主桅上飘扬的威廉三世的旗帜，这面旗帜载着他和一支强大的军队，乘着“新教之风”，从荷兰向西到达英国的托贝，于 1688 年 11 月与威廉三世一起登上英国王位。旗帜上的口号是“为了新教和英格兰的自由”，显示的是橙色国度王子和他的英国妻子玛丽二世手挽着手。

66 船舶设计与建造

船舶的设计和建造是一种传统的工艺，它深深根植于当地与船舶的特定实际用途密切相关的各种传统。在南欧造船的传统中，十五世纪船舶的设计和建造可以追溯到罗马帝国时期；在北欧，这种传统起源于凯尔特人和维京人。进行海洋探险的船只必须能够承受开放水域的条件，并能够在远离补给基地的长途航行中为船员运送食物。关于设计和建造的想法，以及在这一传统工艺中所需的技能都是通过口头和实例传递，很少以书面形式表达。目前，通过水下考古学家对新发现沉船所做的研究，人们对这一课题了解了很多。

欧洲很少有关于十五世纪造船的记录，但有关这一主题的一些有价值的信息可以在聚焦于圣经故事“诺亚方舟”的当代插图中找到。在创作这些场景时，艺术家们有时会通过对当前实践的观察来丰富他们的圣经形象。这种做法可以在哈特曼·谢尔德（Hartmann Schedel，1440—1514）编著的《有世界之初的人物和图像的编年史登记册》（1493）一书中看到。这本书通常被称为《纽伦堡编年史》，它是世界历史的总称，可能是作者、印刷商和插画家在成书过程中最早密切合作的例子。插画家迈克尔·沃尔格姆（Michael Wolgemut）和威廉·普莱登沃夫（Wilhelm

Pleydenwurff）发起了这个项目，并筹集到了资金，委托当地学者哈特曼·谢尔德尔撰写文本，安顿·科伯格（Anton Koberger）印刷作品，将所有内容都改编成他们的1700幅木刻插图。一些木刻可以追溯到年轻的阿尔布雷希特·丢勒（Albrecht Dürer），他当时在画家沃尔格姆的工作室当学徒。

在《大航海》（1594）中，西奥多·德·布里（1528—1598）雕刻了一幅1509年前往巴拿马的迭戈·德·尼库萨（Diego de Nicuesa）探险队成员的造船画。他们由奥兰多（Olando）指挥，船只搁浅后，他们被迫用失事船只的木料建造了一艘返回家园的新船。但是，十六世纪造船的细节很可能来自这位艺术家曾近距离目睹过的一家佛兰德斯造船厂。半个世纪后，同样的图像被修改并在其他地方重新出版，展示出诺亚方舟的建造方式。

托梅·卡诺（Tomé Cano，1580—1611）的《制作艺术》（1611）大致完成于1608年，并在三年后印刷，为十七世纪早期西班牙船舶的建造提供了宝贵的见解。 67
作为一位经验丰富的船东和海员，托梅·卡诺在跨大西洋航行方面拥有数十年的经

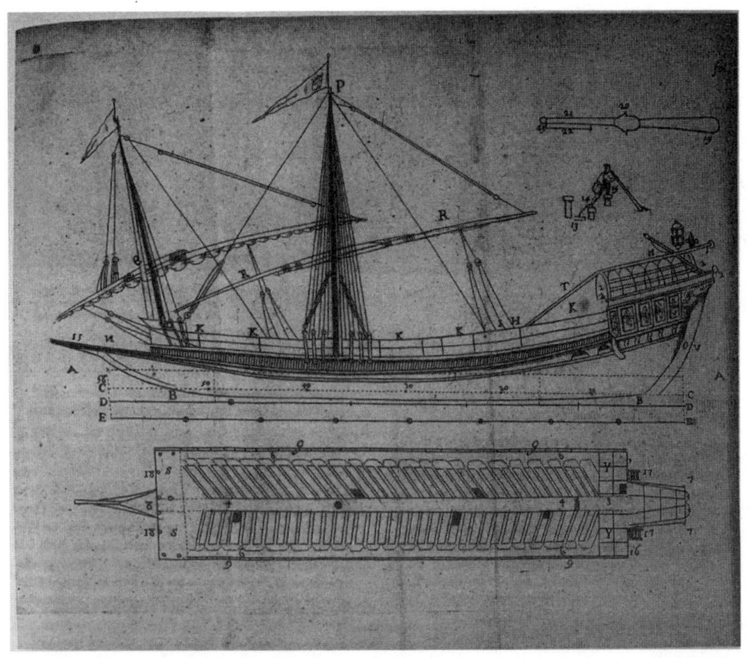

图2.5　达西（F. Dassié），《海军建筑》，1677。© 布朗大学约翰·卡特·布朗图书馆提供。

验，他在政府发起的关于西班牙美国贸易理想船舶尺寸和配置的辩论的背景下撰写了这篇论文。

桨帆船是古典希腊和罗马时期的一种典型的船，甚至在十八世纪末的波罗的海地区，桨帆船也一直被当作军舰使用。在法国，路易十四于十七世纪六十年代开始在地中海建立大型帆船舰队。大笔资金用于建造桨帆船，调动人力进行操作，并组成桨帆船军团，作为一支可以对有限目标进行打击的部队，也可作为法国力量的象征。桨帆船最臭名昭著的用途是作为监狱船，直到 1748 年军团解散。达西的《海军建筑》(1677) 上载有一幅十七世纪桨帆船的详细插图。

在英国，《海洋建筑》(1739) 回应了十八世纪对造船作品的需求，但该书在未被同意的情况下复制了三篇更早作品的内容。它的内容在 1715 年就过时了，但它在 1749 年重新印刷，直到 1776 年还在做广告出售。该书持续受到欢迎，可让我们
68 了解与行业领先的主要造船厂形成鲜明对比的小型造船厂的状况。

爱德华·海沃德（Edward Hayward）的著作《索具的尺寸和长度》首次于 1656 年出版，其中包含的表格显示了在此期间装备一艘船所需的梁木和索具数量。

海洋捕捞

捕鱼和捕鲸是人类社会最古老和最基本的海洋活动。专业化的船舶类型以及社会组织和行业的独特模式因为渔业而发展起来。甚至在哥伦布到达美洲之前，北美海岸丰富的渔业可能已经吸引了欧洲人的到来。在十六世纪，每年都有船队前往北美水域开采天然鱼类资源，作为欧洲不断增长人口的廉价食物。后来，北美鱼类成为西印度群岛奴隶的主要食物来源。随着欧洲帝国之间的竞争加剧，各国开始将渔业作为一种资源加以管理和控制。这些趋势也将渔业带入了战争和帝国竞争。

在绘制第一张以新英格兰和加拿大沿海省份为中心的印刷地图时，贾科莫·加斯塔尔迪（Giacomo Gastaldi）在他的作品《新法兰西第三卷：航海和旅行》(1556) 中，用有趣的小插图装饰了海域，展示了当代的捕鱼实践。其制图源自乔瓦尼·达·维拉扎诺（Giovanni da Verrazanno）在 1524 年欧洲首次探索这些海岸时制作的地图和报告。

托拜厄斯·金托门（Tobias Gentleman）的著作《英格兰致富之道》(1614）指出，英国致富的最佳途径不是像西班牙那样追求金银，而应该是效仿荷兰，通过贸易获取财富，特别是促进英国的鲱鱼捕鱼业。人们对托拜厄斯知之甚少，只知道他一生的大部分时间都在诺福克郡大雅茅斯附近的北海捕鱼区度过。这是他唯一为人所知的作品。这本小册子于 1614 年出版，引发了公众对鲱鱼产业和国家财富积累等问题的讨论。

一位匿名作者的作品《贸易增长》(伦敦，1615）支持了金托门关于扩大鲱鱼产业的观点，并认为英国商人应该提倡一种自由贸易的模式，而不是特许垄断。作者在论证过程中，攻击了东印度公司，嘲笑了该公司 1100 吨量级的船“贸易增长号”的损失，并以船名作为文章的标题以示双关。这种批评使政府发现了作者罗伯特·凯尔（Robert Kayll）的身份，并将他关进了监狱。

达德利·迪格斯（Dudley Digges，1583—1639）爵士是英国东印度公司的一个 69
强大而有影响力的支持者，他通过使用来自东印度公司记录的详细信息以《贸易辩护》(伦敦，1615）为题反驳了凯尔的攻击，辩称东印度公司的贸易产生了巨大的净收益。

爱德华·夏普（Edward Sharp）的《英国长船；或，计算一艘长船或鲱鱼渔船的费用；及其相关收益和利益；附上有关鲱鱼捕捞的国家公告》(伦敦，1615），在达德利·迪格斯为东印度公司辩护六周后出版，它也直接引用了金托门和凯尔早期的小册子。我们对作者夏普知之甚少，但在他支持金托门为鲱鱼渔业辩护的论点中，他展示了对鲱鱼渔业的广泛了解，并强调了英荷在这一领域的竞争。

纽芬兰是英国人最早了解的美洲地区。在哥伦布和卡伯特之前，人们就已经知道并开发了纽芬兰惊人的近海渔业资源，而到纽芬兰的贸易无疑是欧美之间的第一笔常规贸易。纽芬兰贸易独立于 1610 年首次出现的纽芬兰殖民点而蓬勃发展。虽然这些殖民点与渔业开发密切相关，但这些殖民点还有其他活动，如寻找铁、种植食物、制造玻璃和肥皂等尝试，如查尔斯一世国王的《管理我们的人民的委员会……纽芬兰》所示（伦敦，1633，即 1634）。

《海洋弹匣开启：或荷兰人剥夺了他在英国海域捕鱼的生意》(1653）是一本反

荷小册子，以导致第一次英荷战争爆发的事件为背景，包含了许多关于英国海洋事务和利益的信息，包括纽芬兰和西印度群岛的事务，以及北美的木材。1652 年至 1654 年、1665 年至 1667 年和 1672 年至 1674 年的三场英荷战争催生了北海两岸广泛的文学作品，这些作品批评、解释或颂扬了这些冲突中与海洋相关的方面。一些作品，比如《海洋弹匣开启》，是匿名的政治传单，其他作品包括讽刺文学到诗歌，甚至涉及当时的主要文学人物。

枪支和火炮

在 1450 年至 1840 年期间，欧洲历史上的主要创新之一是在可操作的多用途帆船上开发高效枪炮。在这一时期，枪支和火炮是高科技的产物，包括冶金学、弹道学和炸药的运用。枪炮手在十五世纪七十年代首次作为专家出现在英国军舰上，并在二十年内变得十分普遍。最早的枪炮发射石弹，由锻铁杆制成管状并用铁环固定。
70 随后越来越多的枪炮用青铜铸造。随着向青铜的过渡，枪炮变得更沉重、更昂贵。

一个极端的例子就是“皇家大炮”，它重达 8000 磅，能发射 66 磅的炮弹。这种大型火炮最初用于岸上的围城行动，后来逐渐转移到海上使用，但更常用于攻击岸上阵地，而非船舶。在十六世纪，铁炮逐渐取代了石炮，铸铁炮则取代了锻铁和昂贵的青铜炮。同时，在船上安装火炮的方法也发生了典型的变化，变成了一种低矮的带轮子的木制车。十六世纪四十年代，铸铁炮的发明带来了海上火炮的革新，海上火炮变得更便宜，更容易用于商船。然而许多海军由于安全性的原因仍然偏爱青铜炮，因为铁制武器在海上的扩散需要更多的信息交流和使用训练。随着火药质量的提高，炮管可以做得更短，炮弹可以做得更大。十六世纪晚期，船只的两侧都开了炮口，增加了在交战中可以使用的大型火炮的数量。到十七世纪五十年代，铁炮已经成为海军舰队之间战斗的主要武器。从那时起直到工业革命，海上使用的枪炮变化不大，通常是根据所发射炮弹的重量来分类。后期唯一的重大创新是 1779 年左右的大口径短炮，这是一种相对较轻的火炮，装填火药较少，在短距离发射大型炮弹。许多商船在战时为了自保而加上了武器装备，其中有些只有最低限度的武装，而另一些则根据目的地的不同，可能全副武装。一些商船可能会带有允许其进行更具进攻性防御的私掠许可证，虽然这些商船并未完全将私掠作为一种职业。威廉·芒廷（William Mountaine）是一位数学教师。他的船上射击手册是对早期两本著作的扩充，一本是托马斯·宾尼（Thomas Binney）船长的《射击艺术之光》(1676)，另一本是弗朗西斯·波维（Francis Povey）船长的《海上炮手的同伴》(1702)，两本著作都是在十七世纪早期巴特勒的《六对话录》(1685）中信息基础上的展开。

海上暴力

十五世纪中期到十九世纪中期之间，海上战争的性质发生了戏剧性的变化。1650年以前，海上战争的性质非常不同，通常是由地方和特定的问题而不是由国家情况和国家船队所导致。小团体、军阀、地方和地区当局是海上战争活动的主角。他们的活动包括个别的海上袭扰和抢劫，以及独立于大政府当局的小团体或军阀的持续对抗等。总的来说，大多数此类活动的主角都是不属于“国家”海军的武 71
装船只。这就反映出，在十九世纪之前，海军还无法完全垄断海上暴力的使用。海盗和私掠船是两种密切相关的活动，它们之间的区别可能会被模糊，有时为了把合法私掠船的形象置于非法海盗的形象之上而故意为之。“私掠”一词仅在十七世纪才出现在英语中，因此历史学家将该词用于较早时期往往具有误导性和不准确性。在十七和十八世纪，海事法院在战时向私掠船（即私人武装和装备的船只）颁发许可证，授权该等船只及其船员攻击和捕获当时与该国处于宣战状态的特定敌人的商船。随后，私掠船需要将被扣押的船只带进特定的港口，由海事法院对被扣押的船只及其文件和货物进行检查。在符合法律规定的前提下，海事法院将船只和货物定为敌方财产，并将其公开拍卖，所得收益按照既定公式由政府、捕获船只的军官和船员平分。1856年，私掠船最终被国际条约废除。

按照严格的法律定义，海盗只不过是海上盗窃。但这个词已经获得了广泛的浪漫联想，围绕这个话题产生了大量的流行文学作品，其中很多都是纯虚构的，历史基础也很可疑。然而，海盗是海洋历史上一个严肃的主题。从十六世纪中期开始，海员们就开始参与战时私掠。在随后的和平时期，一些海员仍然保留着他们战时的习惯。在某些情况下，他们在加勒比海或印度洋建立了自己的小社区，远离当局，在那里他们对所有商船构成威胁。到十七世纪末，这种海盗行为已经成为一个需要组织力量加以控制的严重问题。

到十七世纪中期，随着早期欧洲国家的形成，开始出现常驻海军。常驻海军是由国家政府全额资助和维护的官僚组织，其所使用的船只是为了对抗其他类似船只而设计，其发展与船舶建造和武器装备的技术进步相一致，导致了海上大型火炮的使用，这反过来又导致了旨在最大限度提高大型火炮战斗力的形式化战术的发展。

1720 年，乔赛亚·伯切特（Josiah Burchett）的《海上非凡事务全集》(*A Complete History of the Most Remarkable Transactions at Sea*）标志着英国第一部海军史书的问世，但是关于海军事件和战斗的报告、图表和地图则经常出版。圣克鲁斯侯爵
72 唐·阿尔瓦罗·德巴赞（Don Álvaro de Bazán，1526—1588）就是一个典型的例子，他从 1584 年起担任西班牙大西洋舰队的总司令，在他 1588 年去世后，由麦地那·西多尼亚（Medina Sidonia）公爵继位。在担任西班牙国王菲利普二世（Philip Ⅱ）的总司令之前，德巴赞曾在许多地中海海战中指挥过桨帆船中队，包括 1571 年的勒班陀海战。1580 年，他组织了征服葡萄牙的海军作战，1582 年在亚述尔群岛指挥了联合作战，这是他的小作《菲利普国王舰队的成功》中的主题，该书 1582 年在佛罗伦萨出版，1583 年在特塞拉出版。

弗朗西斯·德雷克爵士是伊丽莎白时代英国最著名的海员。他是一位冒险家、私掠者、海军指挥官、环球航行者和探险家。巴普蒂斯塔·博阿齐奥（Baptista Boazio，1589—1603）发布了一幅说明德雷克横跨大西洋航行的雕刻地图《英国舰队著名的西印度群岛之旅》(1589)，这可能早于参与者叙述的发表。该图显示了德雷克船队从 1585 年 9 月从普利茅斯出发到 1586 年 7 月返回朴次茅斯的轨迹。作为先发制人的打击，伊丽莎白一世命令德雷克对西班牙的美洲殖民地发动进攻，以转移西班牙计划入侵英国的注意力。在航行中，德雷克袭击了佛得角群岛的圣地亚哥和美洲的圣多明各、卡塔赫纳和圣奥古斯丁。返航时，他停靠在弗吉尼亚州的罗阿诺克，数学家托马斯·哈里奥特和艺术家约翰·怀特（John White）踏上了返航之路，并带上了他们对美洲的独特看法和描述。该地图的另一个无色版本有六列文字

粘贴在地图的底部边缘。博阿齐奥根据第一手资料绘制了这幅地图。几份记录中提到，博阿齐奥在陪同卡莱尔（Carleill）船长、指挥“老虎”号以及探险队的将军和首席军事官时，曾在德雷克进攻期间作为一名侍从或信使被派往圣多明各总督处。此地图是博阿齐奥的第一幅有名的作品。

博阿齐奥的另一幅作品是《西印度群岛的迦太基纳市：西班牙和秘鲁之间进行贸易最方便的港口》，以沃尔特·比格斯（Walter Bigges）的名义发表（1586），《弗朗西斯·德雷克爵士西印度群岛航行的概要和真实论述》（伦敦，1589）。1585 年，弗朗西斯·德雷克爵士对西班牙殖民港口卡塔赫纳的袭击是十六世纪海战中常见袭击活动的一个著名事例。博阿齐奥为弗朗西斯·德雷克爵士 1585—1586 年的航行画了一组插图，共四幅。其他插图是圣地亚哥、圣多明各和圣奥古斯丁的类似视图，都是专门用来说明参与者写的《概要和真实论述》。沃尔特·比格斯船长是卡莱尔手下的陆军指挥官，在航行期间开始写作。卡塔赫纳遇袭后，他死于疾病，他的作品可能最终是由他的副手克罗夫茨（Crofts）船长完成。在完成了单独的地图和书中的四幅插图绘制后，博阿齐奥在区域地图方面赢得了声誉，他在 1591 年绘 73
制了怀特岛的地图，在 1599 年和 1602—1603 年绘制了爱尔兰的其他地图。爱尔兰的地图可能是通过博阿齐奥与克里斯托弗·卡莱尔船长在探险和该书出版期间建立的联系而绘制完成。

荷兰方面的作品为《西班牙银色舰队的征服：彼得·彼得斯·海恩将军的征服，新西班牙，古巴岛巴亚马坦萨斯的征服》（1628）。1628 年 9 月，荷兰西印度公司舰队的一名军官皮特·彼得松·海因（Piet Pieterszoon Hein）和海军上将亨德里克·科内利松·隆克（Hendrick Corneliszoon Lonq）在古巴的马坦萨斯湾俘获了西班牙和墨西哥的银色舰队。这是第一次，也是唯一一次西班牙被敌人成功俘获整个舰队及其宝贵的货物。海因的这次伟大的成功，以及他于 1627 年在巴西成功掠夺了 38 艘西班牙和葡萄牙船只，使他成为当时最著名的荷兰水手。1629 年 1 月回国后，海因成为荷兰海军中将，这是荷兰共和国的最高海军职位。在接受这一任命时，海因成为第一个完全基于专业能力被选为担任这一职位的人。海因的海军生涯很短暂，五个月后，1629 年 5 月，海因在追击奥斯坦德附近的一支私掠舰队时被杀。

在这一时期，关于海军战术和战略概念的书籍很少，仅有一些手稿在有限的范围内流传。《海军的艺术》（*L'Art des Armées Navales*，1697）由耶稣会教父保罗·霍斯特（Père Paul Hoste）神父（1652—1700）创作，是自公元四世纪弗拉维乌斯·维吉修斯·雷纳图斯（Flavius Vegetius Renatus）写了一篇关于海战的短文以后，第一次对海战战术进行的认真专业研究。霍斯特是尝试在一本重要著作中分析涉及携带重炮大型帆船的新海军战术的第一人。霍斯特在十七岁时成为耶稣会士，很快成为数学和水文学专家，并且精通海军建设。在莫尔特马尔特（Mortemarte）公爵的赞助下，霍斯特先后成为法国海军两位海军上将德埃斯特雷（d'Estrées）和图维尔（Tourville）的牧师。在十二年的时间里，霍斯特陪伴他们出海，因此能够观察海军作战的实践，并直接从他所效力的军官那里获得各种见解。1685 年，德塞涅莱（de Seignelay）侯爵决定任命耶稣会士为海军学员教授高等科学，随后，霍斯特成为土伦皇家海军学院的数学教授。在他的职业生涯中，霍斯特发表了许多与海军科学有关的重要著作，并早在 1691 年就开始撰写有关海军战术的文章。《海军的艺术》于 1697 年首次出版，在霍斯特死后的 1727 年再版。

74

个人生活和宗教

对于现代学者来说，寻找水手个人生活的详细和具体信息是最具挑战性的任务之一。很少有普通海员把他们的印象写下来，他们的同辈人往往认为海上的日常生活枯燥无味而不予理会。在过去的半个世纪里，现代水下考古学家通过检查他们从沉船遗址中恢复的文物，提供了许多新的见解。把这些物质文化用品与现存的当代文献联系起来，就可以更好地理解船员在船上的个人生活的性质和特点。

海上生活不可避免地要面对大自然的强大力量。浩瀚的海洋，连同它非凡的美丽和它可怕的力量，一直是水手意识的一部分。这些元素自然而然地让水手显示出宗教信仰的突出心理特征。同时，虽然水手们常常强烈意识到他们对超自然或神力的依赖，但在水手生活中，这一方面与航海社会的粗暴、混乱和无道德的特点形成了鲜明的对比。

汉斯·斯塔登（Hans Staden）非常受欢迎的书《战争史》（*Warhaftige Historia*，1557）的封面展示了甲板上的两名海员，一名使用横杆，另一名使用星盘，而标题则提出了中心问题："如果没有神的佑护，城市的守望者以及保证大船海上安全的航海家又有什么用呢?"斯塔登是一个德国人，十六世纪初在巴西海岸遭遇海难，被印第安人俘虏，囚禁了九个半月后被赎回，回到家乡写他的故事。《诗篇》第107篇也反映了海上生活中深刻的宗教元素："那些乘船下海，在广阔水域做生意的人；

75

图 2.6　汉斯·斯塔登，《战争史》，马尔堡，1567。© 布朗大学约翰·卡特·布朗图书馆提供。

他们在海洋深处看到了主的作为和奇迹。”

英国国教的《公祷书》于1549年首版，长久以来以其优美的英国散文而闻名，英联邦时期，议会于1641年用《祈祷目录》将其取代。国会对此并不满意，于是在1645年颁布了一份补编《王国船只祷文》，这是英国第一份专门为海上使用而设计的祷文，随后，一套类似的补编祷文被纳入1662年的《公祷书》，并从那时起一直在使用。

海上活动管理

在征服海洋时期，欧洲政治发展的主要特征之一是拥有广泛官僚机构、中央集权和陆海永久性武装力量的国家的崛起。在这一过程中，每个国家都设立了专门的办公室和许多国家规章来处理海事事务。同时，欧洲国家船舶的长期实践为成为条约一部分的国际谅解奠定了基础，并最终演变为国际海事法。

76 每个海洋国家都制定了法律，规范了悬挂本国国旗的船只和海员的行为。海事法律涉及从商业、捕鱼到海军和私掠船的整个活动范围。每个国家在制定海事法律的过程中，还设立了专门的办公室负责海事法的执行。新官员通常会发布报告，汇编资料供上级官员使用，这些文件对后来的历史研究颇有裨益。

欧洲海事法的起源可以追溯到罗得岛，罗得岛的法律是东罗马帝国海事法的基础。这些法律可以追溯到七世纪或八世纪，后来被称为《罗得海法》，尽管其中一些内容来自公元前十八世纪的汉穆拉比法典，即《巴比伦尼亚法律索引》。由于进入罗马帝国的野蛮入侵者不是海员，因此地中海港口城市继续使用早期发展起来的法律。特拉尼、阿马尔菲和威尼斯等意大利城市在中世纪时期开始形成自己的法律，而其他城市则借用西班牙法律。最早出现在地中海以外的海事法典是十二世纪的《奥莱龙法典》，起源于法国或盎格鲁-诺曼底，编于比斯开湾的奥莱龙岛，后来在十三世纪由法国国王路易九世颁布。英国的《海军部黑皮书》也可追溯到这一时期。《奥莱龙法典》后来成为北欧海事法的基础，包括《维斯比法》和《沃特勒希特法》，由汉萨同盟使用，并于1407年在同盟成员会议上确立。除了国际法的发展之外，还出现了处理其他类型法律事宜的专门法院，其中包括处理奖励事务的海军部和副海军部法院，以及处理军舰纪律的海军军事法院。

海事法早期发展的根本问题之一是中世纪时期出现的对海域主张主权的行为。威尼斯宣称对亚得里亚海拥有主权；丹麦和瑞典一直在争夺波罗的海的主权，直到1622年双方才就波罗的海的部分主权达成一致；英国宣称拥有从挪威延伸到西班牙的“不列颠海域”的主权。一些对海洋主权的主张涉及以鸣礼炮、降旗或敲顶帆等正规仪式来承认另一个国家的主权。当对海洋的主权要求超出了仪式的范畴，扩大 77
到行使专属捕鱼权、征收过路费和拒绝船只在世界广大海域通行时，问题就更加严重了。

在发现美洲之后，西班牙和葡萄牙试图瓜分世界上的海洋，由此埋下了更广泛法律争端的种子。起初，英国、法国和荷兰的航海探险者和商人都无视这些主张。1580年，西班牙驻英国大使就德雷克侵犯西班牙在太平洋的主权一事向伊丽莎白一世正式提出外交申诉。女王根据古代作家乌尔比安（Ulpian）和塞尔苏斯（Celsus）的权威论述作出了答复。女王以十七世纪的学术法律争论为基础，反驳说海洋和空间是所有人共有的。

中世纪地中海最复杂和被广泛接受的新海事法体系是根据巴塞罗那地方法官对航运事务的决定建立起来的巴塞罗那法律。它于十三世纪编纂而成，被称为《康索拉度海法》（*Consolat de Mar*，即 *Consulate of the Sea*，见图 2.7）。《康索拉度海法》在西班牙、普罗旺斯和意大利被广泛使用。该法典于1494年7月在巴塞罗那首次以加泰罗尼亚语出版，之后用加泰罗尼亚语重印了四次。它于1519年首次被翻译并印刷成意大利语，书名为 *Librio di Consolato*[1]。

荷兰人文主义者和法学家休·德·格鲁特（Hugh de Groot，1583—1645），更广为人知的是他的拉丁名字雨果·格劳秀斯（Hugo Grotius），在职业生涯早期就开始考虑海洋法问题。1604年，他写了一篇名为《法理》（*De Jure Predea*，1604）的关于奖励法的文章，把这个主题放在国际法和自然法的大背景下，而不是依赖于《圣经》和教会法的传统法律基础。在研究中，格劳秀斯探讨了荷兰人在马六

[1] 该书以加泰罗尼亚语重印了四次。它于1519年被翻译并首次以意大利语印刷。

LIBRO DI CONSOLATO
NOVAMENTE STAMPATO ET RICORretto, nel quale ſono ſcritti capitoli & ſtatuti & buone ordinationi, che li antichi ordinarono per li caſi di mercantia & di mare & mercanti & marinari, & patroni di navilii.

M D XXXIX

图 2.7 《康索拉度海法》，威尼斯，1539。© 布朗大学约翰·卡特·布朗图书馆提供。

甲海峡捕获一艘葡萄牙船只的法律问题，1493 年，教皇授予葡萄牙和西班牙共同拥有对马六甲海域的权利。开始时，格劳秀斯对这一广泛的问题进行了大量的研究，他认为，海洋应该由所有人自由使用，而不是任何国家的财产。1609 年，这本书的一章以《海洋自由论》为名出版。在完成这一领域的全部研究之前，格劳秀斯于 1618 年因政治上反对拿骚的莫里斯王子（Prince Maurice of Nassau）而被判终身监禁。1621 年，他从洛夫斯坦城堡逃出，据说是藏在一箱书里，他逃到安特卫普，然后又逃到巴黎。1625 年，他在巴黎写了一本关于战争与和平法的著名作品

《战争与和平法》(*De Jure Belli ac Pacis*，1625)，其中包含了他早期著作的修订版。1633 年，最初出版于 1609 年的《海洋自由论》再次出现在这本小册子中，其中还收录了保罗·默鲁拉（Paulus Merula，1558—1607）的作品，默鲁拉是多德雷切特（Dordrecht）的法律学者和历史学家，他后来到了莱顿。在十七世纪三十年代的国际事务背景下，格劳秀斯的这一特殊版本引起了广泛的关注和讨论。1634 年，格劳秀斯成为瑞典驻巴黎大使。格劳秀斯从斯德哥尔摩返回法国时，在波罗的海遭遇海

79

图 2.8 雨果·格劳秀斯，《海洋自由论》，莱顿，1633。© 布朗大学约翰·卡特·布朗图书馆提供。

难，死在罗斯托克（Rostock）附近。1635 年，英国要求荷兰共和国惩罚格劳秀斯，而这一致命的事故使荷兰人免于采取任何行动以回应英国的要求。

《海洋的封锁或海洋的主权》(*Mare clausum seu de dominus Maris*，1635）的作者为约翰·塞尔登（1584—1654），是对格劳秀斯在海洋自由问题上最著名的直接
80 反驳。他的主张与 1580 年伊丽莎白女王一世的主张完全不同，他遵循了詹姆斯一世和查尔斯一世统治时期的英国政策，认为一个国家有权限制其他国家使用海洋。塞尔登在 1618 年写了这篇论文，但直到 1635 年才在国王查尔斯一世的命令下出版。塞尔登是法律专业出身，他写了一部关于诺曼征服前英国政府的历史，即《大英百科全书》(1615)，并成为十七世纪早期伦敦历史研究的主要机构“古物学会”的领军人物。他曾因支持下议院反对王权而两次入狱，但后来成为一名君主主义者，并将他的著作献给查理一世。1654 年，塞尔登将他的大量藏书和手稿遗赠给牛津大学的牛津大学图书馆，因此图书馆扩建后用于安置这些藏书和手稿的地方被命名为“塞尔登角”(Selden End)。

塞尔登和格劳秀斯参与的辩论并没有以他们最著名的著作而结束。尽管塞尔登的著作是支持国家主张排除外国商业和航海的最著名论据，但它不是第一个，也不是唯一一个。真蒂利斯（Gentilis）在《西班牙人宣言》(1613）中为西班牙和英国的领土主张辩护；威廉·威尔福德（William Welford）在《海洋主权》(*De domino Maris*，1613）中写下了英国的主张。1633 年，约翰·伯勒斯（John Boroughs）爵士写了《经记录证明的英国海域主权》，但直到 1651 年才发表。保罗·萨皮（Paolo Sarpi）的《亚得里亚海的统治》(1676）与威尼斯对亚得里亚海的观点相似。与之相对一面的代表是约翰努斯·艾萨克·蓬塔努斯（Johanus Isacius Pontanus，1571—1639)，丹麦名字叫汉斯·艾萨克森（Hans Isaksen)，他在《历史讨论第二册》(1676）一书中站在格劳秀斯一边，为海洋自由辩护。蓬塔努斯是哈德韦克拉丁学校的教授，哈德韦克是荷兰东部艾瑟米尔河上的一座汉斯老港口城镇。在海事相关方面，他还参与了休斯（R. Hues）的著作《地球研究》(*Tractatus de Globis*）的写作，该书由洪迪乌斯（Judocus Hondius）出版社于 1617 年在阿姆斯特丹出版，他还写了一部有关丹麦国王历史的书籍，《丹麦历史》，同样由洪迪乌斯出版社于 1631

年出版。

查尔斯·莫洛伊（Charles Molloy，1646—1690）关于海事和海军法的著作《海事与海事法理或海事和商业论文》(1676)，成为英国国际法方面的权威。该书于1676年推出首版，在十八世纪定期重印。早在第二次英荷战争期间，莫洛伊曾写过一篇反荷传单《荷兰的忘恩负义》(严肃规劝荷兰人)(1666)。在《海事与海事法理》一书中，莫洛伊为英国的海洋主权提出了一种最极端的法律论点，声称该海域从菲尼斯特雷角一直延伸到挪威的范斯塔顿。

本章所述的所有书籍（尽管可能并不完整）包含了对于近代早期航海技术和海 81
事方面的欧洲语言的主要材料的典型调查。更加全面的调查将包括大量的阿拉伯文、中文、马来文以及其他亚洲、非洲和美洲原住民语言的作品。随着对于近代早期全球海洋文化研究的扩展，我们希望这些全面调查工作将扩展和澄清我们对这一时期海洋实践和文化的理解。

第三章

网络

跨洋航线与近代早期媒体研究

丹·布雷顿（DAN BRAYTON）

二十一世纪的头二十年见证了社交网络日益突出的地位，社交网络以其巨大的 83
规模连接着个人和组织，传播信息、模因、意识形态和混杂话题。那么，网络是什么？网络基本上是一个通过流通和交换结构连接不同元素的系统。互联网催生了无数的社交网络，包括由相关个人及其个人电脑组成的朋友圈、聊天室、图书群、在线新闻机构和政治组织。选择亲和性（不同的一致性）网络在电子基础设施中产生，而电子基础设施本身就是一个网络和媒介。因此，从某种意义上说，社交网络是元网络，因此需要与 Web 本身区别开来，因为 Web 本身是一个平台，能够创建无数正式和非正式组织。电子网络通过一组可以实现流通的协调子媒体（硬件和软件）发挥作用并存在。这两种网络秩序之间的区别在于媒体理论问题，一种是能够交换思想、模因、jpeg 和 pdf 的基础设施；另一种则是仅通过这种数字基础设施存在的特定社会群体。

非人类和人为因素共同深深交织的超媒体生物圈概念无疑是二十一世纪行星环境的特征。约翰·达勒姆·彼得斯（John Durham Peters）在他最近的重新理论化媒体的书（2015：2）中指出，在我们的世界里，“臭氧层、北极冰和鲸鱼数量之所以 84
是现在这个样子，不仅是因为基于记者的报道，而且也基于作为数据和控制基础设施的媒体对于它们的改变”。然而，使现代社交网络成为可能（实际上是构成了现代社会网络）的媒体，并不是第一个创造新的跨国交换网络并因而缩小全球时空体验的媒体。在彼得斯的理论中，“被理解为传达含义手段的媒体位于更基础的、有意义但不说话的媒体层之上”；因此，“媒体是报纸、广播、电视和互联网等信息承载机构的观点，在思想史上而言是相对较新的观点”（2，4）。如果我们采用一种更古老、更不以人类为中心的、包含了彼得斯所说的“媒体概念的基本遗产”（4）的媒体概念，转而关注地球、空气、火和水的历史，那么我们又会获得什么？媒体理论顺应了人与环境界面的历史复杂性，使我们重新回到传播与文明的根本性、长期性问题上来，为媒体研究开辟了新的视野。彼得斯认为，“数字设备让我们把媒体看作是环境，是栖息地的一部分，而不仅仅是人们头脑中的符号输入”（4）。虽然这种对全球网络的材料基质和人为电路之间相互作用的描述似乎属于后互联网时代，但它是一种与足以对其进行重新思考的近代早期历史的相互作用。

毫无疑问，土、气、火、水这些元素代表了一种古老的媒体理论，而我们这些置身于超真实数字世界的人却忘记了这一点，因此我们需要承担由此产生的后果。同样可以肯定的是，早期现代人类活动向远洋空间（一个只有少数文化才能进入的中海［mid-ocean］领域）的扩张依赖于在全球范围内对流动媒体的概念掌握。彼得斯表示，“我们应该以海洋而非陆地为起点才能理解媒体”（53）。我们也确实是这样做的。在该书中，让我感兴趣的媒体是使近代早期海上航线得以实现的液体流。正如每个物理学家、飞行员和水手都知道的那样，空气和水是使人类的各种活动和交流得以实现的流动媒体。基于同样的流体动态和行星力定律（例如，科里奥利效应），空气和水的运动在世界海洋表面以一致的模式（虽然无法完全预测）分配大量的能量。

近代早期世界形成过程中所创造网络的历史包括了风和洋流的历史，以及对这些现象的概念掌握的历史，这些可以在世界地图、航标图、戏剧和诗歌中的视觉和文学表达中瞥见一斑。因为近代早期航海家建立的越洋航线是第一个真正的全球社
85 会网络，是一个建立在风和水的流动媒体上的季节性线路的互联网，这种网络反过来证明了文化生产舞台的生成能力。从十五世纪早期开始，这些网络的建立开始以迄今为止难以想象的（或许是唯一可以想象的）方式连接各大洲，新的水路通道激增，形成了一个海港和海路网络，催生了新的政治、联系区域、帝国和故事。在近代早期，风和洋流成为一个巨大的能量系统，能够创造出同样巨大的人类交流网络。这一历史只曾被部分讲述。

在本章中，我从媒体研究的角度挖掘了近代早期跨洋航线的谱系，认为近代早期航海家在掌握了亚热带海洋环流的概念后，将风和水等流动媒体从性质上转变为新的全球交换网络。近代早期海上航线形成了一个建立在地球物理能量流基础上的全球网络，地球物理能量流本身就是媒体网络，并形成了洲际通信和新相互作

用模式的基础。这些航路既是真实的风和水的模式，也是绘制在海图和世界地图上的抽象线路，同时也是航海家心目中的“基本媒体”，航海家将以这种“基本媒体”为起点，建立起一个雄心勃勃的全新流通和交换系统。我将不去追寻像迪亚兹（Diaz）、哥伦布、达伽马、卡布拉尔和麦哲伦等航海家的全球轨迹，而是在一些十六世纪和十七世纪的文学和地图文本中探索作为重叠的全球网络的流动媒体和航路的表现形式。

流动媒体

从太空拍摄的地球照片揭示了我们星球的一个独特特征，即大气，它以巨大的天气模式形成了巨大云层，为肉眼可见。在1968年阿波罗8号宇航员拍摄的照片“圣诞节的地出”中，地球看起来像一个半球体，被白色和蓝色的条纹覆盖，从一片黑暗中显现出来①。湿气覆盖了地球表面的大部分可见部分，就像一块斑驳的白色毯子，在云层之间的缝隙中可以看到明亮的蓝色海洋。大气层是地球的气体包裹层，在海平面处密度最大，在其较低的深处携带着大量的水，然后在距离地球表面大约300英里的范围内逐渐稀薄到一无所有，之后就是太空。这幅令人惊叹的新图景让人看到的是一个表面由流体动态支配的世界，这就正如伟大的海洋学家西尔维亚·厄尔（Sylvia A. Earle）在2010年出版的书的标题一样：《世界是蓝色的》。然而，即使是“地出”也不能代表覆盖这颗行星的流体的动态特性，因为大气是一个不断移动的水分层，与下面海洋中密度更大的水分相互作用。一张照片是一个同步的图像，一个凝固在时间里的静止瞬间。而为了捕捉海洋和大气现象的紧密联系，一个视频剪辑将会更加有效，因为它可以让观众看到覆盖地球的流动媒体的复杂运 86
动。“地出”对我们所说的“世界”的含义提出了挑战。

世界由一个依赖于行星总体模型的概念构成，而非既定。在近代早期的欧洲，

① 著名的“蓝色大理石”地球照片一般指的是1972年12月7日阿波罗17号最后一次载人执行太空任务的月球航行中宇航员拍摄的照片。和“地出”一样，“蓝色大理石”展示了一个由海洋、大陆和与特定天气模式和事件相关的云构成的行星表面（包括可以在1972年照片的右上角看到的“1972年泰米尔纳德邦气旋”）。

人们对世界的看法充满了争议，并不断受到修正。阿伊莎·拉马钱德兰（Ayesha Ramachandran）最近表示，“毫不夸张地说，文艺复兴晚期的核心知识任务影响了近代早期生活和思想的方方面面，将其确定为‘世界’本身的问题”（2015：6）。各种各样的地理上、解剖学上和文化上的新发现对传统宇宙论提出了质疑，使近代早期欧洲的知识领域陷入危机，对天地的传统理解似乎已然不够。正如拉马钱德兰所描述的那样，世界的创造是一种“行星想象”的形式，或者更具体地说，是“近代早期思想家寻求想象、探求、修改、控制和阐明世界维度的方法”（同上：6）。让我对近代早期世界创造方案（world-making）感兴趣的是，制图者、剧作家和诗人试图以新的方式将诸如风、浪和云等短暂的行星特征融入他们的作品中。将世界理解为一个视觉对象并将其想象为一个整体的能力是近代早期文化进程的关键部分，这些进程的目标是将地球重新想象为一个有限的球体。

劳埃德·布朗（1977：150）在他的《欧洲制图史》中认为，在十五世纪中期到十六世纪末期之间，“现代史上发生了三个最重要的事件”：印刷机的发展、哥伦布的航海以及托勒密的《地理学》通过新印刷技术的传播。印刷文化、基督前的地理和跨洋航海突然结合在一起，扩大了世界范围；不久，它们将通过相互组成的媒体，即生物物理和文化，将大洋彼岸的人们联系起来，从而缩小世界。这三个事件都促成了拉马钱德兰所描述的世界创造方案。如果全球化可以被定义为超越传统地理障碍的物质和符号交换的一系列行星网络的建立，那么这三个事件就是全球化的可能性条件。

海洋学和气象学在近代早期世界创造的史学中起了很小的作用。在环境史作为一个分支学科出现之前，很少有学者认识到风和洋流在建立全球海上航线中的核心意义。历史学家费利佩·费尔南德斯-阿梅斯托（Felipe Fernandez-Armesto）是这一
87 趋势的一个例外，他生动地论证了生物物理限制对人类活动的重要性，“要掌握海洋环境，就必须了解它的风和洋流的秘密。在整个航海时代，也就是几乎整个人类历史时期，地理有着绝对的权力来限制人们在海上的活动”（2006：149）。费尔南德斯-阿梅斯托所说的“地理学”指的是海洋学和气象学，以及大陆和海洋的大小和轮廓，因此，他总结道，“在我们对历史上发生的事情的大多数解释中，都是夸夸其谈，言

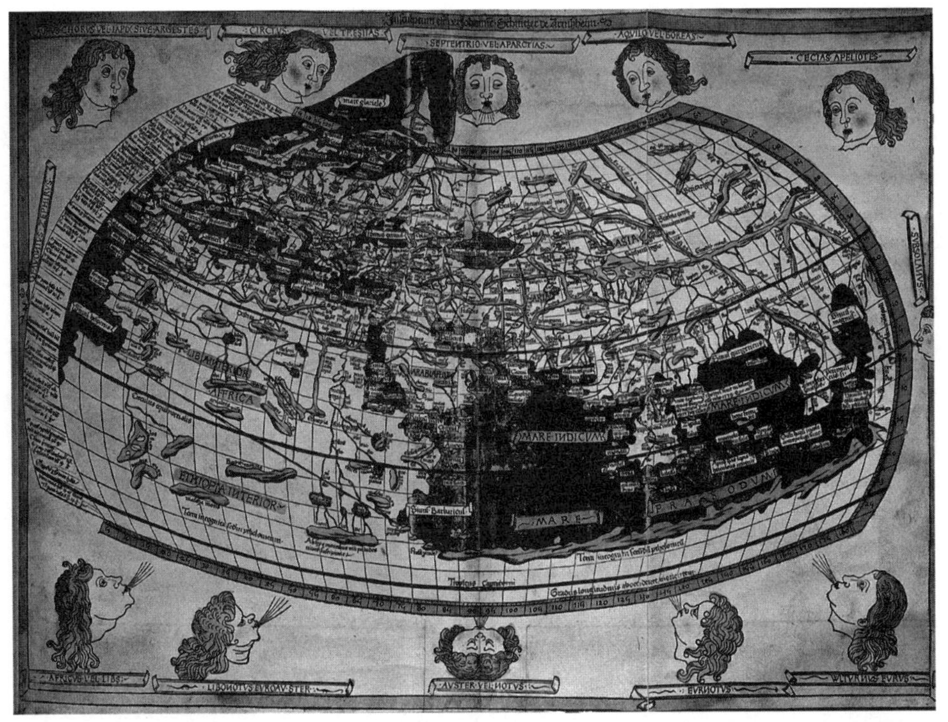

图 3.1　托勒密的世界地图（1482）。© 圣经乐园图片 / 阿拉米图片社（Bible land Pictures/ Alamy Stock Photo）。

过其实”（同上）。因此，要想了解近代早期世界创造的基本媒体的历史，就需要了解风的历史，不仅要涉猎气象学的兴起，这一点被气象学家马克·蒙莫尼耶（Marc Monmonier，1999）完美阐述，还要了解欧洲长期海洋扩张过程中流动媒体的表现形式。历史学家只是偶尔撰文描述风的历史，几乎没有人注意到风、波浪和洋流的表面影响，它们对航行有深远的影响，限制了水手们可以选择的海洋运输路径。

近代早期航海家开拓的海上航线，绝不仅仅是方向正确的问题，因为海上的航道由盛行风和洋流决定。没有一艘帆船能直接迎着风航行。近代早期的帆船，无论是卡瑞克帆船还是卡拉维尔帆船（以及后来的大型帆船和小型商船），在逆风航行方面几乎都没有什么进展。相比之下，在顺风航行的情况下，以上任何一种船在有利条件下的平均航速都可以达到 5 到 8 节。人们需要花上几个世纪的时间来了解海洋的物理动态，才能发现通往西印度群岛的水路。正如历史学家帕里所称，“大发现时 88

代本质上是发现海洋的时代”（1974：xii），这里他指的是广阔的海洋。在帕里看来，“海洋的发现，从发现大洋之间的连续通道的意义上来说，是欧洲人的成就，特别是伊比利亚人的成就”（xii）。的确，迪亚兹、哥伦布、达伽马和麦哲伦的这些跨越大洋的极长航路，在很大程度上都是由流动的风和流动的水决定的。帕里认为，真正使这些（主要是葡萄牙的）航海家的惊人航行与众不同的，并非“无人居住和未知”的发现，而是“通过可用的海上路线，将有人居住和已知的不同区域连接起来”（xii—xiii）。在这里，“连接”一词是关键，因为这些航海家和他们的船员开创的海上航线，在十六世纪早期形成了一个新的、不断增长、真正的，并使无数新的商业网络得以传播的全球网络。海上航线本身由许多现有的人为和自然网络组成。

这种文化实践与复杂的地球物理系统混合的重叠网络结构在被帕里描述为“侦察时代”的十五世纪迅速出现：

> 在大约100年的海上侦察中，欧洲海员将几乎所有现存的主要海上通信领域都联系了起来。他们这样做并非靠偶然，也就是说，并非靠莽撞和随波逐流的航行，而是靠系统化的航行，当然，这种航行十分粗糙，但足够精确，使他们能够回到原来的航道，使他们的后继者也能正常按照他们的航道航行。因此，现有的网络最终被纳入一个超级网络，即一个环绕世界的已知海洋路线网络。
>
> （14）

近代早期航海家开发的“超级网络”指的是在达伽马和哥伦布的著名航行之后的大约四个世纪里，远洋船只航行穿越地球的海上航线的总和。这些航线只有通过从艰难经验中收集并保存在制图档案中的知识的缓慢积累，才能确定为通过特定纬度的海洋运输的最佳路线。

从根本上说，横渡大西洋的航行与在地中海的航行不同，地中海几乎没有明显的潮汐（除一些地方的一两英尺高的潮汐之外）。离开地中海，进入更广阔、更汹涌的大西洋水域，就是进入一个大规模的流体动态地带。尽管最近对地中海的历史研究，如霍顿（Horden）和珀塞尔（Purcell）（2000）的《堕落之海》，强调了地中

海地域和文化的异质性，但对于水手来说，地中海地区呈现出有限和熟悉的一系列
特征。恩尼·布拉德福德（Ernle Bradford）在他的《地中海：海的肖像》一书中指 89
出，“特别是两个因素使得地中海有别于世界上的其他海洋。第一个也是最重要的一个因素是整个地中海地区相对来说没有潮汐”（1971：33）（第二个因素是地中海的高盐度）。在地中海水域很少出现对大西洋的航行有着巨大影响的潮汐。大西洋相对巨大的潮差使得进出里斯本、布雷斯特和勒阿弗尔等海港比在巴伦西亚或杜布罗夫尼克靠岸更具挑战性。同样，与地中海相比，大西洋的风、浪和洋流遵循完全不同的模式，大西洋的规模更大，而地中海只有局部规模。对水手来说，地中海是一个非常大、非常咸的湖，相比之下，大西洋只是广阔世界海洋的一部分。

几千年来，地中海的水手依靠的是带有明显区域特征的季节性的风。例如，美尔丹风（Meltemi）是一种强大而多变的北风，它在爱琴海肆虐，使基克拉泽斯群岛成为水手们难以到达的地方。在地中海西部，密史脱拉风（Mistral）从阿尔卑斯山向南呼啸而来，决定了水手们何时可以安全地航行在巴利阿里海和利古里亚海的水域。同样，来自撒哈拉沙漠的强热沙罗科风（Scirocco），决定了水手在北非海岸的经历。任何数量的本地周期性风都有独特的品性，因此在整个地区的周期性风都有各自的专有名称。这些周期性风通常都短暂而猛烈，在大多数地区，它们会打破长时间的平静，使得风帆动力船很难长时间航行。因此，在整个地中海历史上，至少在蒸汽机和柴油发动机出现之前，桨帆船上都需要奴隶和其他划桨手。离开地中海进入大西洋，就是穿越到一个完全不同的世界，这个世界由迄今为止难以想象的力量和流动模式所主宰。近代早期航海家的新成就，包括在漫长的十五世纪冒险越过加的斯湾和所谓的“地中海大西洋”之间的圣文森特角和赫拉克勒斯之柱，就是一种世界创造的实际行为。近代早期的航海家学会了利用与地中海截然不同的环绕模式，最终利用这些模式绕过了非洲大陆。这既是物理上的挑战，也是概念上的挑战，需要耐力和数百年来航海数据的积累①。

① “节”的意思是每小时海里，传统的计算方法是将一根打节的绳子系在一艘帆船后面，然后把它卷起来，除以单位时间内打节的数量。一海里等于 6000 英尺；一法定海里等于 5280 英尺。因此，一节的速度略快于每小时英里。

在大西洋上的早期遭遇往往足以致命。1291年阿克里失守后，热那亚兄弟瓦迪诺·维瓦尔第（Vadino Vivaldi）和乌哥利诺·维瓦尔第（Ugolino Vivaldi）将赫拉克勒斯之柱抛在身后，寻找绕过非洲的海上航线，他们开创了欧洲航海家的新时代。他们给自己设定了一项不可能完成的任务，因为在不知道海洋盛行风模式的情况下，不得不沿海岸航行，而对于使用中世纪技术的船只来说，沿着非洲大陆航行是非常危险的。维瓦尔第兄弟再也没有回来，但不到半个世纪后，在1336年，兰
90 萨罗特·马洛塞洛（Lanzarote Malocello）如法炮制，并偶然到达了加那利群岛（该群岛中的一座就是以他的名字命名）（克罗斯比，2006：71）。此后，西欧的航海民族，包括意大利人、加泰罗尼亚人、卡斯提尔人、葡萄牙人和法国人，都开始了一场浩瀚的海洋探索之旅，这需要一定的航海技能，尤其是需要了解在独特的新的海洋环境下的风和潮汐动态。在十五世纪的葡萄牙人之前，没有任何一种文明能够驾驭巨大的亚热带环流来环绕大陆航行，并且更重要的是，能够回到自己的港口。

传统的欧洲航海都是沿海岸和“寻港艺术”的航行。迪亚兹、卡布拉尔和达伽马掌握了北大西洋和南大西洋环流，成功绕过了风暴角（后来被称为博纳斯佩兰萨，Bona Speranza），推翻了这种范式。当达伽马在非洲东南海岸的狂风暴雨中奋力前行，进入北印度洋的季风系统时，航海第一次成为一种全球现象。哥伦布和达伽马等人使用的帆船（即卡瑞克帆船）的航行速度是大约每小时五海里[①]。即使在风向最有利的情况下，帆船的速度也无法达到七八节以上，而且很少有理想的海上条件。由于这种限制，有利的洋流几乎可以使船的速度增加一倍，而不利的洋流则可以使船只无法航行，这正如庞塞·德莱昂（Ponce de Leon）1516年在珊瑚角附近抵挡墨西哥湾流时所观察到的一样（克罗斯比，2006：127—128）。为了穿越海洋或环绕大陆航行，近代早期水手必须学会如何让风和洋流推动船只航行。

在后来被称为“航海家”的葡萄牙恩里克（Henrique）公爵的一系列航行之后，航海知识集中在具有悠久海上运输历史和极其罕见的跨洋航线（如阿拉伯海）地区的不同文化的水手之中，掌握这些航线与跨越大西洋或太平洋所需的知识有很大的

① 请参阅布拉福德，1971：28—60；另请参阅帕里，1974：31—48。

不同。阿拉伯海的商业航海家们利用季风进行航行，夏季季风从南方吹向印度次大陆，冬季季风从北方吹向印度次大陆。因此，从阿拉伯半岛、蒙巴萨或桑给巴尔到马拉巴尔海岸或爪哇的东西通道需要掌握有关季风的知识。阿拉伯商人驾驶着他们的三角帆船和巴格拉帆船，在季风季节航行时，他们几乎总是沿着横桁航行，与风垂直，根据季节和方向，用三角帆在长期稳定的左舷或右舷航行时捕捉到风。北非和阿拉伯的商人没有开发出方形帆，原因很简单，他们很少能够顺风航行。相比之下，在漫长的十五世纪，欧洲（特别是伊比利亚）的拉丁卡拉弗船从装备有三角帆的小船发展成为装载着三角帆和方帆的大型帆船，即多桅横帆船，以最大限度地提高顺风航行的效率[①]。

基于以上，葡萄牙水手又增加了一种重要的新航海工具，即环绕大海（Volta 91
do Mar）技术，这种技术可利用环流的螺旋模式顺风航行，并且在可能的情况下，沿着盛行的表面洋流的方向航行。环境历史学家阿尔弗雷德·克罗斯比将“环绕大海”技术描述为葡萄牙水手在漫长十五世纪取得的标志性成就，“当地中海和伊比利亚的水手们第一次进入直布罗陀以外的远洋水域时，他们只熟悉家乡水域的风”（2006：107—108）。很简单，“环绕大海”技术就是把船向西驶出葡萄牙，去往大海，从而找到大约在35度纬线以上盛行的西风。这就是为什么马里内罗人会发现马德拉人和亚速尔人，因为他们向西航行，以躲避非洲大陆西北肩向南的风和洋流。一旦经过了向南的加那利海流和葡萄牙贸易流，就会遇到北大西洋高压的轻微而不稳定的变化，经过耐心等待，还可遇到会把任何船只吹回伊比利亚海岸的西风带。简而言之，这项技术是一种利用北大西洋亚热带环流盛行风和洋流顺时针方向模式的方法，由顺时针方向流动的盛行风和洋流组成的巨大系统，主导着大西洋从南半球变化无常且极不稳定的分点到北部独特的北极系统的航行优势条件。

在这个巨大的流体漩涡的中心坐落着百慕大—亚速尔高压，这个高压中心是漩涡旋转的轴心。高压季节性地在西部的百慕大群岛和东部的亚速尔群岛之间移动；在高压之内，盛行风轻微而多变。在高压的北部曲线上，西风带盛行；在葡萄牙附近的

① 请参阅布朗，1977：113—149。

东肩，盛行北风；在南面，偏东的信风为安的列斯群岛提供了顺风。在北美东海岸，夏季盛行的风是西南风；整个旋风按照风和地表水的顺时针方向稳定流动。洋流的模式和风的一样。在环流的东侧，加那利洋流将地表水沿着伊比利亚海岸向南输送到加那利群岛和佛得角，在佛得角附近，广阔的地表河蜿蜒向西。佛得角和加勒比海之间的地表水在信风和加那利洋流的推动下，以大约每小时两英里的速度向西流动；然后在小安的列斯群岛分岔，安的列斯洋流从正西流向中美洲，随后右转，向北到达尤卡坦半岛，几乎冲向路易斯安那海岸，最后急转东向南形成环流。此后，安的列斯洋流与珊瑚角附近的墨西哥湾流汇合。这种相对紧凑、强烈的洋流在古巴和佛罗里达群岛之间向东转向，在那里，墨西哥湾流向东然后向北进入大西洋，随后逐渐向哈特拉斯
92 角和楠塔基特岛之间移动，形成亚速尔洋流和北大西洋暖流。亚速尔洋流经过大西洋后，流向葡萄牙，然后被拉向南，进入加那利海流，随后重复循环。

计划横渡北大西洋的水手们会仔细研究这些模式，为航行寻找有利的条件，对于传统的帆船来说，有利条件通常意味着后方的风和洋流，但人们直到十五世纪才知道如何利用这些海洋媒体或在海洋媒体系统局部特征之外的任何东西。近代早期的航海家对北大西洋亚热带环流并无系统和全面的了解，因为该洋流由太阳能、科里奥利效应和洋流东西边缘的海岸边界控制。但是，水手们对这个洋流系统的某些部分已经有足够的了解，可以利用它的主要特征，那些充分了解这一洋流系统并利用它为自己服务的人就成为伟大的近代早期航海家。在北纬 40 度的地方，哥伦布很难横渡大西洋，然而在北回归线，他却可以相对轻松地漂到安的列斯群岛。在现在的北美东海岸附近找到西风带对他返回欧洲至关重要。同样，如果迪亚兹和达伽马没有意识到南大西洋是由一个与他们在家乡水域所知道的环流相反的环流所主宰，他们就不可能发现非洲大陆的最南端①。

① 请参阅帕里，1974，特别是 149—170。另请参阅兰德斯特伦（Landstrom），1969：100—101。非常感谢葡萄牙航海训练协会（Aporvela）执行董事鲁伊·桑托斯（Rui Santos），感谢他在“维拉克鲁斯号”（Vera Cruz）帆船复制品之旅中提供的丰富信息；也感谢若奥·卢西奥（Joao Lucio）船长在 2014 年 7 月和 2016 年 7 月对帆船航行进行的丰富讨论。同时感谢葡萄牙贝伦马林哈博物馆举办的精彩帆船展览。

大西洋大环流的盛行风和洋流是近代早期民族国家的代理人（即航海家、种植园主、殖民者和奴隶）发展现代世界体系基本网络的媒体。从字面上讲，大海洋环流的物理海洋学构成了一个能使航行顺利的力量矩阵；从概念上来说，近代早期的水手、制图师和赞助人在十字军东征失败后的几个世纪里，对如何利用这些巨大的流动流体系统（空气和水）建立了零碎的认识。从世界地图、海图和富有想象力的文献可以看到，这种对如今被称为海洋环流的巨大系统的不断发展的概念掌握，促成了跨洋航线的建立。这个长达几个世纪的网络形成的零碎过程，很少以物理海洋学为中心来讲述。与全球化相关的经济、政治、生态或文化网络，都起源于漫长的十五世纪，当时西欧民族国家构建了新的经济和政治体系，包括运输、贸易和全球范围内的统治。这一套网络起源于一系列独立但松散联系的网络，如航海、贸易和政治谈判。然而，这些网络依赖于与自然地理、气象学和海洋学相关的物理结构，这些物理结构构成了能够开发能源的基本地球物理基础设施，即基岩基质，在近代早期的欧洲，对基岩基质概念的掌握使得越洋航行成为可能并且越来越 93
频繁。

咆哮者和甜美的空气

近代早期的制图师、剧作家和诗人经常以拟人化的方式将流动媒体描述为可以说话的元素。中世纪晚期和近代早期的地图和海图经常会绘制吹风者（描绘老人或小孩脸的漫画），将环绕世界的四种（或八种、十种或十二种）风拟人化。一位地图历史学家指出，"在都灵皇家图书馆收藏的一幅十世纪的世界地图上，四名吹风者是坐在风神伊俄勒斯袋上的人像，与十九世纪的大炮惊人地相似"（布朗，1977：99—100）。荷马在《奥德赛》中讲述的风袋故事中写道，十六世纪许多世界地图的边缘都有吹风者，他们调和了人类与宇宙的关系；他们揭示了元素的环境概念，因为他们环绕着整个世界。这一传统最生动的例证之一是约翰内斯·斯塔比乌斯（Johannes Stabius）于 1515 年绘制的世界地图，在这幅地图上，吹风者盘旋在地球的边缘，吹过这个球形世界（或许是与这个球形世界说话）。这种拟人化的氛围让人想起了彼得斯的"媒体概念的基本遗产"观点，因为风是宇宙的媒体。

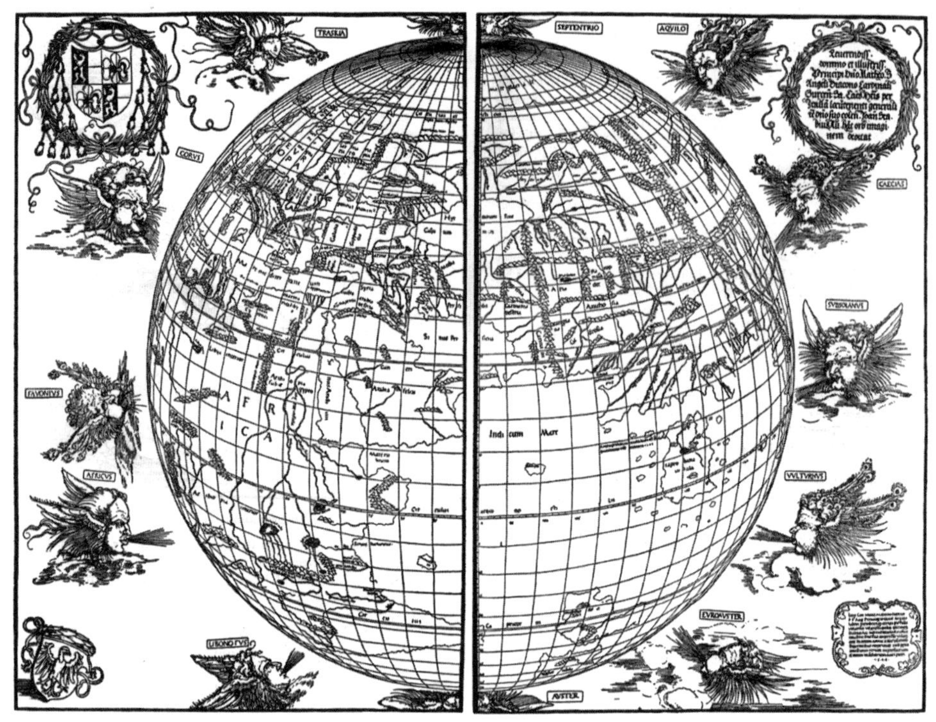

图 3.2 约翰内斯·斯塔比乌斯的世界地图，1515。© 印刷物收集者（Print Collector）/ 盖蒂图片社。

94 这些吹风者不仅是暗示荷马传统的幻想插图，而且是方向的基本形象，因为风也表示方向。罗盘玫瑰和风玫瑰是一回事（布朗，1977：120—135）。这种将世界作为一个地球仪的模型，被拟人化的力量包围着，通过元素的方式传递着超自然的信息，在近代早期的想象文学和制图学中很容易看到。

威廉·莎士比亚（William Shakespeare）的作品展示了人类与非人类之间基本相互联系的模型：月亮上的人、长着人脸的天空、带着面颊的风、像野兽或怒气冲冲的人一样咆哮的波涛。例如，在《哈姆雷特》中，暴风雨前的平静被描述为一种反常的平静，即风停止说话的那一刻，“正如我们所见，当一场暴风雨即将来临，/天空中往往一片死寂，了无行云，/死一般的静寂笼罩大地，狂风鸦雀无声，/然而就在这片刻之间，可怕的雷霆万钧/震裂苍穹天宇”（2.2.507）。怎么可能看到“天空中往往一片死寂”？这只有当风有生命、会呼吸时才可能。诗中的风是复数形式，这在莎士比亚的作品中很常见，被拟人为“狂躁”和“鸦雀无声”，这意味着他们暂时的沉默是不寻常的。风是一种具有语言能力的超自然力量，这一观念在《泰尔亲王佩力克尔斯》中也有类似的描述，王子在暴风雨中祈祷，“浩瀚万能的神啊，斥责这汹涌的波涛吧 / 它们是天堂，也是地狱；/ 它们听命于风，/ 从大海深渊发出呼唤，用铜索把它们捆起来吧！”（3.1.1—3.1.4）。这里的大海本身是“浩瀚万能”的，波浪则是“波涛汹涌”的，都需要被“斥责”，再度将自然现象人格化（只有人格化了的波涛才能被斥责）。如果可以向风发出命令，那么它们必须有感知能力。莎士比亚拟人化的风也可以从荷马和地图制作中完全古典和地图化的描述中看到。

从莎士比亚的作品中，很明显可以看出他的“水是流动媒体”的意识。《特洛伊罗斯与克瑞西达》中的人物内斯特（Nestor）将士兵和水手在与大自然搏斗时的勇气比作流体的考验，“但凶恶的波瑞阿斯一旦激怒 / 温和的忒提斯，很快就会看到 / 结实的多层树皮船穿过山水之间，/ 在两种潮湿元素之间跳跃 / 就像珀尔修斯的飞马：那艘漂亮的船在哪里 / 它只有脆弱的没有木头的舷侧，而现在 / 与之匹敌的万能的神又在哪里？”（1.4.488—1.4.493）。波瑞亚斯是北风神的古典名称，而忒提斯则是一位海洋女神（希腊英雄阿喀琉斯的母亲）。在这里，大海拟人化为忒提斯。因此，内斯特将一场突如其来的狂风暴雨描述为两个超自然生物之间的争吵，让观众把一艘船（“结实的多层树皮”）想象成一匹马，“在空气和水这两种潮湿元素之间跳跃”。这一描述揭示了莎士比亚对空气和水作为海洋环境中相互作用的流动媒体的理解程度。

同样，在这一情节发生在一次中断的海上航行中的《暴风雨》中，我们看到了 95
一个充满活力的宇宙，里面有元素角色和混乱的流体动态。词源上，“混乱”一词是指多股水在一起流动：在《暴风雨》中，空气和海洋是象征性的媒体，神秘的力量通过这些媒体以声学混乱的方式来运作，因为人类和非人类行为者彼此相互流动（《牛津英语词典》）。开场和结尾场景将风和呼吸描绘成同义词。这部戏剧的第一个舞台指示是“听到电闪雷鸣的巨响”。视觉和听觉立刻变得混乱，人类和非人类也是如此。《序幕》中由普洛斯彼罗（Prospero）登场的戏剧结尾发出了一个请求，让观众呼吸，作为一股和风，“再烦你们为我嘘出一口和风，/ 好让我们的船只一起鼓满帆篷。否则我的计划便落空”(5.1.329—330)。同样，人类（和动物）生活的一个方面与生物物理环境的一个特征，即风，是无法区分的。

第一场开场，一艘船在海上突然被剧中的风暴包围。挑衅的水手长对着风暴叫喊的“刮吧，刮得你迸破了肺，只消海面上还有空地方！”对风和波浪的混乱作了一个简单的描述，让观众想象出经常围绕在十六世纪世界地图周围的吹风者（布雷顿，2012：特别是第七章，166—195)。正当专业水手们尽一切可能避免船在下风岸失事时，一群爱管闲事的那不勒斯贵族打断了他们的工作，水手长对他们大声叫道，“这些咆哮者究竟想干什么?”(1.1.16)。风暴所带来的汹涌的海浪和呼啸的狂风是“咆哮者”。水手长告诉冈萨洛（Gonzalo)，“如果你能命令这些人闭嘴，我们就不再给他们绳子了，你说了算”(1.1.21—1.1.23)。水手长既对船员发号施令，又对乘客大喊大叫，这是一个与风暴相似的基本性格，即他也是个咆哮者。生动的语言描绘出水手长那张浮肿的脸。反派安东尼奥（Antonio）指责水手长醉酒，称水手长是一个“大嘴流氓”，并暗示他的双颊和大嘴像暴风雨一样危险（1.1.56)。对于这一指责，那不勒斯的朝廷大臣冈萨洛回答说，“他将被绞死 / 虽然每一滴水都发誓不会 / 张大嘴巴，把他咬死”(1.1.57—1.1.59)。在这幅奇异的图像中，我们看到水滴被想象成有声音的生物，即能够咒骂和吞噬一个人的形象。

后来，当普洛斯彼罗发誓要惩罚反叛的卡里班（Caliban)、斯蒂法诺（Stefano）和特林鸠罗（Trinculo）时，他惊呼道：“我要折磨他们所有的人，/ 甚至要让他们咆哮。”当他后来兑现他的威胁时，精灵阿里尔（Ariel）说道，“听，他们在咆哮”(4.1.192—193；4.1.262)。在这些场景中，咆哮是一种基本的自我表达，源于声音和目的的混乱。《暴风雨》的天空是生气勃勃的，米兰达（Miranda）惊呼大海“靠近
96 苍天的脸颊”，进一步发展了“大嘴”水手长和咆哮元素之间的形象联系（1.2.4)。一种怪诞的镜像效应把水手和风暴联系在一起，因为在这里，天空也有脸颊，空气在说话、唱歌和咆哮。就像爱争论的水手长一样，风也与人物进行对话。米兰达回忆起十二年前与父亲在“一艘腐烂的屁股残骸”(一艘废弃的小船）上漂流的经历，“在那里，他们把我们吊起来，向怒吼的大海呼喊，向风叹息，/ 风向我们

叹息，表示它的怜悯，让我们错爱”（1.1.158—1.1.161）。这里再次讲述流动媒体的交流，不是用完全清晰的语言，而是用呼吸。

《暴风雨》中的人物在本体论上与元素联系在一起（水手长是吹风者），元素可以说话。流动媒体以人的形态呈现在人物阿里尔身上，他是一个“缥缈的精灵”，他的隐身只突出了流体动态上的潮起潮落。奥登（Auden）将阿里尔描述为“既不是歌手，也就是说，他不是一个拥有声乐天赋的人类，也不是一个在某种情绪下想要唱歌的不懂音乐的人。阿里尔就是歌曲，当他做真正的自己时，他会歌唱”（奥登，1985：64）。阿里尔同样由空气和水组成。普洛斯彼罗命令道，“去吧，让自己像一位海中的仙女”（1.2.301）。阿里尔呻吟、低语、怒号和“闪烁惊奇”（1.2.287，294，296，198）。因为除了普洛斯彼罗，所有人都看不见阿里尔，与“他”互动的被困人物很难找到围绕着他们的“奇怪的空气”的来源。来自那不勒斯的斐迪南王子大声问道，“这音乐应该在哪里？在空中或在地上？”（1.2.288）。后来，普洛斯普罗问阿里尔，“你能够感觉到空气的痛苦吗？”（5.1.21—22）。声音和呼吸在《暴风雨》中发挥着魔力，平息了虚幻的风暴，迷惑了普洛斯彼罗的对手，促成了米兰达和费迪南的皇室联姻（因此有了米兰和那不勒斯），并最终将那不勒斯船队送回母港。

《暴风雨》是一部基础戏剧。人们很容易将水手长视为水，阿里尔视为空气，卡里班视为土（普洛斯彼罗称呼他为“你土”），普洛斯彼罗视为火（1.2.314）。然而，我们也可以将阿里尔和水手长视为重新构思为戏剧人物的吹风者：一个咆哮，另一个歌唱，两个都在普罗斯佩罗夺回公国的阴谋中发挥了关键作用。这些并非流动媒体所采取的唯一形式，因为岛屿在普洛斯彼罗练习控制的流体动态中被包围。普洛斯彼罗在一段著名的借来的文章中夸口道，“我已使 / 正午的太阳变暗，召唤出反叛的风，/ 在绿色的海洋和蔚蓝的穹顶之间 / 设置咆哮的战争”（5.1.41—42）。然而，我们很可能会问，这是一段从戈尔丁（Golding）的《美狄亚》译本中借来的文字，还是一段描述基本媒体的文字。普洛斯彼罗的“粗糙魔法”被明确地描绘为对
元素的掌握，特别是对空气和水的掌握，是一种源自将元素作为流动媒体理解的艺 97
术（5.1.50）。在戏剧的结尾，能够“命令这些元素安静下来”的普洛斯彼罗，预言

了启蒙理性主义的力量，可以驱散世界剧场翅膀上的风（1.1.21）[①]。

航海媒体

海洋空间的表现表明了对海上航线作为世界制造媒体网络的认识，这一点不仅体现在近代早期的想象文学中。现在，我将目光转向1622年，伟大的荷兰制图家埃塞尔·格里茨（Hessel Gerritsz）绘制的太平洋海图，当时莎士比亚刚刚去世六年。格里茨是一位才华横溢的艺术家和制图师，但现在却被忽视了。格里茨被任命为荷兰东印度公司（Verenigde Oost Indische Compagnie）的制图师，同时也是荷兰东印度公司水文办公室的负责人，当荷兰在东半球的航海业超越伊比利亚人、英国人和法国人的时候，他创作了一系列地图杰作。十年来，他绘制了荷兰商人和水手特别感兴趣的海外地区，包括印度尼西亚群岛、苏门答腊岛和波罗的海的地图[②]。在我看来，他的工作中最值得注意的是，他以创新方式使用插图，向那些知道如何观察的人传达关键的海洋和气象信息。据我所知，人们从未讨论过他的作品的这一方面。

格里茨的《1622年太平洋海图》致敬了1615—1617年雅各布·勒·梅尔（Jacob Le Maire）和约斯特·斯库顿（Joost Schouten）的环球航行，插图上显示的是他们从画面上方仁慈俯视的半身像。格里茨描绘了太平洋沿岸的海岸线，包括北美和南美、日本和新几内亚的部分地区以及大洋洲的主要岛屿群。三艘船的荷兰船队航行在太平洋的北部、东部和南部。不仅帆船被描绘得非常准确，它们的帆的配置与它们所在水域的普遍条件完美匹配，而且这位制图师还发挥自己的天赋，花费了大量的精力，用可爱的靛蓝来表现海洋表面的纹理和运动。通过仔细观察海况和船只本身，我们可以了解到许多荷兰人，包括斯库顿、勒·梅尔和范·迪门（Van Diemen）所经历的情况，正是他们的观察成就了这幅海图。《太平洋海图》以瓶中船的形式展示出对海员具有重要价值的技术信息。这些明显装饰性的插图也为近代

---

① 请参阅帕里，1974：特别是第193—218页。另请参阅费尔南德斯-阿梅斯托，2006：153—190。

② 有关现代编辑的莎士比亚作品集，见格林布拉特（Greenblatt）等，1997。

早期媒体研究上了一堂实物课。

图上从北到南，我们首先看到一支船队在日本和下加利福尼亚之间的水域航行（位于大致相同的纬度上）。四艘船驶向东方，而没有后桅的第五艘船则驶向相反的方向，很显然是遇险了。混乱的海况和损坏的船只表明，一场风暴刚刚过去，意味着水手们应该在这个地区谨慎行事。事实上，北纬 25 度到 30 度之间的水域，也就 98
是所谓的马纬度区域，以变幻莫测的风、突然的暴风和长时间的平静而闻名。对于帆船来说，这些都是不吉利的水域，汹涌多变，必须避开。接下来，我们看到三艘商船在加拉帕戈斯群岛附近骄傲地驶向西方，它们的旗杆帽刚好擦过赤道，上面用拉丁语和荷兰语写着“赤道线在中间”。扯上所有的风帆，船只乘着在那些水域盛行的东信风航行，东信风因其力量和稳定性而为水手们所熟知（克罗斯比，2006：104—144）。

乍一看，这些煞费苦心绘制的细节图似乎只是十六世纪和十七世纪的世界地图和葡萄牙海图（特别是所谓的“王子海图”）上常见的那种插图或装饰，而事实上，从技术上讲，它们精确地反映了所在太平洋确切地区的普遍情况。值得强调的一点是：格里茨画上船只并非作为插图，而是作为一种图解的方式来描述南北太平洋的盛行风和洋流。此外，不同天气条件（从加拉帕戈斯群岛附近的三艘船的温和信风，到南太平洋的大西风带）下的海洋表面的彩色插图，是一种传达有关这些地区特有的风力和海况等关键信息的严谨尝试。格里茨的插图有着非常精确的细节，提供了有关北太平洋和南太平洋亚热带环流盛行的物理海洋学和气象学的异常准确的信息。这些插图实际上是荷兰东印度公司的代理人在印度进行香料贸易所必须掌握的流动媒体内容。

但教给我们最多知识的还是这张海图底部的五艘船的小型船队所航行的水域。这些船仅支起了主下帆和前下帆（最低的方帆），表明有强风。制图师给观众一幅精确的图像，描述了高大船只在恶劣天气中使用的一种策略，莎士比亚在《暴风雨》的第一场中描述了这种策略。当这艘那不勒斯船挣扎着远离下风海岸时，水手长命令水手们降下主中桅，他咆哮道：“降下中桅，对！再降，再降！”然后他喊道，“试试主下帆”（1.1.33—1.1.34）。格里茨画了一艘后桅被降下（或被吹掉）的

船，是最西边的一艘。让船试试主下帆的意思是仅用最低的帆驶向逆风航线，这
正是格里茨所画的图中最东端的三艘船正在做的，它们正努力“向西”，驶离巴塔
哥尼亚危险的海岸（它们的中桅仍在用）①。船只周围危险的海况表明，在恶名昭
99 著的南大洋，强风和巨浪盛行，这是一个以特定纬度的风而被水手们熟知的地区：
40 度哮风带，50 度风暴带，60 度尖叫带。在麦哲伦之前的波利尼西亚航海家偶尔
才知道的这一地区，风可以毫无阻碍地吹数千英里，海浪沿着地球上最长的区域
形成②。

格里茨的插图绘制了调整船帆和帆具来适应海浪大小和风力的情形，利用转喻策略提供了有关太平洋特定地区盛行风和特有海况的技术信息。然而，他也煞费苦

图 3.3　埃塞尔·格里茨的《太平洋海图》，1622。© 维基共享资源（公共领域）。

① 在这段话中，有相当多的学者借用了奥维德《变形记》中美狄亚（Medea）的台词。本书篇幅有限，无法进行此方面的公正学术讨论。

② 请参阅库宁（Keuning），1949。

心地致力于经验主义的描述，最引人注目的是他对海洋表面的描绘。《太平洋海图》上的波浪、旋涡、尾迹、波纹、浪花和泡沫都画得非常逼真，栩栩如生，任何一位科学插画家都会自豪地宣称这就是它们的本来面目。北回归线以北的船只，乘着一股也许是蒲福风力二级或三级的轻风，驶过成群的鲸群，这可以从各种喷水、波纹和尾流中看出。在南面和东面，向西航行的三艘船的船队刚刚捕捉到赤道以南的信风，它们在大约蒲福风力三或四级的微风中自由地航行。相反，南大洋的海况表明有强风，甚至是蒲福风力八级或九级的狂风。任何水手一眼就能看出这些情况，这证明了格里茨非凡的经验主义艺术。

《太平洋海图》上最引人注目的海洋特征是智利南部的陡峭水墙。这里陡峭而 100
狭窄的波浪的精确位置十分重要，它与图中其他波浪明显不同。它捕捉的是强风与表面洋流相撞的效果。这正是智利西南海岸附近的情况，在那里，一股强大的洋流从南极水域向北流动，而西风带的势头却有增无减。格里茨在两百年前描绘了 1846 年普鲁士学者亚历山大·冯·洪堡（Alexander Von Humboldt）“发现”的洪堡洋流。荷兰水手是否知道 1622 年的洪堡 / 秘鲁洋流？当然，格里茨知道。十有八九，一个从斯库顿和勒·梅尔航行来的水手给他描述了到合恩角（因荷兰的一个海角而被斯科顿命名）西部的陡峭海浪。格里茨对于海洋环境中流动媒体动态的系统化描绘的尝试，使得《太平洋海图》成为一份对太平洋复杂风浪动态的精彩多媒体研究[①]。

艺术元素

从 1609 年到 1610 年《暴风雨》的首次演出到德莱顿（John Dryden）的长诗《奇迹之年》在 1666 年出版之间的半个世纪里，荷兰人在东方建立了海洋帝国，一种新生的经验主义开始取代风和水作为说话元素的传统观念，随着符号学制度的转变，流动媒体的表现形式也发生了变化。十七世纪，海洋成为竞争对手之间地缘政治竞争的广阔舞台，尤其是荷兰和英国，流动媒体变得毫无生气，失去了文艺复兴

① 在水手们的说法中，“向东或向西航行”或“向东（或向西）下帆航行”的意思是在改变航向之前，为了避免航行中的危险（如下风岸），在一个特定的方向上尽可能地前进（《牛津英语词典》）。

时期的活力。在想象文学中，这些元素逐渐变得不那么拟人化，《暴风雨》中咆哮、歌唱的风浪只是文艺复兴时期的旧事。约翰·德莱顿的《奇迹之年》以沙文主义的方式回顾了 1666 年的事件，描绘了英国作为一个重商主义帝国的光明未来。这篇诗作是用英雄双行体写成的颂词，歌颂英格兰从瘟疫爆发中奇迹般的恢复，随后讲述了伦敦大火和第二次英荷战争的爆发。德莱顿对近代史充满渴望的诗作宣告了英国对公海的掌控，把海上的胜利作为近期灾难的一剂止痛药，把有着光明未来的全球扩张作为对国家苦难的一种补偿。

德莱顿描述的重商主义议程的一个重要背景是英国人和荷兰人争夺香料贸易控制权的竞争，特别是在印度尼西亚东部。《奇迹之年》不仅仅是关于伦敦，或整个英国发生的事件，而且是对全球地缘政治斗争的诗意评论。因为在十七世纪上半叶，当荷兰人迫使当时已经统一的伊比利亚各国丧失对香料群岛的航海垄断，并在
101 巴达维亚建立了一个持久据点时，英国人寻求了一条进入香料贸易（行业）的途径。国家间的竞争往往十分激烈，比如 1623 年，荷兰人在摩鹿加群岛的安汶岛拷打并处决了 20 名敌对的贸易代理人，其中 10 人是英国东印度公司的员工。1665 年，荷兰人占领了英国在南苏拉威西（今印度尼西亚）班达群岛的一座堡垒（吴，2012）。吴苏凡（Su Fan Ng）认为，英国人和荷兰人在欧洲和西印度群岛的战争“不是地区性的，而是十七世纪六十年代的世界性事件，是在世界许多地方争夺海洋优势的相互关联的竞赛”（356）。吴指出，德莱顿对英国海上优势的颂歌被“写成对第二次英荷战争的宣传”（同上）。因此，《奇迹之年》“既被视为民族之诗，又被视为帝国之诗”也就不足为奇了（同上）。由此可见，跨国航线控制权的国际竞争是这篇诗作的一个重要背景。

德莱顿以诗篇的方式所宣称的英国人在“使用过开放水域”的人中居于卓越地位，这一点虽然几乎没有历史记录支持，但他的诗作却用抑扬格和全韵进行了表达，“在所有使用过开放水域的人当中，/ 勇敢的英国人赢得了最多的名声；/ 四十九年之后，在天堂的大道上，/ 他们在看不到太阳的地方发现了新大陆”（ll.，637—640）。尽管德雷克在 1577 年至 1580 年的环球航行只是第二次环球航行，但十七世纪的荷兰水手们航行到了比英国人更远的地方。在勒·梅尔和斯库顿发

现、命名合恩角并探索南太平洋之后，荷兰东印度公司的阿贝尔·塔斯曼（Abel Tasman）离开巴达维亚，沿着澳大利亚北部和西部海岸航行，发现了塔斯马尼亚岛，并在 1642 年和 1644 年之间发现了新西兰、斐济、美拉尼西亚群岛和新几内亚。德莱顿增加了一章有关海洋自由的辩论，当时海洋自由辩论持续进行，随后在荷兰信徒之间激烈展开，比如，雨果·格劳秀斯 1609 年出版的《海洋自由论》，以及英国人声称的对领海拥有国家控制权，如约翰·塞尔登于 1635 年出版的《闭海论》一书中所述。

让我感兴趣的是德莱顿从要素的战术理解方面对英国海军成就的描述，诗人提供了一种另类的制图方法，将英国水手置于掌握海洋概念后的新航海路径上。因此，德莱顿写道，“潮汐的退潮和它们神秘的流动，/ 我们将会理解这些艺术元素，/ 就像在海洋上行走的线条，/ 线条的路径会像陆地一样熟悉。”（ll.，646—649）。德莱顿将洋流的“神秘流动”描述为一种纯粹的潮汐现象（这在很大程度上是错误的），他将洋流定义为“艺术元素”，理解了这些元素，船只就可以直接穿过海洋。德莱顿所说的“艺术”更像是“手艺”或“技巧”（tekne），而不是纯粹的表达艺术[①]。有了这个新发现，诗人断言，船只将会沿着“熟悉的陆地”路径穿越海洋，“得到指示的船只将航行，获得快速贸易，/ 可以到达最偏远的地区；/ 然后建 102
立这个宇宙中的一座城市；/ 城市中的一些人会获得收益，所有人都有保障。”（ll.，650—654）。在这里，德莱顿提出了启蒙运动的观点，认为世界是一个全球公域，这种观点更符合格劳秀斯的观点，而不是塞尔登的观点。

德莱顿意识到，随着欧洲和殖民地之间跨洋航线的建立，世界实际上缩小了。德莱顿认为，了解海洋“潮汐”的流动，意味着全球航运业将加强海上贸易、指挥和通信网络。德莱顿的这篇凯旋诗作暗示了流动媒体的作用，现代殖民主义民族国家正是基于这种媒体而建立。吴（Ng）写道，“全球化的世界拉近了距离，将不同的国家通过贸易网络聚集在一起。其结果是，由这种流通或网络模型可以想象出横向建立的跨文化联系”（2012：376）。因此，《奇迹之年》可以被解读为英国对

① “浪距区域”（fetch）是指波浪可以形成畅通无阻的沙滩的距离。（此注似对应着边码 99 处的内容。——中文编者注）

格里茨《太平洋海图》中观点的回应，格里茨的海图清楚地将荷兰联合省共和国（United Provinces）的海上优势描述为这种“横向”学习的一种功能[①]。

海底媒体与漂流瓶

即使感到从我所讲述的媒体历史中一无所获，我们也至少应该明白，德莱顿所说的“艺术元素”是历史偶然产生的。风和水这些流动媒体在今天的文化生产中起着不同于十九世纪以蒸汽为动力的自驱动远洋轮船，以及二十世纪以柴油、天然气、涡轮机、柴油电力和核能为动力的轮船发展之前的作用。1858 年，横渡大西洋的电缆的出现带来了第一次成功的越洋电报通信，从那一刻起，一种新的国际传播媒体开始取代船舶，从而取代船舶航行所依赖的流动子媒体。彼得斯所说的“媒体概念的基本遗产”进入了历史舞台的侧翼。决定海军和国家命运的不再是潮汐，而是数字技术的使用。然而，这样的使用仍然是在海洋中进行的，因为互联网本身是由庞大的跨洋电缆基础设施组成。数百根光纤电缆横跨海底，跨越数十万英里，使互联网连接成为可能。然而，即使数据通过这些电缆以光速传输，对旧媒体的怀念之情仍萦绕在文化生产中。艺术家们继续通过“漂流瓶”这一主题，想象风和波浪在跨越海洋空间传递意义中的重要性。

103 这种怀旧情绪本身并不是什么新鲜事。从爱伦·坡（Poe）的《瓶中手稿》(*MS Found in a Bottle*）到“警察乐队”的流行歌手斯汀（Sting）在 1979 年演唱的热门歌曲《瓶中信》(*Message in a Bottle*)，“漂流瓶”的主旋律经常出现在现代文化作品中。到了近期，露丝·欧泽克（Ruth Ozeki）的小说《时光的故事》(*A Tale for the Time Being*，2013）围绕着一个从日本扔进大海的瓶子的故事展开，瓶子漂流到太平洋西北部的海岸，在那里被未来的读者打开并破译，他将把这封信的作者的世界拼凑起来。在某种程度上，此时发挥作用的媒体（套用彼得斯的话，即“被理解为传达意义的手段”)，包括一个易碎玻璃瓶（本身是一种流体物质）以及瓶子里面包含的有油墨划痕的纸或羊皮纸。从爱伦·坡到欧泽克，这个主题经久不衰的吸引力

① 理查德·伊登于 1561 年自西班牙文翻译的由马丁·柯蒂斯（Martín Cortés de Albacar，1510—1582）所著的《航海艺术》就采用了这个更具技术意义的术语“艺术”。

无疑是源于它与航海时代的沉船和其他航海意外事件的关联。媒体再次成为信息，是传递意义的载体；瓶子、纸张和墨水“位于具有意义但不会说话的更基本的媒体层（即海洋和海洋的流动载体）之上”。在即时（并持续）的电子通讯时代，“漂流瓶”的主题促成了基于在数字媒体之外的世界里，通过缓慢而随意的长距离通信来解码信息的现代性的另一种历史。在风的作用下，海洋表面将物体，如椰子、漂流者、瓶子和船只，以一种与互联网的即时性完全不一样的速度传送到不同的地方。“漂流瓶”传达着神圣的天意，但它同样也象征着海洋作为全球通信媒体的历史角色。

即使世界在缩小，人类超越物理限制的网络变得越来越复杂，但对海上旅行冒险的怀旧之情仍萦绕在文化生产中。“漂流瓶”的一种变体是“漂流船”，这是老水手和古物学家的消遣方式，在这一版本的瓶装海运传播中，怀旧的艺术形式唤起了一个由自驱动（Self-propelled）船只进行海洋运输之前的世界。在上述例子中，媒体，即一艘漂浮在两种流动媒体界面上的脆弱的液体容器中的船只，代表着人类跨洋航行和交流历史的元信息。怀揣回到过去世界的渴望，在那样的过去世界中，穿越大洋需要经历数不清的风险和冒险，用莎士比亚的话来说，就是航海需要“对未知水域和未知海岸的疯狂奉献”（《冬天的故事》，4.4.554—555），我们又步入人类世，大气中的碳、海洋塑料（垃圾）与部署卫星和海底电缆的多媒体集团与日俱增，世界进一步缩小。在这个科技泛滥的世界里，震耳欲聋的喧嚣让促成人类和非人类世界之间各种形式交流的基本媒体，即风和水的声音消散，但永远无法让其静默。

第四章

冲突

海战、暴力移民和无声 / 沉默档案

戴尼·约翰斯·塔夫（DYANI JOHNS TAFF）

海战、海难和海盗是近代早期海上冲突的主要原因，它们都与奴隶劳动和全球 105
资本主义的崛起密切相关[①]。除了为确保渔场的安全、保护或占领航道或显示国家
或君主制的力量而进行的越来越多的海战，在1500—1680年间，人类、植物和动
物开始更快地移动，覆盖到更远的距离。航海技术的进步使得这种移动和暴力的增
加成为可能。史蒂夫·门茨将这个时代描述为“文化、民族、病毒和生态系统的灾
难性冲突”（2015：27）。我们目前仍在努力应对这些冲突的后果，现在进行的环境、
社会、种族和当地司法运动，是为了解决根源于近代早期海洋冲突的制度性错误。

已被充分研究的近代早期海上冲突包括：印度洋第乌海战（1509）、地中海勒
班陀海战（1571）、西班牙无敌舰队被英国海军击败（1588）、英荷战争（1652—
1674）以及日益全球化和海上贸易路线上的海盗与商人袭击。这些具有新闻价值的
冲突成为史诗和抒情诗，并登上了世界各地的舞台，歌颂了郑和、达伽马或弗朗
西斯·德雷克等海军将领，并探讨了海洋权力对统治者、地区和人民的影响。但
是海战并不是近代早期海洋文化中唯一重要的冲突，海岸和岛屿的地理位置，以 106
及洋流、风和海洋条件，造成了奥斯曼人、非洲人、因纽特人、加勒比人、印
加人、印度人、中国人、日本人、欧洲人以及许多其他人群之间的激烈冲突，并
导致清教徒、耶稣会士和方济会士的信仰和著作与世界各地的人们和思想发生冲
突。海洋的暴力和神秘为探索宗教、政治和社会冲突的作家提供了工具：伊拉斯谟
（Erasmus）、玛丽·沃斯（Mary Wroth）和约翰·弥尔顿（John Milton）等诗人和政

① 梅里·威斯纳-汉克斯（Merry Wiesner-Hanks）指出，“经济历史学家有时开玩笑说，无论何时何地，资本主义似乎总是在崛起”（2006：213）。有关近代早期经济和技术的全球性、后果性变化的概述，请参阅威斯纳-汉克斯，2006，特别是第六章。

治理论家都在不断改写柏拉图关于“国家之船”的比喻。作家们采用船与岩石、海浪或风暴之间的对立来描绘新教徒与天主教徒之间的冲突、人类与上帝之间的冲突、统治者与臣民之间的冲突、丈夫与妻子之间的冲突、西班牙人与英国人之间的冲突。海洋是一种隐喻，但它也通过风暴、平静、洋流、隐藏的岩石等在物质上塑造了人类的冲突。人类不能永远生活在海上。正如一位历史学家所言，在海上发动战争很少是为了夺取和控制领土；相反，海上冲突旨在控制“经济生命线、节点和网络”（韦德，2005：51）。撰写海洋冲突的文化史，也是为了挖掘海洋世界的人类表现，从而既揭示出人类和非人类之间确定边界的努力，又提供该等边界并非既定边界的证据。

英文单词“Conflict”在近代早期具有广泛的文化和象征意义，增添了我的海洋冲突研究的质感。这个单词来源于拉丁语名词“conflictus”和相关的动词“confligere”，意思是把（fligere）和（con-）连在一起，可能来自古法语（《牛津英语词典》在线版，参见“conflict”，名词，定义 1—2，和动词，定义 1）。十五世纪三十年代到四十年代，这个单词在英语中最早使用时，可以表示身体上的斗争，即“武器对决，一场争斗，一场战斗”（“conflict，名词”，定义 1a），以及“人内心的心理或精神斗争”（定义 2b），并且可以用作动词表示战斗、争斗或打仗（“conflict，动词”，定义 1a，大约 1475 年首次引用）。早期的科学作家，如弗朗西斯·培根（Francis Bacon）和玛格丽特·卡文迪许（Margaret Cavendish），利用“冲突”的内涵，恰如其分地描绘了他们在自然哲学实验中观察到的冷热之间以及身体与环境之间的斗争。培根在思考为什么水不能熄灭“野火”时，引用了意大利沿海城市普佐利的火山活动事例，在这座城市，“你将听到地球上可怕的水与火的雷鸣，相互冲突”（1626：Dd1r）。培根的观点是，“沥青”是由永远冲突的水和火组成，因此水不能浇灭火，而“硫黄”只是火，因此可以通过浇水而熄灭。卡文迪许关注的并非一种元素与另一种元素之间的冲突，而是导致从水蒸气到液体再到冰的变化的内部冲突。在回答她虚构的女性对话者关于为什么水结冰时会打破容器的哲学问题时，
107 卡文迪许断言，“水是自然膨胀的，当冷引力侵袭它时，水的潮湿膨胀在冲突中使用比普通力量更多的力量来抵抗冷收缩运动，通过这种方式，水体将自身膨胀成一

个更大的罗盘，这取决于它是否自由，或水体各部分的量”（1664：Dddddd2r）。受到寒冷侵袭的水开始膨胀并冲破容器，强烈表现出水的膨胀性。

培根和卡文迪许可能都知道理查德·伊登（Richard Eden）在1555年翻译的殉教士彼得（Peter Martyr de Anghiera）的广受欢迎的《关于新大陆十年》，这本书是关于后哥伦布时期西班牙在中南美洲的探索和征服的报告。伊登用“conflict”来翻译殉教士彼得的拉丁语 certamen 和 bellum，这些词指的是美洲土著和欧洲人之间的冲突，而且他也用这个词来翻译殉教士彼得的“conflictatio”，殉道者通常不用这个词来描述人之间的暴力。论到希斯帕特拉的奇迹，殉道者彼特写道，“sed quia sint montesardui，tantam esse puto vim declinantium aquarum，vt impulse stagnantium ea fiat conflictatio，& ne falsae aquae ingrediantur in finum resistant”（1530：fol. xxxv. r.）。伊登将这句话翻译为，“而且，尽管山峦高耸，地势险峻，但我认为水的断层具有如此强大的力量，是因为海水之间的这种冲突由水池的推力引起，使得海水无法进入海湾”（1555：X.iv.v）。伊登通过翻译选择，将人与人之间的冲突与基本的冲突联系起来，以淡水注入大海的暴力为中心。在整个十年的时间里，在伊登的大约24个关于“冲突”的使用中，一半描述了欧洲人和美洲土著之间的暴力，另一半以这样或那样的方式描述了“水的冲突”，偶尔的使用模糊了两者之间的界限。例如，在叙述了巴尔博亚（Vasco Núñez de Balboa）对太平洋的“发现”后，从巴拿马的山顶上看到，殉教士彼得描述了他们与土著国王恰佩斯（Chiapes）和他的追随者们危险的冬季海上航行，欧洲人曾与他们作战并达成了和平。伊登翻译道：

> 因此，一旦他们进入缅因海，就会发生**如此大的洪水和冲突**，以至于他们不知道会把他们转向哪里或在哪里休息。他们被翻来倒去，又惊又怕，面面相觑，脸色苍白。但尤其是恰佩斯和他的同伴，他们以前曾目睹这些危险，他们感到非常不安。最终（在乌尔德之神的帮助下），他们逃脱了一切，登陆到下一个岛：他们将船抛锚，晚上就在那里休息。
>
> （Z.iv.r—v，我标的重点）

108 伊登将这一段注释为“瓦舒斯（Vaschus）的男子气概和虔诚热情”（巴尔博亚）以及“国王恰佩斯的忠实者”（边注，Z.iv.r）。巴尔博亚不顾恰佩斯和他的族人关于冬季无法通航的警告，向前冲锋，破坏了他和恰佩斯的联盟，危及他们的生命。这似乎是一个顽固的举动。然而，伊登认为，或许对他同时代的欧洲人来说，巴尔博亚的决定表明了一种神圣的使命：他对土著人民“经历”的否认，以及他与暴力环境的冲突，都是他“虔诚热情”的证据。神奇的是，“在乌尔德之神的帮助下”，他们都幸存下来，继续西班牙的探险和征服计划。“水的冲突”激起了“恐惧”和“不安”，我猜测，这是表示人类的反叛思想在海浪中“翻来倒去”。人类的情感和身体被描绘成暴力环境的缩影，或者与暴力环境存在着一种相互渗透的关系[①]。但殉道者彼得则也把大海作为敌手，伊登在边注中强调了这一点。大海是巴尔博亚遇到的一个障碍，他遇到了英雄和宗教的“热情”，他在这次遭遇中的幸存证实了他得到神圣批准的航行。这一情节表明了人类与环境的复杂关系，这是许多海上冲突表现形式的基础。

1500 年到 1680 年之间，近代早期海上发生了很多由海洋引起的、远远超出我所讨论的范围的冲突。我仅仅收集了其中的一些事例，包括历史事件、图像和文学文本，用它们来描绘海洋冲突的文化史。前三节主要讨论海战及其表现形式，尤其是绘画和史诗，然后是全球暴力冲突。在每一节中，我都会研究作家们通过海上隐喻想象的或理论化的社会冲突。我的目标是全球文化史，而不是以欧洲为中心的文化史，但我在近代早期英语文献方面的知识有限，因此，我所列举的文献方面的例子主要出自英国和欧洲。我还纳入了非洲、美国和亚洲的文献，尽管这超出了我的学术范围，但它们可以作为我叙述的基础并引导读者阅读其他文化历史学家的作品。近代早期海洋经常构成一个暴力的文化接触区，因此，从历史上缺乏代表性的来源收集证据，比如无记录的或记录被欧洲人摧毁的女性所写的文本、口述历史或文化中的考古记录，对于清晰地了解并从非殖民主义角度去探究近代早期文化至关重要。本章中，真正跨学科工作可能超出了我的理解范围，但在理想的情况下，我

① 有关体液医学和近代早期关于身体多孔性和情感作为一种“内部小气候”的概念，请参阅帕斯特（Paster），2004：19。

的例子可促使读者追求跨文化的学术研究，并不断将以前看不见、听不见的记录和声音变得可见和可听。

第乌战役 109

第乌战役（1509）是葡萄牙与马穆鲁克和古吉拉特军队联盟之间的一场冲突，在印度西北海岸的第乌堡垒附近展开。尽管这是一场不像我在引言中列出的其他战役那么出名的战役，但流行的历史学家称其为一场“改变世界历史进程”的战役（查万，2018），因为它揭开了葡萄牙人征服印度洋建立海上帝国的序幕。

但这样的描述充其量只是过度简化了历史记录，最坏的情况是重新描绘了以欧洲为中心的历史观点（见图 4.1 和 4.2）。历史学家桑杰·苏布拉马尼亚姆（Sanjay Subrahmanyam）论证了抵制这种观点的价值，他把马穆鲁克帝国和德里苏丹国的信件和官方文件，以及威尼斯和葡萄牙的记录作为重点，认为第乌战役是葡萄牙人和马穆鲁克人之间一系列冲突中的一场，马穆鲁克人曾与第乌港及其周边地区的“半独立”统治者马利克·阿亚兹（Malik Ayaz）结盟（2007：277）。葡萄牙 1509 年的胜利不是由于欧洲人的强大力量或创新，而是由于联盟的破裂和阿亚兹的不战决定（272—273）。历史学家只研究了威尼斯人和其他欧洲人对第乌战役的描述，重现了威尼斯人对葡萄牙人企图封锁红海香料贸易路线的担忧。然而，通过对马穆鲁克和古吉拉特人资料的研究，苏布拉马尼亚姆认为，历史学家所看到的贸易中断是由埃及继承权冲突造成的，而不是葡萄牙人造成的（278）。吉安卡洛·卡萨尔（Giancarlo Casale）进一步揭示了现代历史学家长期存在的但具有误导性的倾向，即把“马穆鲁克海战”和后来的“奥斯曼帝国作战”合并为一个“单一的、连续的、无区别的历史过程”（2010：32）。这就掩盖了一个事实，即这场战斗并非葡萄牙对未分宗教和种族的穆斯林军队的胜利，而是马利克·阿亚兹拆散与马穆鲁克的联盟并倒向奥斯曼人（Ottomans）而导致的葡萄牙人的胜利（31）。卡萨尔认为，这种转变是走向“奥斯曼帝国探索时代”和全球冲突的一步，是在印度洋上演的奥斯曼帝国和葡萄牙之间的战争，在印度洋，每个国家的原始帝国欲望都在政治上占有一席之地（27）。

110

图 4.1　第二次第乌围城战胜利画板，杰罗尼莫·科尔特雷亚尔（Jeronimo Corte-Real），第 35r 页，里斯本，1574。© 东波塔（Torre do Tombo）国家档案馆提供。

如果我们参考杰夫·韦德（Geoff Wade）对十五世纪末郑和与其他中国远征印度洋的讨论，第乌的故事又是一个转折。韦德反对流行的历史学家将郑和的冒险行为归类为“友谊之旅”，妄称明朝人在这些航行中有原始的殖民动机，并且在遇到陌生人时经常使用暴力战术（2005：37，78）[①]。事实上，可能正是海船上新来者的

① 另请参阅肖腾哈默（Schottenhammer），2012，特别是第 79—84 页。

暴力促使古吉拉特邦统治者建造第乌堡垒：韦德查阅了一些资料，资料显示，“第乌城是古吉拉特邦的一位国王为了纪念对经常光顾印度海岸的中国人的海战胜利而建造……这些……很有可能是指郑和舰队”(78)。第乌战役不仅代表着一次决定性的冲突，代表着葡萄牙海上霸权的确立，而且是一场由近代早期海洋引发的一系列
全球冲突中的致命战斗，其中，来自东方、西方、北方和南方的军队试图将印度洋 111
建设成他们控制范围内的政治空间。第乌代表了近代早期海上力量冲突网络中的一个节点，但不能被说成是改变世界的战斗地点。

贾梅士（Luís de Camões）和他同时代欧洲人可能不会同意[①]。在《卢济塔尼亚人之歌》(1572) 中，贾梅士赞颂了葡萄牙的历史，并将其视为“非洲和亚洲的堕落土地”的征服者（as terras viciosas/De Affrica, and de Asia)([1572] 1997：1.2；1572：A1r)。在第十篇中，贾梅士将他的英雄瓦斯科·达伽马和他的手下安置在一个天堂般的小岛上，岛上居住着维纳斯为他们准备的仙女，成为了他们的“情人”(10.3；X1r)。他讽喻地将葡萄牙人征服的土地赋予女性性别。男人们和他们的情人一起听忒堤斯“预言”葡萄牙的直到贾梅士时代的海上追求。忒堤斯讲述了葡萄牙船长弗朗西斯科·德·阿尔梅达（Francisco de Almeida）在第乌战役中的行动：

> 然后驶入第乌湾，开启著名的战役
> 和围攻场景，他将分散以桨为动力
> 的卡利卡特庞大而弱小的舰队；当
> 马里克·艾尔·希萨的战船，被炮
> 火包围时，它们将被归入冰冷、可
> 怕的海底埋葬之地。 (10.35)
>
> (*E logo entrando fero na enseada*
> *De Dio*, *illustre em cercos & batalhas*,

---

① 另一个例子请参阅与贾梅士同时代的杰罗尼莫·科尔特雷亚尔所著的《第二次第乌围城战》(1574)，这是一部 21 篇的史诗，涉及的主题与《卢济塔尼亚人之歌》相似。

图 4.2 第二次第乌围城战胜利画板，杰罗尼莫·科尔特雷亚尔，第 165v 页，里斯本，1574。© 东波塔（Torre do Tombo）国家档案馆提供。

Farâ espalhar a fraca & grande armada,
De Calecu, que remos tem por malhas:
A de Melique Yaz acautelada, Cos
pelouros que tu Vulcano espalhas,
Farâ yr ver o frio & fundo assento,
Secreto leito do humido elemento)　　（X6v）

贾梅士研究了这场战斗的描述，但给出了一个版本，马利克·阿亚兹并没有按兵不动而导致马穆鲁克人的失败。相反，马利克参与了与阿尔梅达的海战，但他的船全部沉入“冰冷、可怕的”海底。

贾梅士将印度人和马穆鲁克人归入一个不分宗教和种族的类别。叙述者认为葡萄牙人将轻易地征服其他所有国家，因为“非洲的土地……和东方的海洋 / 是你们胜利的应许之地”（*Comecem a sentir o peso grosso, ... De exercitos, & feitos* 113
singulars, / De Affrica as terras, & do Oriente os mares）（1.15；A3v）。葡萄牙人在世界“剧场”扮演的是英雄：“可怕的摩尔人的眼睛盯着你，/ 他就已经预知自己的命运”，“一旦看你一眼，/ 坚不可摧的印度人就会向你屈服”（*Em vos os olhos tem o Mouro frio, / Em quem ve seu exicio afigurado, / So com vos ver o barbao Gentio, / Mostra o pescoço ao jugo ja inclinado*）（1.16；A3v）。叙述者把我们的注意力从非洲人和亚洲人的血腥死亡转移到葡萄牙英雄的伟大事迹上，用宗教为这些遭遇中的暴力辩护。风听从了葡萄牙水手的祈祷。第五篇写道，他们“大喊 / ‘神啊，给我们速度吧！’和往常一样的北风 / 听到并回应，推动了巨大的船体”（*ceo ferimos, / Dizendo Boa biagem, logo o vento / Nos troncos fez or usado movimento*）（5.1；K7v）。对于贾梅士来说，讲述一个关于葡萄牙民族英雄主义的故事，既需要对神圣认可的海洋控制的描述，又需要反复对穆斯林和印度人的鄙视，以与他对卢西塔尼亚英雄事迹的断言形成对比[①]。

① 奥斯曼和中国作家在他们的文学作品中是否创造了类似神话？这是有关该方面进一步研究的场所。

图 4.3 《马来纪年》手稿第一页。大英图书馆，Or.16214，f.1r。© 大英图书馆。

贾梅士在《卢济塔尼亚人之歌》中的神话创作描述了一个控制海上通信线路的民族主义方案。其他文化也创造了神话，融合了人海关系与国家的形成或维持。罗伯特·韦辛（Robert Wessing）描述了柬埔寨、苏门答腊和爪哇的传统，在这些传统中，“土地或国家通常源自地下世界的水域，或需要其居民的合作”（2006：211）。在爪哇岛的马塔拉姆王国，有一种关于这一传统的版本详细描述了它的“创始人帕内巴汉·塞诺帕蒂（Panembahan Senopati）如何与南大洋戴王冠的那迦女神（Nyai Roro Kidul，那迦是印度神话中的蛇，或半人半蛇的形象）结成联盟……塞诺帕蒂在与女神三夜幽会后从印度洋水域中出现，而且他的再次出现暗示了国家的形成”（211）。在东南亚，一位不知名的马来作家在名为《马来纪年》（*Sejarah Melayu*，见图 4.3）的文本中记录了关于马六甲苏丹国的口述故事，将他们国家权力的起源与这些神话联系起来：当印度的拉惹朱兰（Raja Chulan）在“可以从里面看到外面一切的玻璃箱中坠入大海……”，他发现了生活在海底的“巴萨姆人，数量如此之多，只有全能的上帝才能知道他们有多少人”，并娶了王公的女儿（布朗，1970：11）[1]。同样，十一世纪新加坡的创始人斯里特里布阿纳（Sri Tri Buana）在从巴邻旁出发的旅途中，将王冠扔进了大海，在暴风雨中幸存下来，“水手长对斯里特里布阿纳说：‘殿下，我认为这艘船是由于王冠的缘故才会下沉。’……斯里特里布阿纳回答说：‘那就把它扔到海里！’随后王冠被扔到了海里。然后风暴减弱，船恢复了浮力，并划到陆地上”（20）。从某种意义上说，拉惹朱兰的故事与其他故事不同，因为他和他的主人公们利用科技探索海洋，并与另一个人类群体建立政治联盟。拉惹朱兰立刻被海底社区所爱戴和尊敬，他留下了三个儿子，当他离开时，人们为他的离去而哀悼。但这三个亚洲故事更广泛地说明了一种需要，即建立伙伴关系，或尊重海洋在人类事务中的力量。塞诺帕蒂的权力来自与非人类力量的联姻，斯里特里布阿纳则必须放弃象征着他对陆地和海洋的主权要求的王冠，才能从一个地方安全 115
穿越到另一个地方。为了避免与海洋的冲突，他们都放弃了很多。

《马来纪年》的作者详细描述了五艘葡萄牙军舰在第乌之战的同一年抵达马六甲（马来西亚的一个国际贸易城市）的情况[2]。叙述者记录了遇到新外国人时的惊讶和恐惧，但正如译者布朗（C.C. Brown）指出的那样，文本讲述了“马六甲人一次又一次的聪明过人，外国人（中国人、欧洲人或其他人）都看不懂”（1970：x—xi）。约翰·莱顿（John Leyden）在 1821 年和布朗在 1952 年对这一章节的翻译在一些重要细节上有所不同，但两者都描述了玛哈拉惹（Bendahara Sri Maharaja）收养了一个“弗伦奇”（Frengi），即一位葡萄牙船长，也许是 1508 年抵达马六甲的迪奥戈·洛佩斯·德塞奎拉（Diogo Lopes de Sequeira），作为他的“儿子”（布朗，1970：151；莱顿，1821：324）。当这个船长向总督阿方索·阿尔伯克基（Alfonso d’Albuquerque）报告他发现的马六甲是多么繁荣和友好时，“总督对拥有马六甲充

① 有关《马来纪年》的更多信息，请参阅吴，2019。

② 有关这一事件和葡萄牙在东南亚行动的概述，请参阅洛卡德，2009，特别是第四章和第五章，以及亨（Heng），2013。

满了渴望，他命令组建一支舰队，包括七艘货轮、十艘长帆船和十三艘货轮”（布朗，1970：151—152）。外国人占有马来人的财富和土地的欲望引发了冲突，对暴力的首次描述中，马来人占上风，“敦哈山天猛公（Tun Hasan Temenggong）领导下的马六甲人击退（葡萄牙人）”，虽然葡萄牙这边有“两千名配有火绳枪的人”和“一大群水手和印度兵”（152）①。双方的武器“如雨点般落下”，马六甲人通过“冲锋”赶走了外国人（152）。听到消息后，总督（即阿尔伯克基）非常生气，并下令组建一支新的舰队，然后再次袭击马六甲。但摩尔人的指挥官劝阻了他，说，“只要玛哈拉惹还活着，马六甲就永远不会沦陷”（152）。阿尔伯克基发誓自己去，最终他也做到了，他率领一支部队在马六甲打败了苏丹艾哈迈德（Sultan Ahmad，玛哈拉惹的孙子），迫使他流亡到宾丹岛（Bentan）。葡萄牙人在《马来纪年》的最后几集中占据了重要地位，但他们并不是中心人物。穿插在对战争的描述的之前、之间和之后，是关于宫廷阴谋、拉惹和苏丹的运动、爱情、通奸、堕胎和继承权的故事，这些故事淡化了葡萄牙人是导致马六甲苏丹国衰落的最终原因的观念。是的，葡萄牙人屠杀士兵，夺取土地，建造堡垒，但对1511年《马来纪年》的作者和十七世纪的修订者来说，更引人注目的是关于马来皇室和总督的故事。

勒班陀战役

第乌战役和马六甲战役很可能并非葡萄牙人或马来人所描述的那样。但这些描述和文本陈述，确实支持并传播了对于主权的意识形态强化。这些促进主权意识的措施是近代早期国家和帝国建设的重要组成部分。吉安卡洛·卡萨尔描述称，奥斯

① 虽然马六甲人似乎对葡萄牙的枪支和大炮感到震惊，他们惊叫道：“这种锋利到足以杀死我们的圆形武器是什么？”（布朗，1970：152）但印度和东南亚的枪支和大炮制造与葡萄牙和欧洲的一样好，在某些情况下甚至更好。苏布拉马尼亚姆和帕克解释道，“（乔瓦尼·达·恩波利［Giovanni da Empoli］的信中）对马六甲保卫者使用火药武器的明确提及与《马来纪年》中经常引用的叙述相矛盾，后者强调了欧洲人的轰炸造成的恐惧和惊讶……然而，《马来纪年》是在1612年根据口头传统编纂的，而恩波利（一名目击者）是在1514年写成的；此外，尽管马六甲的守卫者可能拥有火药武器，但它们似乎不太可能像欧洲人的武器那样有效，或得到有效部署”（2008：40n42）。另请参阅列维，2018。

曼人索科卢·穆罕默德（Sokollu Mehmed）在1512—1589年的“奥斯曼帝国探索时代”就掌握了这些措施。卡萨尔在书中描写了索科卢在十六世纪七十年代作为苏 116
丹塞利姆二世的帕夏（Pasha to Sultan Selim Ⅱ）时的“智慧和……对世界永不满足的好奇心”，并表示，“索科卢所称的‘属’综合了对奥斯曼帝国主张普遍主权的强大说服力的欣赏，以及对建立和维护让这些主张得以表达的主要工具，即全球通信网络的技术先决条件的理解”（2010：120）。卡萨尔声称，这个网络是海上网络，而奥斯曼帝国在印度洋建立帝国的战略更多地依赖于“海上联系”，而不是领土的占有（120）。关注领土的历史学家对勒班陀战役（1571年）以及奥斯曼帝国战败对全

117

图4.4 乔治·瓦萨里，《勒班陀战役：舰队互相靠近》，梵蒂冈萨拉王府，1572。© 尼迪图片库/阿拉米图片社。

球政治和贸易的影响进行了详细的争论。欧洲的绘画和叙述表现了威尼斯、西班牙和罗马组成的神圣联盟对奥斯曼人的决定性胜利。根据卡萨尔的说法，尽管奥斯曼帝国的资料将这场战役描述为一场“毁灭性的海军失败”，但奥斯曼帝国并没有因为神圣联盟的胜利而灭亡，事实上，索科卢在第二年通过一系列交战摧毁了神圣联盟（138）。根据吉尔马丁（Guilmartin）的说法，奥斯曼帝国和神圣联盟的舰队势均力敌，“勒班陀战役在军事史上是罕见战役，在这场战役中，双方都打得巧妙而出色，遍布战场的随机打击在很大程度上都被双方指挥官化解，最终实力较强的一方赢得了胜利，但仅以微弱优势，而且以出乎意料的方式获胜”（1974：240）。几个世纪以来，基督教观察家一直担心来自东方的入侵，他们希望看到这场胜利能够决定性地击败伊斯兰教和奥斯曼帝国。因此，他们用一种与描述力量均衡、勉强获胜

118

图 4.5　乔治·瓦萨里，《勒班陀战役：舰队交战》，梵蒂冈萨拉王府，1572。© SCALA 图片社，佛罗伦萨。

的战争以及它在奥斯曼人和欧洲人之间一系列复杂冲突中的地位相矛盾的方式来表现冲突。

乔治·瓦萨里（Giorgio Vasari）在1572年受罗马教皇庇护五世（Pope Pius Ⅴ）委托，在梵蒂冈萨拉王府画了两幅战争场景[①]。他在门口两侧的两幅巨大的油画中描绘了舰队互相接近和交战的场景。

瓦萨里在他的绘画中有一个道德和宗教议程：尽管为了准确描绘军舰和战斗人员的数量和种类，他努力寻找目击者的描述，但他还“插入基督、圣徒、天使和信仰的化身，并将盘旋的恶魔与土耳其人并置……认为这不仅仅是人之间的战斗，而且是对立原则之间的战斗，是一场善恶之战”（斯特伦克，2011：223—224）[②]。在第一幅画中，军舰以严格的队形排列，奥斯曼帝国的舰队面对着神圣联盟的军舰（见图4.4）。不看最后的三分之一，瓦萨里的画支持了吉尔马丁的历史评价：这些舰队并不完全相同，但势均力敌。由于来自赞助人以及其他文化的压力，瓦萨里不得不在船的下方添加一些寓言人物，以指导观众如何解读即将到来的战争。

在第二幅画中，瓦萨里准确地描绘了一场海战的混乱和毁灭，溺水的人物和大量的军舰难以区分（见图4.5）。但克里斯蒂娜·斯特伦克（Christina Strunck）指出，瓦萨里再次将土耳其人描绘成“道德低下的人：在前景中有三个神圣联盟的士兵从水中营救落水战友的例子；而土耳其人却任由自己的同胞淹死”（2011：222）。但场景的混乱是真实的，如果去掉了天使、魔鬼和寓言人物，观察者可能很难区分土耳其和神圣联盟的士兵和军舰。为了让神圣联盟指挥官唐·胡安·德·奥地利（Don Juan de Austria）的形象可见，瓦萨里在他的军舰上方放了一个天使，这标志着一种广泛的文化观念，即勒班陀战役中，基督教力量战胜了伊斯兰教力量，这是上帝赋予的胜利。这种文化观念的传承历史悠久；（如）2019年，克赖斯特彻奇清真寺枪击案中的枪手在他的枪上刻有“勒班陀1571”，以及白人至上主义者在对历史的暴力化的误读中所声称的其他历史事件和人物（《沙巴亚太日报》，2019）。但

① 有关萨拉王府的完整讨论，请参阅德·容（de Jong），2003。

② 有关土耳其的更多西方绘画和文本，请参阅哈珀（Harper），2011；有关勒班托的更多信息，请参阅保罗，2011。

瓦萨里需要说出神圣联盟对胜利的祝福，这也为质疑基督教对这场战争的看法开辟了空间，让我们可以批判这幅画的单一视角，并想象其他人看到的景象。

119 米格尔·德·塞万提斯（Miguel de Cervantes）在甲板上体验了勒班陀战役，这与瓦萨里画作的远景截然不同。他以梭镖手的身份战斗，受了伤，后来被巴巴里海盗俘虏，并在阿尔及尔被囚禁了五年（福克斯和伊莉卡，2010：xvi—xviii）。塞万提斯在他的文章中反复提到勒班陀战役并请读者思考与瓦萨里不同的关于海权和宗教身份的问题。在《唐吉诃德》(1605）的第37—42章《俘虏的故事》中，一个有头衔的俘虏，名叫德维德马（Ruy Pérez de Viedma）的海军军官提到了这场带有我们所期望的所有基督教爱国主义的战斗[1]。他告诉堂吉诃德他的人生故事，说“我成为最光荣的战役的一部分”，详细描述了“就在同一天，所有基督徒都很幸福……奥斯曼帝国的骄傲和傲慢被粉碎”(aquel día, que fue para la cristiandad tan dichoso, ... quedó el orgullo y soberbia otomana quebrantada)(塞万提斯，[1612] 1999：266；[1612] 2004：402)。但德维德马自己却无缘基督徒们的荣耀：

许多人都洋溢着喜悦……只有我很痛苦，因为在古罗马时代，我本可以获得海军王冠，但在那个庆祝日之后的那个晚上，我自己的腿上和手腕上都被戴上了镣铐。

（266）

(*entre tantos venturosos como allí hubo ... yo solo fui el desdichado*; *pues*, *en cambio de que pudiera esperar*, *si fuera en los romanos siglos*, *alguna naval corona*, *me vi aquella noche que siguió a tan famoso día con cadenas a los pies y esposas a las manos.*)

（402）

① 1615年，塞万提斯出版了这个故事的一个版本，把它写成了一部名为《阿尔及利亚的浴室》的戏剧，这部戏剧从未上演过。有关代表神圣联盟的幽灵舰队的讨论，请参阅博泰罗（Botello），2015。

虽然德维德玛认为神圣联盟在勒班陀战役中为基督徒赢得了正义的胜利，但他自己的故事却打破了这种说法的英雄主义，为读者创造了纪念许多死去的人的空间，因为在这场海战中，有许多不同肤色和宗教的人成为船上的奴隶或遭受其他方面的痛苦[①]。塞万提斯的小说暗示，很难辨别基督徒或穆斯林的神指定一场战役的“光荣”程度。在海战中冲突的文化很少像画家、作家、君主和现代恐怖分子所希望的那样被区分为“基督徒”和“异教徒”[②]。

战胜无敌舰队

女君主来临时，表现方式有了变化。到目前为止，我所研究的以男性为主的海军空间表现的都是在保障国家主权的海上冲突中不可或缺的好人、可敬士兵和忠诚仆人的故事。伊丽莎白一世在她的肖像、祷词、诗歌和演讲中巧妙地运用了这些男性化的辞令。例如，在 1588 年英国舰队与到来的西班牙军队交战前，她在蒂尔 120
伯里对军队发表的《无敌舰队演讲》中，说自己是一个“软弱无力的女人”，但拥有“国王的心和胃”，这引起了很多人的讨论（[1588]：2000a：326）。在 1588 年 9 月击败无敌舰队被的祷词中，她描述了她的感激之情，“最弱小的性别在您最强大的帮助下变得如此坚强”（[1588] 2000b：424）。对于这些以及其他伊丽莎白在位的陈述，路易斯・蒙特罗斯（Louis Montrose）表示，“从伊丽莎白即位到她去世，英国君主制都是由未婚女性的自然身体所体现，这一事实确保性别和性征在代表伊丽莎白时代的国家以及阐明英国与其他国家及其臣民的关系中占有重要地位”（2006：116）。1588 年“战胜无敌舰队”是盎格鲁-西班牙战争中的一场战役，该战争从 1585 年一直持续到 1604 年。正如罗杰（N. A. M Roger）所说，“1588 年的无敌舰队在人们对西班牙战争的普遍看法中占据了非常重要的地位，人们很难记住，这只

① 有关塞万提斯对穆斯林身份和文化的同情观点，请参阅福克斯，2009 和梅诺卡尔（Menocal），2002。

② 英国军队没有与神圣联盟作战，战争发生时，国王詹姆斯六世（James Ⅵ）只有 5 岁，但伯杰龙（David M. Bergeron）在詹姆斯的史诗《勒班托》（1591 年出版）中描述了他是如何“将土耳其人描绘成值得战斗的对手”，但也“清楚地表明，勒班托的胜利属于基督教力量，这是神的旨意”（2010：258）。

是一场还将持续 15 年的战争中的第一次重大战役”（1997：272）。据罗杰说，伊丽莎白一世和菲利普二世都不想打仗。尽管他们的宗教信仰不同，但菲利普视英国为盟友，伊丽莎白也认识到菲利普拥有的“巨大的海上和军事资源”，更不用说新世界的白银了（254—255）。众所周知的因素，如英国水手的重型远程大炮、他们的火攻船以及天气，都在 1588 年的胜利中发挥了作用。与以前的海战相比，英国人确实能够以更快的速度从更远的地方打击西班牙军舰，他们确实向西班牙舰队派遣了火攻船，同时风最终也帮助了英国人（256—269）。但西班牙舰队的混乱也是一个同等重要（即便不是最重要）的因素：根据菲利普的命令（菲利普“从不姑息不执行命令的行为，即使是在命令不可能执行的情况下”，255），西班牙舰长圣克鲁斯（Santa Cruz）和麦地那·西多尼亚（Medina Sidonia）必须服从教皇西克斯图斯五世（Pope Sixtus V）任命的指挥官帕尔玛（Parma）公爵的命令，他们无法在英格兰南部的困难水域对疾病、天气或战争中迅速变化的环境作出反应（256—259；263）[①]。就像勒班陀战役和第乌战役一样，这场战役包括了许多复杂的军事行动和对抗。这些战斗只会在有战略疏忽或战略重点的情况下增强民族主义或宗教热情。

对 1588 年英国战胜无敌舰队战役的渲染，起到了这种战略疏忽的作用，支持了英国宗教、种族和政治权威的叙述。纪念这场战役的勋章上写着“Flavit [Jehovah]. ET. Dissipati. Sunt 1588”（“上帝之风刮起，将敌舰吹散”）（威尔斯科尔，2012：836），意指“支持新教事业的上帝之手”。伊丽莎白在她的诗歌和祷词中也提出了类似的关于神的委任权的主张。在“1588 年 12 月的战胜无敌舰队之颂歌”中，
121 伊丽莎白称自己为上帝的“使女”，赞美上帝的“奇迹”，“上帝刮起了风，水面上升 / 驱散了我所有的敌人”（[1588] 2000c：第 3 行，10—12）。在她的祷词“1588 年 9 月击败西班牙无敌舰队”中，伊丽莎白感谢上帝创造了四种元素，即气、土、

① 菲利普二世时期，一个名叫贝纳迪诺·德·埃斯卡兰特（Bernardino de Escalante）的间谍所写的文章，或许可以证明西班牙人对自己战胜英国人的机会持乐观态度；在《论述》中，他在英格兰、苏格兰和爱尔兰的地图旁边画上了伦敦塔，并详细说明了无敌舰队如何能够轻而易举地入侵该岛。请参阅索托（Soto），1996，第 127 页的地图。

图 4.6　马库斯·基尔茨（Marcus Gheeraerts），《女王伊丽莎白一世或无敌舰队肖像》，画板油画，约 1588 年。© 12 号图片 / 盖蒂图片社。

火、水，这四种元素使世界保持“有序的管理”，上帝“今年使这四种元素成为工具，用以威慑我们的敌人，消除他们的恶意”（[1588] 2000b：424）。《无敌舰队肖像》的匿名画家也将胜利归功于环境的天定命运：故事说，因为英国人是为新教事业而战，因此上帝保护了他们，并摧毁了西班牙舰队。 122

但根据安东尼·威尔斯科尔（Anthony Wells-Cole）的说法，在肖像左侧窗口的前景中，英国军舰的帆被风吹得不止一个方向；画家根据勃鲁盖尔（Bruegel）的版画创作了军舰与狂风搏斗的画面，忽略了影响实际战斗的西风和海峡风（2012：836—837）。从左到右看这幅画时，我们就会看到英国舰队沐浴在阳光下，鼓起船帆，派出了火攻船迎接逼近的无敌舰队，然后是被风暴遮掩的西班牙舰队，它的军舰在触礁后沉没。这一构图呼应了瓦萨里的两幅《勒班陀战役》肖像画中舰队的排列和交战的场景。《无敌舰队肖像》中的许多元素都强调了类似的胜利者叙述：光明打败了黑暗；海面上的平静与风暴对立。这样的叙述既暗示了左边窗口的火攻船有效，也暗示了英国人受益于神驱动的环境对抗力量[①]。但是，右边窗口的军舰没有一艘有火；火攻船并未成功烧毁西班牙的军舰，伴有混乱的风，这表明了画家、英国人和女王对大海、风以及混乱复杂的海战世界缺乏控制。我们可以看到，试图控制故事的努力与历史、环境和人类在这些宣传努力中造成的破坏相对立。

女王的身体使得这幅画像的叙述更加复杂。她把手放在地球仪上，略微转向英国舰队和一顶王冠[②]。正如蒙特罗斯、瓦莱丽·特劳布（Valerie Traub）和其他一些评论家注意到的那样，她精致的礼服上装饰着一个非常有形的蝴蝶结和珍珠，同时象征着女王的童贞之结和她的性征（特劳布，2002：126；蒙特罗斯，2006：146—147）。蒙特罗斯认为这表示“英国君主的贞洁与英国民族在全球的新兴力量和影响力之间的标志性联系”（146）。这幅画将女王身体的贞洁与王国的安全联系在一起。然而，在吸引人们注意女王的性征和她“在全球”崛起的权力的同时，这幅肖像画将生物繁衍和探索与原始帝国的建立连成一体。以正确的方式进入或离开地理空间，就像正确的身体渗透，是国家未来不可分割的一部分。

《无敌舰队肖像》三年后，赫里福德（Hereford）伯爵又一次试图表现英国与西班牙的海上冲突，以证明英国对海洋的控制。他命令他的仆人在他的埃尔韦瑟姆
123 庄园里建一个湖，在那里上演一场精心设计的 naumachia，即海战，以供伊丽莎白一世庆祝进入新年——1591 年（威尔逊，1980：96—118）。在赫里福德的庆祝活动中，水神们演奏着音乐和诗歌，不时响起炮声，把英国和西班牙海军的冲突从可怕的海上转移到一个迷人的、温顺的人工湖上。暴力已经被取代：大炮和火攻船不再

---

① 威尔斯科尔的断言在我看来是错误的，他表示，右边窗口的西班牙船只“都在被大火吞噬的过程中，或在岩石海岸上沉没”（2012：838）。

② 有关美貌、种族和画像中伊丽莎白惊人的白皙，请参阅霍尔（1996b：465—466）。有关伊丽莎白一世的艺术历史概览，请参阅斯特朗（Strong），1986。有关女王的艺术和文学形象在英国权威话语中的作用，请参阅埃格特（Eggert），2000。

杀死水手，风也不再摧毁西班牙的大型帆船。相反，挖掘和河流改道从根本上重塑了这片土地，使其成为地球的一个微观世界，以庆祝1577年约翰·迪伊（John Dee）所说的伊丽莎白一世（潜在的）海洋“主权”和“不列颠帝国”的统治地位（Biiv；Aiir）。迪伊预计伊丽莎白和后来的英国君主在押注海洋主权时将赢得政治和经济权力，尽管存在巨大风险。为了取悦伊丽莎白，赫里福德和他的庄园里的工人们把他的土地变成了一个微型的海洋，同时也把海洋重新想象成一个可控的、可变换的元素，服从于英国君主的意志[①]。

暴力遭遇：北方、南方、东方和西方

冲突会持续多久？我关注的是海战，虽然战争的时间界限模糊，但每一场海战都是在具体的一天进行。如果我们不是寻找一天的冲突，而是寻找更长时间跨度的冲突，寻找使思想或信仰武器化或改变社会结构而不是改变枪炮和火攻船的冲突，那么，我们会看到什么样的冲突，是海上冲突或由海上冲突促成的冲突？正如希拉里·埃克伦德（Hillary Eklund）所言，“正在进行的对于新世界的‘发现’，以及想象中蕴藏的取之不尽的资源，给‘多少才是足够……’这个问题带来了新的压力。经济自给自足的标准从严格的禁止过度管理转向通过掠夺、贸易和种植来获得富足的与日俱增的追求”（2015：xiii）。奴隶和糖的贸易，以及对新世界“取之不尽用之不竭资源”的使用，推动了这一时期欧洲经济的发展。根据一项分析，它还在全球范围内引发了人类驱动的地质变化：地理学家西蒙·刘易斯和马克·马斯林提出了“地环假设”，将人类世的开始时间定为1610年，正负十五年（2015：171）。他们的假设试图解释导致小冰期的到来、随后是持续至今的稳定变暖时期的大气中碳含量的急剧下降。该假设称，碳含量的下降既是由生物群（动物、作物等）比以前记录的速度更快、范围更广的有目的和偶然的运动引起的，也是由大规模强制移民，以及“欧洲人携带的疾病、战争、奴

---

① 本书篇幅不允许我探究第一次和第二次英荷战争（1652—1674），但这些冲突和它们的文化表现在我迄今为止所概述的内容中有所表现。有关英格兰和东南亚战争的文学描述，请参阅帕里，2014和吴，2012。

役和饥荒”导致新世界人口同样大幅下降而引起的（175）。达格马尔·德格鲁
124 特（Dagomar Degroot）警告说，“地环假设”并不能证实欧洲殖民主义导致了小冰河期，但他提醒我们，“所谓的‘探索时代’不仅将美洲连接起来，还将许多以前孤立的大陆与旧世界连接在一起，以复杂的方式重塑了整个大陆，使其看起来更像欧洲。我们仍在估算，我们仍在不断促成动植物生物量和多样性的大幅下降”（2019）①。近代早期的海上旅行使得罗伯·尼克松（Rob Nixon，2011）所称的“慢暴力”成为可能，但在当时是不为人知的，因为旅行距离遥远以及现存媒体景观的影响。由于一些作家习惯性地提及弗朗西斯·德雷克爵士或瓦斯科·达伽马等人物的英雄主义，以及利润丰厚的糖、烟草和香料贸易，而不提及几个世纪以来为使欧洲扩张成为可能而被杀害的人，所以“慢暴力”至今仍不为人所知②。此外，正如苏珊·史普尔-史密斯（Susan Sleeper-Smith）在描写1500年北大西洋多民族渔业社区时所述，“遭遇是一个漫长的过程，在此过程中，印第安人和欧洲人在詹姆斯镇建立之前，在波卡洪塔斯（Pocahontas）遇见约翰·史密斯之前，一起生活和交易了一百多年”（2015：41）。描述近代早期海洋冲突不仅需要修改我们的时间尺度和我们对冲突的定义，还需要重新评估关于接触区近代早期冲突的根深蒂固的说法。

尽管海上旅行费用高昂，但十六世纪的英国绅士们还是渴望加入其他欧洲人前往西印度群岛的行列。他们希望找到一条向北的路线，避开地中海和好望角的竞争。1527年，罗伯特·索恩（Robert Thorne）主张修建一条东北路线，声称“与巨大的利润相比，这里的成本微不足道”（引用于麦克德莫特，2001：96）。威廉·巴伦支（Willem Barents）1596—1597年的北极探险和马丁·弗洛比舍（Martin Frobisher）1574—1579年寻找西北航道的尝试都以壮观和昂贵的代价失败了，所以向北航行成了失败的代名词，就像在威廉·莎士比亚的《第十二夜》中，费边

① 另请参阅德格鲁特，2018。

② 安格斯·康斯塔姆（Angus Konstam）在《海盗：完整的历史》中花了不到一个段落讨论了奴隶制，尽管英国海盗在三角贸易的发展中起到了关键作用（2008：50—51）。即使是像罗杰这样一丝不苟的记录者（感谢他对英国海军的贡献）也会让人注意到霍金（Hawkin）和德雷克对“贸易”和“掠夺”的参与，以及葡萄牙“大量”出口糖的行为，但对于那些被迫从事制糖劳动的人，以及这些风险带来的人类和环境成本，他却保持沉默（1997：239）。

（Fabian）把安德鲁・阿奎契克（Andrew Aguecheek）爵士想象成一艘船或一名水手，他错过了进入奥利维亚（Olivia）中意的港口的机会，而是“驶向……北方”（[约 1610]2008：3.2.20—4）[①]。从这个角度来看，以及从一些现代的角度来看，北方是寒冷、致命和贫瘠之地。但早期欧洲渔民和后来向西北航行的探险家不仅遇到了冰，还遇到了在巴芬岛和其他北部地区生活了几个世纪的人。正如洛厄尔・达克特（Lowell Duckert）所称，欧洲人将因纽特人和其他族群融入他们现有的世界叙述中：对于弗洛比舍和他的随从来说，“当地人是通往中国的路标，他们深色的皮肤证实了他们与热带气候的接近……当地人一开始被误认为是海豹，一上船就吃生鱼。因为他们有时是动物、食人族和吃生肉的人，弗洛比舍可以问心无愧地绑架和歧视他们”（2017：127—128）。欧洲人给自己所讲的关于海洋、关于他们航行的目的地、关于区分人类和非人类的分界线的故事使得弗洛比舍等人能够施加他们认为 125
必要的暴力，要么是为了生存，要么将其视为敌对群体。

玛格丽特・卡文迪许在她的散文小说《炽热的世界》（1666）中有着类似的描述，但稍有区别。卡文迪许笔下的主人公，一位后来成为皇后的女士，踏上了弗洛比舍和其他探险家梦寐以求的旅程：在被一个商人绑架后，她在向北的航行中幸存下来，进入了一个新的世界，即炽热的世界，在这期间她的同伴都死了。她到达了一个天堂，“非常愉快，脾气温和”（卡文迪许，[1660] 2000：160），描述的词语与当代旅行叙述相呼应，如殉教士彼得和查德・哈克路伊特收集的词语。这个新世界的人们“有多种肤色，但没有一种像我们世界中的肤色”，然而叙述者坚称这次是和平遭遇（160）。当她遇到皇帝时，皇帝一开始把她误认为是女神，但随后“很高兴她是凡人，让她成为他的妻子，并给了她绝对的权力来统治和管理那个世界上所有她想要的东西”（132）。就像《马来纪年》中海底世界的居民们对拉惹朱兰感到敬畏一样，皇帝的臣民们“把她当作一个神来崇拜”（162）。这位女士结婚后成为皇

① 费边把安德鲁爵士比作“荷兰人胡子上的冰柱”，这是向巴伦支致敬（莎士比亚 [1601] 2008：726n4），但这句话也同样能唤起观众对弗罗比舍早期旅行的回忆。另请参阅哈德菲尔德（Hadfield），2009。同样，在约翰・韦伯斯特的《白魔》1.2.53—56（[1612] 2002）中，卡米洛（Camillo）也哀叹他与妻子的“冷淡”关系。

后，生活在一个欧洲发现之旅的幻想版本中，新世界的居民立即认识到她的自然优势，在那里，冰、海、土地和人民是她创造一个完美非暴力政府的工具[①]。尽管她称他们为“苍蝇人”“熊人”等，但皇后的臣民并不仅仅是动物，他们会挑战人类和非人类之间的界限，是有价值的顾问，她把他们描述为比她自己世界里的男人更聪明的人。最后，她选择撤销她自己作出的许多强制性的改变，让人们和世界回到她到来之前的生活方式。至少对一些读者来说，她的向北之旅开启了对熟悉的欧洲发现叙述的挑战，并引发了对横跨大海以及海上君主制伦理的反思。

皇后没有改变的一个决定是她选择让炽热世界的居民皈依基督教。她的第一次尝试似乎很容易：称他们的宗教“有缺陷”，她考虑“是否有可能使他们全部皈依”（191）。通过建造教堂和以超凡的魅力布道，她建立了一个“妇女集会……”通过这种方式，她不仅很快就改变了他们，而且赢得了全世界所有臣民的喜爱（191）。卡文迪许激进地建议，女性不仅应该被允许在教堂里发言（这与保罗［Paul］在《哥林多前书》第十四章中的禁令相违背），而且女性天生就比她的男性子民更虔诚。然而皇后马上就担心“人类无常的本性”，因此建造了两个新礼拜堂，一个
126 用“火石”装饰，它“完全在火焰中出现”，另一个用“灿烂而舒适的光”装饰（192）。在这个方案中，叙述者宣称，“礼拜堂是地狱的象征……这是天堂的象征。因此，皇后通过艺术和她自己的聪明才智，不仅使炽热的世界皈依了她自己的宗教，而且在没有强制或流血的情况下，保持了他们的坚定信仰”（193）。皇后并没有杀死她的臣民，但是关于“强制”的问题却更加模糊。我们可以想象一个炽热世界的人，出于对皇后关于地狱故事的恐惧，决定皈依基督教，而礼拜堂里的真正火焰又凸显了这一点。她对炽热世界的治理并不像叙述者想让我们相信的那样简单。

在1500—1680年间，为了使当地的土著居民皈依基督教，乘船前往新大陆的故事是一个熟悉且充满暴力的故事；而有关人们如何以及何时抵制欧洲福音主义的故事，以及女性在抵制过程中所扮演的角色，则较少为人所知。温迪·贝尔彻（Wendy Belcher）谈到了葡萄牙人努力改变埃塞俄比亚基督徒自四世纪以来一直存

① 有关这位女士/皇后（在海上和陆上）的和平绝对权力的表现（尽管仍然需要大量暴力才有效），请参阅塔夫（Taff），2019。

在的信仰传统，填补了以欧洲为中心的福音传播史的基本空白。贝尔彻研究了十七世纪的拉丁语、葡萄牙语和吉兹语的文本，详细描述了皇室“埃塞俄比亚女性领导人民抵抗早期葡萄牙原始殖民主义”的行动，她们公开反对她们已皈依基督教的丈夫、儿子和父亲，自己也抵制这种皈依，直至死亡或被放逐（2013：122，126—127，141）。在比较这些女人以“diabólica”（邪恶的女人）的面貌出现的葡萄牙旅行记录，以及这些女人以“qəddusat”（女性圣徒）的面貌出现的哈贝沙圣徒传记之后，贝尔彻断言，葡萄牙人和哈贝沙之间的“血腥冲突”（这场冲突以哈贝沙在1600年取得决定性胜利而告终）不仅是因为葡萄牙人的“文化上的不敏感”和“哈贝沙军队中的反叛”，而且，最重要的是，“哈贝沙皇室女性在一定程度上，也许在很大程度上，有责任将葡萄牙和罗马天主教驱逐出埃塞俄比亚”（126）。借用安贾莉·阿隆德卡（Anjali Arondekar）关于我们在档案中所追寻内容的警告，贝尔彻告诫称，虽然她的研究为非洲早期现代女性提供了不错的见解，但是，“我们的阅读实践必须注意档案是如何宣布和填补缺失的……就十七世纪的埃塞俄比亚而言，欧洲文本和哈贝沙文本都存在偏见和盲点。这两种传统中都缺少女性，然而，两者都保留了女性非凡行为的痕迹”（149）①。

正如贝尔彻的作品所表明的那样，学会从道德上解读缺失和痕迹，是在近代早期的文化史上去欧洲中心化的一个重要工具。詹妮弗·摩根（Jennifer L. Morgan）关于奴隶贸易的研究是我们在静默档案中可以看到的另一个例子。摩根认为，通过
奴隶交易记录来展示历史现实的渴望，导致近代历史学家重新创造了“奴隶交易记 127
录中所公开和未公开的内容”，特别是关于“西非妇女和儿童的生活”（2016：186，191）。摩根称，“在近代早期和现代的大西洋上，奴隶船上的女性俘虏的叙事历史通过人口统计记录、遥远的目击者、论战的形象和自传的大杂烩方式呈现给我们”（201）。尽管如此，阅读档案中暗示的内容可以引发新的问题和新的方式来理解这一交易对女性的影响：

① 贝尔彻目前正在编《早期非洲文学：公元前3000年到公元1900年的书面文本选集》，这在许多情况下都是第一次让更多的读者了解早期非洲文献。在这些文学作品中，海上和河流航运、商业和神话扮演了什么角色？这是近代早期海洋研究的另一个新场所。

> 欧洲人既知道，也不知道非洲俘虏被埋在家庭和社区里……商人们没有记录被掳者的性别和年龄，将这些社交空间构建在市场之外。因此，记录中的生理性别、为人父母或其他家庭关系需要被理解为标志着一种特殊类型的爆发。（191）

对这种“爆发”的一种理解可以修正对于奴隶商人（船长、商人、水手、船东和许多其他相关人员）参与了中央航路的暴行（给予俘虏非人化待遇）的观点。相反，通过观察（带着痛苦继续观察）强奸、命名并把“合意的”奴隶带到收容所、施以酷刑和其他发生在船上的暴力行为，摩根指出，“奴隶贩子的舱单上没有性别或年龄说明，这是一种没有统一适用的漠视行为：通过不断的性暴力行为，奴隶贩子清晰地表达了对俘虏人格的深刻认识”（196）[①]。如果我们和约翰·桑顿一样，试图了解非洲人是如何在河流和海洋上航行，洋流和风以及河流地理如何造就了非洲水手的故事（桑顿，1998）；或者，如果我们和格温·坎贝尔（Gwyn Campbell）一样，试图了解非洲人是如何通过植物、建筑、纺织品等贸易，而不仅仅是身体和劳动，对前殖民时期的印度洋世界全球经济的发展作出贡献（坎贝尔，2010），我们不妨也看看我们在不那么痛苦的静默文字中错过了什么。

海上的旅行、商业和战争需要危险和艰苦的劳动。因此，强迫劳动是全球近代早期海洋文化不可避免的一部分，而不仅仅是在大西洋世界。我们可以通过阅读那些规定了哪些人可以出海、哪些人可以带多少奴隶上船的各个国家和各种航线的法律和舱单来了解那些在海上工作或被迫在海上工作的人。正如萨拉·欧文斯（Sarah E. Owens）所说，马尼拉的大型帆船不仅运送香料和白银，还把“中国人当作奴隶从亚洲运到墨西哥”，从流离失所的人数来看，这种跨太平洋的奴隶贸易比跨大西
128 洋的奴隶贸易要少，但其旅途暴力或未来新西班牙的奴役生活却同样残酷（2017：81）。欧文斯引用塔蒂亚娜·赛亚（Tatiana Seija）的作品指出，尽管西班牙“1608

① 有关解释人们为何犯下强奸和其他暴行的“非人化”哲学逻辑上的错误，请参阅曼恩，2018，特别是第五章。

年颁布了一项皇家法令，禁止女性奴隶上大型帆船”（82），但横渡太平洋的人中大约有四分之一是女性[①]。这个时代的大型帆船和港口城市是种族和宗教的复杂空间，正如欧文斯所言，非欧洲血统的人不仅是奴隶，而且还占据着其他社会和文化地位。奴隶制度本身的严峻性和持续时间也各不相同，“一些黑奴在船上当普通水手，甚至还有一些获释的黑白混血儿当领航员。这些非洲裔的水手来自伊比利亚半岛，他们在文化上是基督徒，而不是那些在被送往新世界之前，在贸易港口被奴役、被进行无效集体洗礼而‘皈依’的非洲人”（81—82）。欧文斯追溯了一群西班牙修女踏上“印度卡雷拉号”，从托莱多到墨西哥再到马尼拉的旅程，详细描述了她们在马尼拉建立修道院的工作。这些修女，作为女性旅行者，代表了帆船上的另一个群体，其中的一位修女索尔·安娜（Sor Ana）的叙述为女性的旅行和奴役提供了一个视角，而这在其他当代的叙述中是缺失的。在从阿卡普尔科到马尼拉的途中，“安娜描述了一个名叫玛丽亚（María）的女黑奴如何试图从船上跳下自杀”（80）。尽管有禁止女奴和禁止男性水手性行为的规定，但安娜对玛丽亚的恐惧和拥有金钱的描述表明，“水手们用她来泄欲”，西班牙法律和惩罚的约定“几乎没有阻止这种行为”（80）。这位修女对玛丽亚言行的描述经过了她自己的种族主义和阶级主义观念的过滤，她和其他修女并未谴责玛丽亚因企图自杀而受到的鞭笞。但安娜确实讲述了玛丽亚的故事，并将修女们的关心与“她的精神健康”以及她们想要安慰她的愿望联系起来。欧文斯表示：

> 也许在不知不觉中，（安娜）的这一场景描述道出了奴隶对束缚和残忍的反抗……玛丽亚的激烈跳船自杀行为失败后，她表现出悔恨和顺从的态度，听天由命。换句话说，她转向了另一种应对机制而不是自杀。另一方面，吉内斯·德·克萨达（Ginés de Quesada）则绝口不提玛丽亚的情况，将她的困境化为无形。
>
> （89—90）

① 请参阅塞哈斯（Sejas），2014。

129

图 4.7 “由两艘合在一起的镀金船组成、带有七齿顶（帕亚塔）的‘皮吉曼’船。它有两个独立的龙头船身，船首是迦楼罗（神鸟）和那迦（神龙）的形象，中间站着萨卡（天上的国王和‘忉利天’的统治者）。”2018 年 11 月 21 日，由安娜贝尔·盖洛普（Annabel Gallop）在大英图书馆博客上加上说明，https://blogs.bl.uk/asian-and-african/2018/11/beautiful-burmese-barges-and-boats.html。大英图书馆，Or.14005，f. 1.，© 大英图书馆。

像摩根一样，欧文斯灵活地阅读了档案中的静默文字，但也有力地向我们展示了寻找女性的作品如何让我们更全面地了解十七世纪帆船上的许多冲突。

在大西洋、太平洋或印度洋的海洋旅行涉及可怖情形，包括台风、海盗袭击、痢疾、兵变、强奸或强迫劳动。在构成了全球贸易、文化和冲突网络的重要联系的地中海以及许多河流的旅行和战争，也同样可能是惩罚。

划船是一项艰苦的工作，在地中海通常是由战俘、奴隶或罪犯完成的工作（如塞万提斯所述），而且这种工作对漫长的职业生涯无益。一些近代早期的证据表明，东南亚划船手的状况至少比其他地方略好一些（见图 4.7）。同时，桨手也通常是“俘虏”，至少在河流上，“通过战争更容易为河上舰队招募人手”（查尼，2004：

118）。但正如迈克尔·查尼（Michael Charney）所言："因为桨手在划桨的同时也应该战斗；与一些欧洲国家不同的是，东南亚的王国必须有一支可靠的桨手队伍"，而这种可靠性的需要至少为桨手创造了略微更好的条件（118）。查尼引用了耶稣会士贝里（Christoforo Berri）在 1633 年的评论： 130

> 贝里说，虽然阮王的手下把所有他们认为适合拿桨的人都抓起来，并把他们送到桨帆船上……但这条路不应该像最初看上去的那样艰难，因为他们在桨帆船上和在别的地方一样，都得到了同样的待遇，报酬也更高，他们的妻子、子女和全家，在丈夫不在的时候都由国王照管，并根据他们的地位和条件提供所需的一切。
>
> （引用于查尼，2004：119）

对于那些被迫划桨的人来说，这种补偿也许并不能给他们带来多少安慰，但是对于桨手的家人（如果桨手在战争中幸存下来，他们希望回到家人身边）的一些照顾，至少比地中海船上的许多桨手要好一些。

贝里等欧洲人对东亚和东南亚文化的积极看法在近代早期相当普遍。里卡多·帕德龙（Ricardo Padrón）描述了十六世纪中后期伊比利亚关于中国的"绝对亲华"话语，其中赞扬了他们的政府、农业、规划良好的城市和笔直的街道，声称许多伊比利亚作家认为，"只有在宗教问题上，中央王国才会被发现有错……虽然其错误的宗教值得谴责，但其他一切都引起赞扬和钦佩"（2014：96）。伊比利亚的亲华话语与被俘虏的旅行者等人产生的恐华话语并存。他们关注的是古代中国的"暴政"和"严酷的正义"，对一些葡萄牙和西班牙作家而言"杖笞"是这种象征，杖笞是对罪犯的一种惩罚，包括用手杖打人的大腿后部，可能致命（96，100）。一位名叫阿隆索·桑切斯（Alonso Sánchez）的卡斯提尔耶稣会士走了和索尔·安娜一样的路线，大约早了四十年，从西班牙到墨西哥，再到马尼拉，但他在 1583 年和 1588 年进行了两次旅行。桑切斯在旅行结束后写了一篇论文，旨在激励菲利普二世像征服墨西哥那样尝试征服中国。桑切斯融合了恐华和亲华的话语，表达了对他所遇到的人和文化的原始东方主义的迷恋和诋毁。据帕德龙所言：

> 桑切斯对组成中国海岸警卫队的大量大型船只感到惊讶，并称赞这些船只非常清洁。但他也指出，中国的帆船“纤细”，这意味着它们都是女性化的表现，而不是男子气概的象征……他也同样了解了军队和城市。
>
> （104—105）

桑切斯将嫉妒和恐惧混合在一起，描绘了一幅中国文化的肖像，利用以前的描述中对中国文化的崇拜，以鼓励根深蒂固的不信任，并为战争辩护。

131 帕德龙称，桑切斯并未得到他想要的结果：十六世纪八十年代，菲利普二世正忙于与伊丽莎白一世的战争，并不打算与中国展开另一场战争（105）。尽管桑切斯的论文没有立即引发暴力，但讲述了征服的快暴力（屠杀、奴役和强迫劳动）和慢暴力，后者使西班牙人和其他欧洲人首先钦佩，然后诋毁，最后摧毁他们所遭遇的文化。例如，令西班牙人印象深刻的是，菲律宾人写作十分流利，1604 年，一位牧师写道，“几乎人人都能把（他们的语言）写得又好又正确”，然而，克雷格·洛卡德（Craig Lockard）总结道，“西班牙的牧师认为这些文字是异端邪说……并且毁坏了大部分竹简”（2009：80）。史蒂夫·罗素（Steve Russell）也描述了西班牙人对玛雅古文字的崇拜和后来对玛雅古文字的毁灭，从 1562 年到 1697 年，西班牙人烧毁了至少一百五十年的玛雅书籍，一位西班牙牧师这样为暴力行为辩护，“我们在这些人身上发现了大量的书，因为里面没有任何不被视为是魔鬼的迷信和谎言的东西，我们就把它们全部烧毁了，他们非常失望，这给他们带来了很大的痛苦”（2017）。罗素有效地反驳了美国原住民没有书面语言的说法，他指出，相反，这些语言的记录被系统地摧毁，因为它们被认为是异端。

因为这些对文本、对人的破坏行为经常与殖民者及其后代有关联，因此经常会蒙蔽我们的视野，让我们以为生存或抵抗行为似乎不可能。但当然，在每一个转折点，土著人民确实生存了下来，都进行了抵抗。托尼·卡斯塔尼亚（Tony Castanha）在描写波多黎各（Borikén）的乡下人时简明扼要地说，“加勒比海历史上最伟大的一个神话是，主要是北安的列斯群岛的土著居民被西班牙人消灭于十六世纪中期”（2011：3）。当卡斯塔尼亚和其他土著历史和人类学学者在可用的档案中寻找具有教育意义的沉默（instructive silences）* 并要求波多黎各居民讲述他们的历史时，他们发现了大量相反的证据。事实上，“印第安后裔实际上知道他们是谁，并一直在继续实践他们的文化……（卡斯塔尼亚在他的书中）提供了五个世纪的加勒比人的政治历史和民族学解释或土著印第安人的抵抗和文化生存”（3）。卡斯塔尼亚的意图是消除从十六世纪到二十一世纪产生的、并在学术研究中延续的土著灭绝的神话。编造神话是欧洲帝国在各个方面的追求，但对卡斯塔尼亚的祖先有直接的影响：

> 因为早期西班牙人经常夸大殖民和疾病传播的影响，以获得皇室的恩典。
> 为了促进非洲劳动力的输入，人口统计经常被低估。西班牙的弗赖·巴托洛 132
> 梅·德拉斯卡萨斯（Fray Bartolomé de Las Casas）等编年史家确实做了很多重要的工作，但也少算了接触后的人口数字，以支持土著“和平皈依”的论点。（16）①

鉴于十六世纪西班牙人和加勒比人之间的暴力关系，不足为奇的是，加勒比人对不断升级的冲突的反应是起义（就像他们在1511年和之后所做的那样）或者逃到山上更安全的社区，而西班牙人直到十九世纪才到达那些地方（55—57）。1530—1531年，当西班牙总督弗朗西斯科·曼纽尔·德兰多（Francisco Manuel de Lando）在波多黎各（圣胡安）和圣德耳曼进行人口普查时，他忽略了“在村庄、山谷、洞穴和山区内陆其他地方的大量印第安人”（64）。这些人中有哪些会包括在人口普查中？②

---

* 指档案中故意省略或未记录的信息，这可能揭示了重要的历史真相或观点。——中文编者注

① 卡斯塔尼亚借鉴了基塔尔（Guitar）1998年和梅尔卡多（Mercado）1978年的博士论文。

② 卡斯塔尼亚挑战了白令海峡移民假说，并加入了正在重新审视哥伦布发现美洲大陆之前的海洋旅行的其他一些学者的行列。请参阅德洛里亚，1997，杰特（Jett），2017，罗兹瓦多夫斯基（Rozwadowski），2018等。

结论

我们该如何讲述近代早期海洋冲突的文化历史？我们讲述这种历史的方式对我们自己的时代有什么后果？在《非殖民化》杂志 2018 年特刊《土著人民与水政治》的导言中，梅兰妮·雅兹（Melanie K. Yazzie）和切查·瑞斯林·鲍尔迪（Cutcha Risling Baldy）将“激进关系”定义为一个在非殖民化努力和“恢复我们对水的责任”中有用的术语（2018：2）。根据雅兹和鲍尔迪的说法，激进关系“在根源或起源的意义上是激进的，就像所有生命和历史从一种关系中获得意义和形状一样……并且从我们当前权力时代的戏剧性和革命性变化的意义上来说也是激进的”（同上）。他们声称：

> 在一个关系的框架内，对于通过大坝和管道等基础设施项目来利用、阻碍、污染和管理水，以促进定居民族国家的资本主义经济的企业而言，水并不是这些企业为了资本利益而将其视为武器的一种资源。不对！在土著女性主义的框架内，水是我们在相互依存和相互尊重的前提下建立社会（和政治）关系的亲属。
>
> （2—3）

该特刊的撰稿人不仅鼓励我们改变现状，而且鼓励我们将史学非殖民化。罗斯玛丽·乔治森（Rosemary Georgeson）和杰西卡·海伦贝克（Jessica Hallenbeck）提醒我们，与土著居民交谈可以揭示“土著妇女关系的变化和持续，尽管一代又一代被抹去”，这些妇女仍然保留了自己的名字，即使殖民时期要求使用“合适的名称”（2018：21）。埃莉诺·海曼（Eleanor Hayman）、科琳·詹姆斯（Colleen James）/ 古奇特拉（Gooch Tláa）和马克·韦奇（Mark Wedge）/ 安古舒（Aan Gooshú）挑战了人类世的定义，重新定义了自然和文化之间对立的、坚硬的边界，带来了关于冰
133 河地区的土著故事：

> 特林吉特（Tlingit）和塔吉什（Tagish）的叙述将冰川描述为有情众生：会听的冰川、会闻的冰川、有态度的冰川……特林吉特人的口述传统包含关于冰川、水流、循环、水和水体的精确的生态知识，以及重视和尊重冰川的协议。将这些口述传统与经验科学相结合，就可带来冰川叙事的核心元素，创造一个复杂的、动用感官的冰川想象。
>
> （2018：80，86）

口头传统和生态知识相结合对于我们如何理解过去以及我们现在怎么做都有裨益。海曼、古奇特拉和安古舒暗示，“缓慢的激进主义是罗伯·尼克松（2011）所称的‘慢暴力’的反面故事……当许多原始民族在快速变化的世界中努力保持身份和相关性时，正是强有力的故事的力量提供了解决冲突和生存的独特知识组合”（85）。我所试图描绘的海洋文化史是一部包含抗争和冲突的激进关系史，作为学者，我们应该了解抗争的故事，也应该参与将我们自己的时期、方法和承诺去殖民化的战斗。

第五章

岛屿和海岸*

近代早期的岛狂热

德巴普里亚·萨卡（DEBAPRIYA SARKAR）

* 感谢史蒂夫·门茨（Steve Mentz）、希拉里·埃克伦德（Hillary Eklund）、布赖恩·皮特拉斯（Brian Pietras）、卡拉琳·比亚洛（Caralyn Bialo）、大卫·赫希诺（David Hershinow）、劳拉·科尔布（Laura Kolb）、文·纳尔迪兹（Vin Nardizzi）、劳伦·罗伯逊（Lauren Robertson）和凯瑟琳·沙普·威廉姆斯（Katherine Schaap Williams）对本章早期版本的真知灼见和深思熟虑的建议。

没有人是孤岛，每人都是大陆的一片，要为本土应卯，那便是一块土地，135
那便是一方海角。

——约翰·邓恩（John Donne），《突发事件的祷告》，第 17 篇（1624）

这一个统于一尊的岛屿，
这一片庄严的大地，这一个战神的别邸，
这一个新的伊甸——地上的天堂，
这一个造化女神为了防御毒害和战祸的侵入，
而她自己造下的堡垒，
这一个英雄豪杰的诞生之地，这一个小小的世界，
这一个镶嵌在银色的海水之中的宝石，
那海水就像是一堵围墙，
或是一道沿屋的壕沟，
杜绝了宵小的觊觎，
这一个幸福的国土，这一个英格兰。

威廉·莎士比亚，《理查二世》（1597），2.1.40—50

我们现在所在的这个幸福的岛屿鲜有人知，但岛上的人却知道世界上的许 136
多国家；我们发现这是真的，因为他们会说欧洲的语言，也知道许多我们的国家和事务的情况；而我们欧洲人，虽然在这个末世有过许多遥远的发现和航海，却从未听说过有关这个岛屿的片言只语。

弗朗西斯·培根，《新阿卡迪亚》（1627），466

与社交生活相对的孤立陆地实体是国家身份的象征，是神话力量的象征，甚至在自然和神学方面是理想的象征。这是一个未被发现的地方，其完美的状态既揭示出海洋旅行者知识有限，又鼓励旅行者冒险进入混乱的海洋，以绘制似乎可以不断扩展的球体。我的文章开头的节选让我们得以一窥近代早期想象中岛屿活跃的各种方式。它们表明，这些根据与水的物理性接近程度定义的陆地块可以产生各种不同的概念，包括精确的位置和普遍的愿望、征服的野心和退隐的承诺、认识论上的缺乏和政治上的成功以及家园和另一个世界。这些简短的例子仅仅是对近代早期作家的“岛狂热”的一种暗示，因为他们正在努力应对宗教争议、政治动荡、科学创新和环境灾难等深刻的不确定性。

我借用了劳伦斯·达雷尔（Lawrence Durrell）的“岛狂热”一词，他将其定义为“精神上的苦恼”，这是那些“觉得岛屿不可抗拒”的人的特征（1953：15）。约翰·吉利斯（John R. Gillis）对达雷尔的构想进行了扩展，记录了既激发想象力又激发行动的多种时间尺度的“对岛屿的迷恋”：

> 各种形式的岛狂热是西方文化的中心特征，这一核心理念从古至今一直是一股推动力量。段义孚表示：“岛屿似乎牢牢地掌控着人类的想象力，但在西方世界的想象中，岛屿占据了最强大的地位。”心中的岛屿不只是一个被动思考的对象，它一直是行动的动力，是历史的代理人。
>
> （2004：1）

根据吉利斯有关岛狂热的理论，我探索了各种形式的岛屿思维对于近代早期人们（包括哲学家和艺术家、作家和水手以及商人和君主）的推动过程。岛屿既涉及约翰·邓恩、威廉·莎士比亚和弗朗西斯·培根的文学世界，又包括克里斯托弗·哥伦布、塞缪尔·珀切斯、沃尔特·罗利（Walter Ralegh）和理查德·哈克路伊特等寻找岛屿的真实航海之旅。他们的作品以不同的方式体现了岛屿的“岛国性质”，“带来了对于新世界的想象和对于社会秩序的重新思考”（吉利斯，2004：
137 4）。因此，对岛屿的描述跨越了想象和历史的鸿沟。玛丽·富勒（Mary C. Fuller，1995）和玛丽·贝恩·坎贝尔（Mary Baine Campbell，1988）等学者表示，作家们习惯性地模糊真实旅行和虚构旅行之间的区别，暗示创造虚构世界和反思现存社会结构之间的界限比想象写作或航海故事等更能说明问题。

虚构的故事和对真实旅行的描述相互依存。一方面，海洋扩张使得作为地图地点和文化符号的岛屿成为近代早期欧洲文化的中心。正如哥伦布在他的航海故事（1492—1504）中所强调的那样，扩张、征服和殖民往往是通过“跳岛游”的形式发生。富有想象力的作品，如我将在后面章节中再次提及的玛丽·沃斯夫人的《乌拉妮娅》（1621）戏剧化了类似的“跳岛游”形式，书中的人物穿越地中海岛屿的方式与航行于大西洋、太平洋和印度洋的航海者的行动方式类似。另一方面，对于虚构地点能够被发现的观点使得文学作家不仅把岛屿作为平行世界的范例，而且还作为公众参与和政治行动的诱发场所。例如，我将在下一节更详细研究的托马斯·莫尔（Thomas More）的游记《乌托邦》（1516）有助于塑造坎贝尔所定义的十六世纪和十七世纪“旅行作家的修辞状况”（1988：212）。文艺复兴时期的文学不断激发人们在现实世界中寻找虚构岛屿的欲望，与岛屿志（isolario）、地图集和波特兰海图等知识论上的表现形式一起重塑对物理和形而上学世界的理解[①]。朱莉·桑德斯（Julie Sanders）称，“对许多人来说，海洋是这个探索、殖民和崛起的帝国主义时代投资的最终来源”，它记录了“走私犯和海盗等水上活动人员在商业化的卡罗琳剧院舞台上的步伐”（2011：55，53）。海盗、海难和航海不仅是戏剧的素材，也是诗歌和散文叙事的重要特征[②]。正如我将在下文中探讨的一样，乌托邦和史诗式爱情等体裁尤其包含了海洋和群岛环境的结构性逻辑。发现、构建、想象和世俗的岛屿成为近代早期思想的普遍特征。这个地方介于内陆和海洋之间、平静和混乱之间，甚至是自我和世界之间，让人们得以反思自然领域的各个方面、探索认同和他者性的问题并测试非物质概念如何重构物理现实（吉利斯，2004：4）[③]。

为说明岛狂热支配近代早期思想的方式，我转而探讨那个时期将岛屿概念运用

---

① 有关这些和其他表现系统的研究，请参阅门茨，2015；布雷登（Brayton），2012；拉马钱德兰（Ramachandran），2015。

② 请参阅门茨，2006。请参阅乔伊特，2010，在对海盗的研究中，她将包括戏剧和浪漫爱情在内的各种类型并列在一起。在《近代早期戏剧的文化地理》（2011）中，朱莉·桑德斯追溯了卡洛琳戏剧中航海人物的表现。

③ 请参阅使用“海滨”的概念来思考岛屿局限性的埃克伦德的描述（2019）。

到不同方面的一些富有想象力的作品。毕竟，岛狂热的核心是一种充满想象力，甚至
138 是幻想的力量。虽然我们无法在近代早期媒体中调查大量真实和虚构的岛屿，但我研究的文学作品可作为象征性试金石，帮助我们解开这个陆地实体的文化逻辑。这样，我们就可以了解富有想象力的作品如何将近代早期文化中盛行的岛屿思维提炼和结晶成具体的情节、事件和行为。我在英语文学作品方面的特别关注进一步凸显了在打造全球海洋强国的过程中，岛屿文化如何点燃社会、政治和哲学渴望。莎士比亚将英国定位为一个岛国，除了说明这个国家不断扩大的航海事业外，还提供了各种表明这个国家如何以创新的方式“对周围的河流、水道和海洋作出最大程度反应和思考”的迹象（桑德斯，2011：22）。各种类型的文学作品都展示了这个国家对于自己统治范围不断扩大的感知，以及对于自己殖民范围的预期。近代早期的岛狂热派利用这个国家对水的敏感来调和自然与文化、本地与全球、小说与现实之间的关系。

我在将岛屿作为一种想象力量来研究的时候，并非意指岛屿只是（或主要是）一种概念。从埃德蒙·斯宾塞（Edmund Spenser）的寓言史诗小说《仙后》（其前六卷分别于1590年和1596年出版）到约翰·弗莱彻（John Fletcher）的悲喜剧《岛公主》（1647），各种富有想象力的作品都明确架起了文学岛屿与激发帝国野心的实际岛屿之间的桥梁。这种交织揭示了近代早期岛狂热的阴暗面：当诗人和剧作家将旅行的连通性重新定义为文化的隔离时，他们抹去、神话化或异域化了遥远地域的特殊之处。这种自相矛盾的异域化和抹去发生在英国文学中最著名的一座岛屿上。在《暴风雨》一书中，欧洲旅行者冈萨洛用对立的语言描述了“岛民”：他们有“可怕的外形”，但表现出“更加温和的举止”（莎士比亚，1610—1611：3.3.29—32）。这些“岛民”同时代表身体上的他者和社会上可同化的人。下面我将更详细地探讨这部戏剧的岛屿精神。现在，我们可以假设，当早期的现代人航行在“岛屿之海”（借用埃佩利·豪奥法［Epeli Hau’ofa］的说法）时，他们必须调和关于创造、航行和丰富自然的广泛思想以及权力、征服和新生帝国主义的社会政治现实之间的关系（1993）①。为此，他们将岛屿作为近代早期文化基础方面的“主隐喻”（吉

① 马修·博伊德·戈尔迪（Matthew Boyd Goldie）和塞巴斯蒂安·索贝克（Sebastian Sobecki）将豪奥法的“我们的岛屿之海”作为他们的特刊《后中世纪：中世纪文化研究期刊》（2016）的指导原则。

利斯，2004：3）。岛屿这个水上实体是一个实验性的概念场所，在这个场所中，既定的事实与想象的未来相融合，不稳定与庇护并存，试图控制周围环境的人类却被周围环境所改变。

139

《乌托邦》：文学的开端，预想的未来

托马斯·莫尔的《乌托邦》于1516年以拉丁文出版，并于1551年由拉尔夫·罗宾逊（Ralph Robinson）首次翻译成英文，这本书对于近代早期作家来说，是一部开创性的作品，揭示了如何将岛屿作为创造、创新以及跨越虚构与真实之间边界的引擎。这座岛的名字为“没有地方”（来自希腊单词“乌有之乡”，*ou-topos*），突出了语义和本体论上的无。但书中的人物和仿文本材料（主要由著名欧洲人文主

图 5.1　亚伯拉罕·奥尔特里乌斯的乌托邦地图。© 图片艺术收藏（The Picture Art Collection）/ 阿拉米图片社（Alamy Stock Photo）。

140

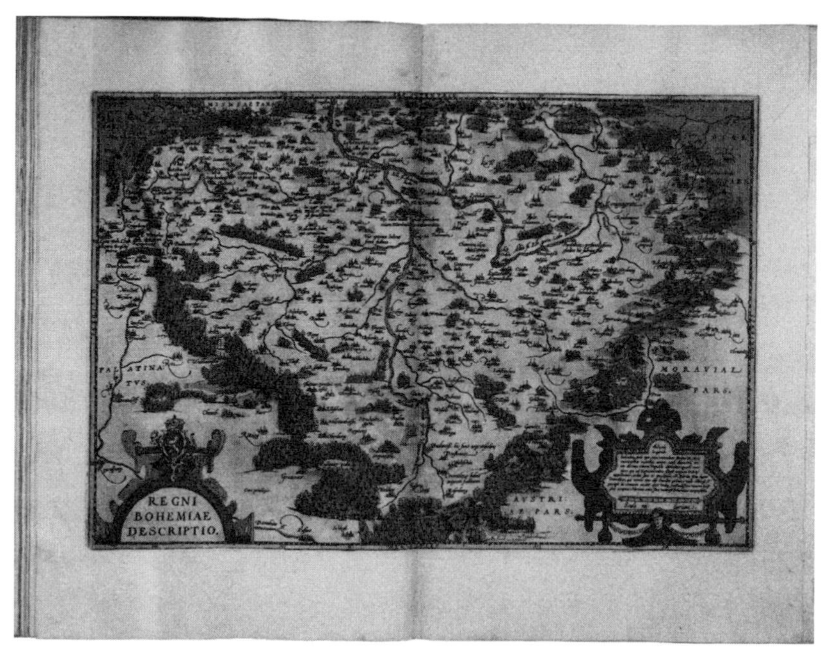

图 5.2　亚伯拉罕·奥尔特里乌斯《寰宇大观》(*Theatrum Orbis Terrarium*) 中的波希米亚地图。© 福尔杰莎士比亚图书馆。

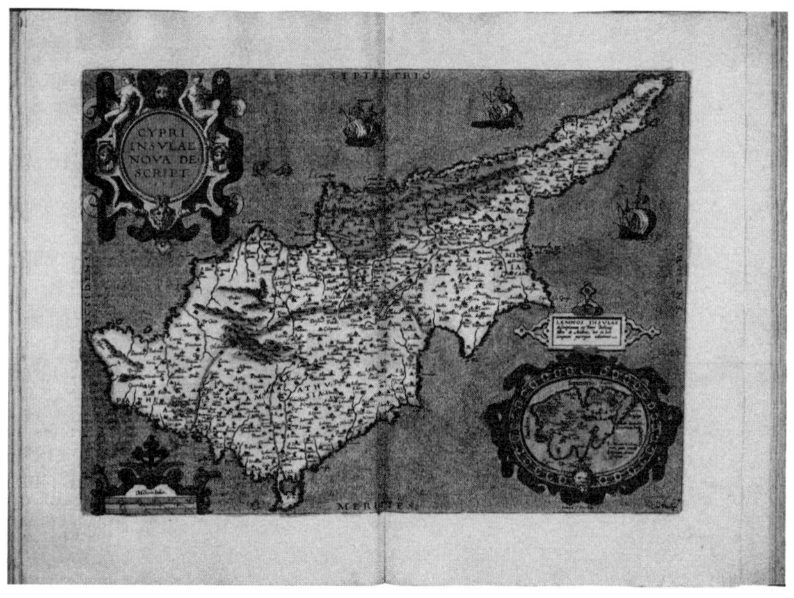

图 5.3　亚伯拉罕·奥尔特里乌斯的塞浦路斯地图和《寰宇大观》中莱姆诺斯 (Lemnos) 的插页地图。© 福尔杰莎士比亚图书馆。

义者的信件组成）不断激励读者去发现这个理想的地方，读者应该会记得，这个岛的名字也是 *eu-topos*（好地方）的双关语。因此，《乌托邦》是一个虚构的岛屿被激烈捍卫其真实性的强有力的例子和模板，即使岛屿的虚构被书中的人物和第一批读者所强调。这种地理概念特征成为近代早期想象写作中反复出现的隐喻。例如，培根的《新阿卡迪亚》一开始就详细描述了叙述者的航海路线：他们“从秘鲁出发（我们在那里待了整整一年），经南海前往中国和日本”，只是为了隐瞒本萨勒姆
（Bensalem）的位置信息，本萨勒姆是他们在“最大的水域荒野”中找到了喘息之 141
机的一座岛屿（1627：457）。对乌托邦存在的痴迷程度远远超出了文本改编的范围。艺术家安布罗修斯·荷尔拜因（Ambrosius Holbein）和制图师亚伯拉罕·奥尔特里乌斯把这座岛屿的图画描绘成“完全独立，未被大陆触及，在对邻国防御方面有着很强的战略地位”（珀尔，2014：25）[①]。

到十六世纪末，汉弗莱·吉尔伯特和劳伦斯·凯米斯（Lawrence Keymis）等旅行作家的航行领域描述与乌托邦的虚构岛屿拉开了距离（见坎贝尔，1988：211—13）。在这种趋势下，奥尔特里乌斯的通常可以追溯到1595—1596年的绘图因而尤其引人入胜。图5.1是他在《寰宇大观》（1570）绘制的地图之一，《寰宇大观》被认为是第一本现代地图集。乌托邦的地图表现方式与地图集中描绘的地图地点的策略和地形特征相呼应。例如，在乌托邦和波希米亚的绘图之间，很容易看到相似之处（图5.2），包括可比较的大陆形状、详细的地形、文本的附录以及建筑装饰，它们共同掩盖了一个地方是真实存在，而另一个地方是虚构存在的事实。我们也可以把乌托邦的岛屿地位比作塞浦路斯岛中的圆盘（图5.3）。虽然这两个岛屿的两侧都有航海船只和海洋生物，但围绕着乌托邦的更多船只数量暗示，它可能比地中海岛屿更容易到达。这种可访问性的错觉体现了一种普遍的幻想，即任何未知地域最终都会被绘制。各种各样的语言和视觉表现手法传播着乌托邦存在的神话，但它几乎永远找不到，它的状况既激励着那些无法抵达完美海岸的旅行者，也让他们感到沮丧。

① 荷尔拜因的地图出现在1518年巴塞尔出版的《乌托邦》中。

因此，《乌托邦》构筑了自己的神话，鼓励人们努力去探索它的存在。重新构想乌托邦的愿望之所以出现，部分是因为散文作品突出了一些暗示其美学、知识和文化习俗可以修改的元素，事实上，书中的字里行间鼓励对这个岛屿的寻访，并仿效它的规范和做法，这就表明，岛上的准则和做法应该加以修改。《乌托邦》毫不掩饰地陶醉于岛屿的狭隘和潜在的遥不可及。但正如奥特里乌斯的地图所示，孤立的概念既是一种错觉，也是行动的催化剂。史蒂夫·门茨提醒我们，“岛屿的地理和文化历史表明，这些偏远的地方不能保持孤立”（2015：51）[①]。根据吉利斯的说法，《乌托邦》利用这种与世隔绝的光环，成就了主宰岛狂热的双重吸引：一个“想象新世界的空间”和“重新思考社会秩序的空间”。《乌托邦》对岛屿自然和社会政治特征的描述，为想象“新”地域提供了一个模型。它通过引入一种文学作家可以采用和修改的新体裁，以及通过推动十七世纪的改革者和预言家的美洲开发计划来达到这一目的[②]。同时，乌托邦的理想呼吁人们“重新思考”英国当前的“社
142 会秩序”，莫尔笔下的人物将乌托邦的完美状态表现为批判圈地之类的行为，并对于向国王进献的谗言表示哀叹[③]。乌托邦的理想状态与英国社会和制度的不足形成鲜明对比。

最终，《乌托邦》成为虚幻小说和现实之间的边界交叉点的原型，它确立了该徒有其名的岛屿不仅是一个物理边缘，也是一个认识论边缘[④]。作为一项知识工程，《乌托邦》在文学创作与实践知识之间，也就是在诗歌创作与技巧之间穿梭。这些

---

① 有关虚构岛屿如何表现“完全孤立和全球无所不知的矛盾幻想”，请参阅霍根（Hogan），2012。

② 有关《乌托邦》的重新构想，请参阅《新阿卡迪亚》和玛格丽特·卡文迪许的《炽热的世界》（1666）。更具体而言，十七世纪的改革者把乌托邦作为一个完美的地方的模型，请参阅加布里埃尔·普拉特（Gabriel Plattes）的《马卡利亚王国的描述》（1641）和威廉·佩蒂（William Petty）的《W. P. 对萨缪尔·哈特利卜先生提出的关于促进某些特定部分学习的建议》（1648）。

③ 有关乌托邦文学的不同魅力，请参阅休士顿（Houston），2014。

④ 我受到了吉利斯关于人类是“边缘物种”的讨论的影响（2012：9）。作为一个认识论项目，乌托邦也是罗兰·格林（Roland Greene）所称的“岛屿逻辑”的一个主要例子，这个概念是“孤立主义代表了一种知识，一种与机构和政权的整体相对抗的独特的局部知识”（2000：138）。

联系将有助于在下个世纪重新塑造文学和科学的参数①。在《乌托邦》中，这种联系最生动的例子是，诗意创造的岛屿表现为一个通过体力劳动和技能建造的地方，“征服了这个国家并给这个国家取名的乌托邦人……在陆地和大陆的连接处开辟了一条 15 英里宽的水道，让海洋可以流经这个国家”（摩尔，1516：42）。通过隔离岛屿，乌托邦人设计了一个可以检验和完善社会规范、国内实践和政治制度的、不受跨文化影响的人工环境。那么，我们就可以假设，乌托邦岛变成了一个实验室。正如伊丽莎白·斯皮勒（Elizabeth Spiller）所说，“这种（实验）受控环境的构建本质上是人为的，它不仅是自然正常运转的例外，甚至还会产生（创造）从来没有发生过的现象，并且如果没有人类的干预，这种现象也可能永远不会发生”（2004：31）。可能她描述的是乌托邦岛的创造过程。它在物理和认识论上的孤立使其存在的传说中的田园风光成为可能（实际上也是必要的）。就像它的名字的含义一样，如果没有“人类的干预”，这个地方根本就不会存在。乌托邦的与世界其他地方及其社会、政治和环境问题隔离开来的“天生人为”的设置使乌托邦派得以完善他们的社会②。反思当代，展望未来，《乌托邦》是一幅激发了一代又一代作家、艺术家和哲学家的蓝图。

边缘航行：《暴风雨》中的岛屿海岸

承载着类似乌托邦梦想的《暴风雨》③甚至更刻意地混淆了岛屿设置的位置：它既没有“当地居民”，也没有“名字”（莎士比亚，1594—1596：5.1.17）。在莎士比亚最后一部独立创作的戏剧中，这座无名岛屿继续吸引着观众和读者，大多数学者将这块陆地的重要性与它位于何处的问题予以联想。这样的反应并不令人惊讶，
因为这部戏剧既让人想起了当代旅行者到新世界的经历，又让人想起地中海的“旧 143

① 有关实用知识与文学作品之间关系的研究，请参阅斯皮勒，2004 和特纳，2006。

② 丹尼斯·阿尔巴尼斯（Denise Albanese）在另一篇改编自莫尔著作的乌托邦文本，即培根的《新亚特兰蒂斯》中，对这个岛也提出了类似的观点，“乌托邦的岛屿催生了一个并非关于图书馆，而是关于实验室的幻想”（1996：69）。有关最近的“想象”如何更广泛与科学话语交叉的研究，请参阅罗伊乔杜里（Roychoudhury），2018。

③ 有关《暴风雨》与乌托邦文学的关系，请参阅纳普（Knapp），1992。

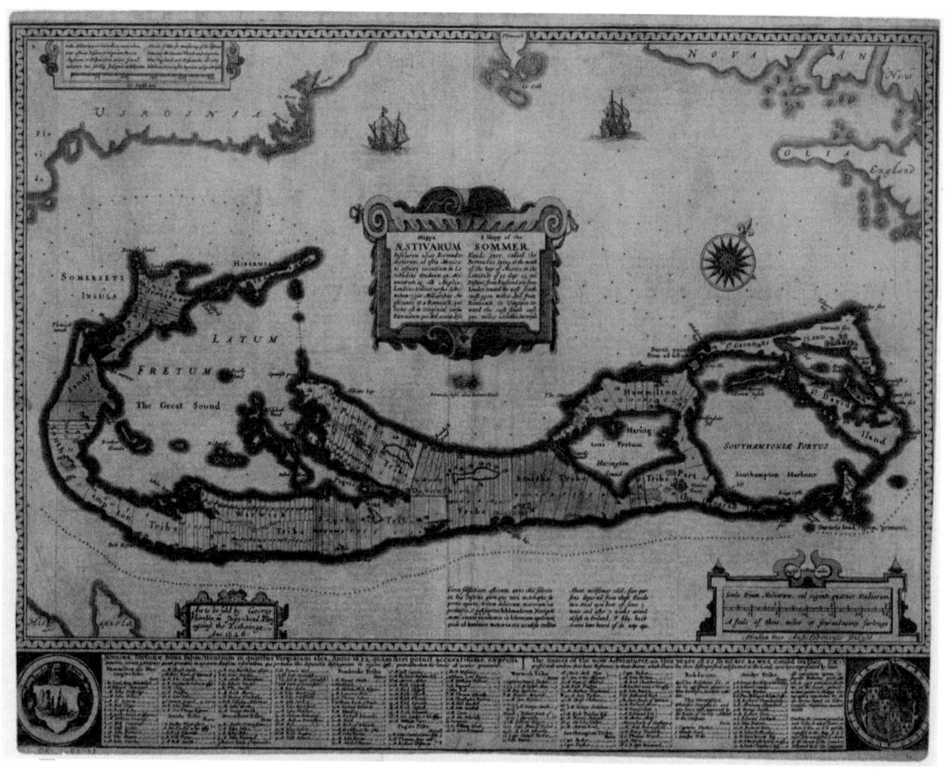

图 5.4　理查德·诺伍德的百慕大地图，1616 年他对该岛进行测量后绘制。该地图于 1626 年出版。© 布朗大学约翰·卡特·布朗图书馆提供。

世界”和“北非海岸”（布洛顿，1998：24，33）①。一方面，《暴风雨》中的欧洲人物来自那不勒斯和米兰，克拉丽贝尔（Claribel，那不勒斯国王的女儿）嫁给了突尼斯国王，卡里班（Caliban）的母亲锡科拉克斯（Sycorax）是“阿尔及尔”的居民（莎士比亚，1610—1611：1.2.263）；这些起源和联盟的地方强调了各类人物在地中海世界的地位②。另一方面，人们普遍认为威廉·斯特雷奇（William Strachey）

① 有关该剧对当代事件和地点的影子描写，请参阅奥尔格尔（Orgel），1998。有大量的作品通过后殖民理论、“全球”的讨论和批判种族理论的视角来研究这部剧。有关代表作品，请参阅斯库拉（Skura），1989；伦巴（Loomba），1989；辛格（Singh），1996；布朗，1985。

② 有关研究该剧与地中海关系的作品，请参阅布洛顿（Brotton），1998，2000：132—7 和赫斯（Hess），2000：121—30。有关该剧与地中海和爱尔兰殖民背景的联系，请参阅福克斯，1997。有关与文学作品相关的地中海岛屿的一般研究，请参阅马莱特（Mallette），2007。

的《海难纪实》(1610)和西尔维斯特·乔丹(Sylvester Jordain)的《百慕大群岛的发现》(1610)是没有单一源文本的戏剧《暴风雨》的重要互文。该剧的开篇“海洋风暴”运用了斯特雷奇和乔丹作品中所表现的修辞和悲情的手法。两部作品都提供了1609年“海上冒险号”在百慕大沉船的目击记录，百慕大在英国人的想象中是一个巨大的地方，因为人们认为它物理上孤立，有极端的风暴并是“未被征服海洋的象征”(门茨，2015：63)。门兹将百慕大描述为“海上陆地”，强调了它的矛盾地位：它“是英国人在北美冒险的第一次遭遇灾难的海上陆地，也是他们自救的 144
海岸”(52)。岛屿的地图表示也纠缠在这种模糊性中。史密斯(D.K. Smith)认为，理查德·诺伍德的地图(图5.4，1626年版)例证了百慕大的“经济发展缓慢而困难”，但该地区“富有想象力的归化几乎毫不费力”(2008：160)。该地图的“专一性和随意性的混合表现了一种对这片土地强加想象秩序的渴望，以及对这个刚刚被人居住的岛屿仍隐含着不确定性的挥之不去的焦虑”(2008：161)。百慕大容纳多重含义的能力使其成为理想的生态系统，近代早期的人们可以在这种生态系统上投射他们对自然和文化波动的关注。

由于《暴风雨》中的情节与许多当代事件和地理位置相互呼应，因此这座岛屿的匿名性更加引人注目。这种匿名性表明，相比在地图或可绘制地图的地方确定这个“桥梁”的位置，这部戏剧更感兴趣的是将其部署为一个“结合了地球和水，介于两者之间”的关键点，以探索一系列概念、社会、政治和环境问题(吉利斯，2004：4)。丹尼斯·阿尔巴尼斯(Denise Albanese)将该剧的背景描述为“一个乌托邦式的空间，一个在新的社会和意识形态关系背景下更容易配置的空间”，这为拒绝给该岛命名提供了一个可能的原因(1996：69，我的重点)。我认为，《暴风雨》将摩尔对这个岛屿的理论描述变成了实验室①。在岛屿运作方式类似于控制实验室设置方面最明显的表现在于，普洛斯彼罗策划操纵的人物(从他的女儿米兰达到岛上的原始居民卡里班，从精灵阿里尔到被放逐的欧洲人)和风暴、面具和最后的重

① 有关近代早期戏剧与科学实验室之间类比的探索，请参阅特纳，2009和沙纳汉(Shanahan)，2008。

聚等事件[①]。普洛斯彼罗创造了一个人为的环境来测试权力和知识的交叉点，舞台则变成了孤立概念的物理表现场所。因此，它完美诠释了乔纳森·贝特（Jonathan Bate）对这个岛屿的描述：一个“特殊的封闭的地方”，一个“对立力量聚集在一起进行剧烈对抗的实验场所”（2004：290）。事实上，《暴风雨》生动地描述了岛屿独特的地形如何让人们更好地理解它作为“实验场所”的地位：虽然整个大陆在理论上和物理上都是“事物之间”的关键点，但岛屿的海岸（我们可以说是它的边界或边缘，或关键点的关键点）是想象的地点，在那里，一些戏剧的中心问题找到了它们最初的“戏剧性”实例。

观众从莎士比亚晚期的浪漫戏剧开场的“海洋风暴”中进入，他们从这一事件中获得的第一个喘息机会是当他们看到角色哀叹其影响时：

> 天空似乎要泼下发臭的沥青，
> 145 但海水将腾涌到天空之颊，
> 将火焰浇熄。唉！我瞧着那些受难的人们，
> 我也和他们同样受难：这样一只壮丽的船，
> 里面一定载着好些尊贵的人，
> 一下子便撞得粉碎！啊，那呼号的声音一直打进我的心里。
> 可怜的人们，他们死了！
> 要是我是一个有权力的神，
> 我一定叫海沉进地中，
> 让它不会把这只好船
> 和它所载着的人们一起吞没。
>
> （莎士比亚，1610—1611：1.2.3—13）

舞台指示并没有表明讲话者在岛上的什么地方，但她以海岸线观察者的身份，

---

① 有关《暴风雨》和近代早期科学的研究，请参阅斯皮勒，2009和梅萨诺（Maisano），2014。

声称在讲述她刚刚目睹的海上事件。这个人物与她认为迷失在海上的人物之间的矛盾关系纠结着：她与“那些（她）看到的受苦受难的人”之间的物理距离与情感接近相互矛盾。海洋风暴不仅吸引了演讲者，而且继续吸引着观众和读者。学者们一再企图将戏剧中所谓的暴风雨与散落在近代早期作品中的众多海难予以关联[①]，这种企图是意料之中的。毕竟，海上灾难是文学史上最平凡的奇迹之一，这些壮观的事件将人物经历的危机浓缩成一个独特的事件，放大了它们的戏剧性效果。

这个人物（我们很快就知道是米兰达）的观点对《暴风雨》的主要关注点至关重要。她的话语建立了陆地空间与海洋的共生关系：岛屿的海岸是见证的场所，是海上旅行者的安全象征，也是重新解释灾难的有利场所。这一场景也将米兰达作为“海难与观众”主题的最新表现[②]。卢克莱修（Lucretius）《物性论》第二卷是这样开头的，“在干燥的陆地上，当风暴席卷浩瀚的海洋，/ 看着这一切是多么甜蜜，看看别人的苦劳作，/ 不是因为喜欢别人的痛苦，/ 而是知道自己没有遭到别人的不幸，那该是多么甜蜜”（1—4）。文艺复兴时期的自然哲学家，如弗朗西斯·培根，也采用了这一比喻[③]。然而，米兰达修正了卢克莱修的距离感和满足感，表明她从充满悬念、恐惧和对旅行者认同的岛上海岸的视角，将在海洋文学史上开辟一条不同的道路。

米兰达成为构建观众对陆地和海洋关系感知的积极参与者。她把过去的事件作为一种身临其境的体验来呈现。她回忆起自己对这场暴风雨的观察，重新描述了这场灾难对她的影响。暴风雨引发了她的痛苦，激发了她对“那些（她）看到的遭受痛苦的人”的认同感。更重要的是，在这部戏剧中，作者和创造力被深深吸引（普
洛斯彼罗长期以来一直被认为是作家兼剧作家的形象，甚至被认为是莎士比亚在舞 146
台上鞠躬谢幕的代表），创造欲望的第一个发音来自米兰达，她说，“要是我是一个有权力的神，我一定叫海沉进地中”。[④]她渴望一种“力量”来实现她的想象，并通

① 有关沉船如何成为前现代和现代思想的关键结构元素的说明，请参阅门茨，2015。

② 有关该主题的研究，请参阅布卢门贝格（Blumenberg），1997 和门茨，2009：21。

③ 请参阅梅萨诺，2014：181，了解卢克莱修对于《暴风雨》和培根的《学术的进展》（1605）的解读。

④ 有关米兰达创造力的讨论，请参阅柯布（Cobb），2007。有关米兰达作为诗人的形象，请参阅萨卡，2017。

过精神上把自己转移到岸边来设计另一个世界，吉利斯将这个地方定义为“危险但诱人、充满了恐惧和巨大期望的地方”(2012：60)。米兰达的愿望是能够将水沉入土地，这是一种地理重新定位的行为，就像乌托邦式的人工建造岛屿一样。这种愿望还包括渴望达到她父亲在整出戏中表现出的控制环境的水平。然后，她的愿望预示了普洛斯彼罗所采取的戏剧性行动之种种，这些行动划定了可以在岛屿剧院上演的正式参数。米兰达记得自己身处小岛边缘，因此模仿出海岸本身的种种可能性和危险①。

海岸悖论:《新秘境》中的安全与危险

米兰达把岛屿的海岸描绘成风暴的避难所，但这种感觉很快就被证明是一种幻想。被放逐的旅行者一旦到达陆地，就必须经历神秘、危险和由普洛斯彼罗策划的非自然事件。事实上，作为“海洋和陆地生态系统的原型性交错带”的海岸是一个不稳定、不可预测和危险的地方（吉利斯，2014：155）。这里的危险与安全之间的纠缠在许多近代早期作品中都可以看到，在这些作品的描述中，最初逃离海洋的痛苦保证了陆地上的舒适，只是因为正在发生的事件会破坏这一假设。从海岸居民的角度来看，海洋的无形性让位于相对封闭的陆地，岛屿肯定比浩瀚的海洋更有界限。但随着幸存者开始探索他们所占据的土地，他们暴露在新的危险之中。这些关于灾难和救援以及危险和避难所的问题，都在当时最具标志性的一部作品中得到鲜明体现。

菲利普·西德尼（Philip Sidney）的《新秘境》(1593）比《暴风雨》早了大约二十年，书的开头是两个人物在岸边交谈②。这段浪漫故事一开始就把读者置于这

---

① 米兰达与自然的这种认同并没有像批评中常见的那样将她降低为知识对象。请参阅阿尔巴尼斯，1996：59—91等作品。

② 这本散文式的浪漫小说是《旧阿卡迪亚》的翻版，据说是西德尼在十六世纪七十年代创作；这部作品一直以手稿形式存在到二十世纪。西德尼在十六世纪八十年代对《旧阿卡迪亚》进行了修改和扩展，但直到1586年他去世时仍未完工。这个不完整的版本只讲到一半，由富尔克·格雷维尔（Fulke Greville）于1590年出版。西德尼的姐姐、作者兼赞助人玛丽·西德尼·赫伯特（Mary Sidney Herbert）于1593年出版了不同的版本，该版本将西德尼未完成的文本与《旧阿卡迪亚》结合起来，终于提供了一种结论。

样一个场景中，“地球开始穿上新装迎接爱人的到来，而太阳则走着最平稳的路线，漠不关心地主宰着黑夜和白天的更替”（61）。在这“白天与黑夜之间”（我的重点）的时刻，牧羊人斯特雷芬（Strephon）和克莱乌斯（Claius）回忆起“靠近西塞拉岛的沙滩上”的往事（61）。这些开场白暗示，海岸的桥梁性质与人物和非人类环
境之间的关联方式密不可分。这些牧羊人代表了陆地上的牧羊领地，但他们也与海 147
洋环境有共同的亲缘关系。这两个“友好的对手”共同进行对乌拉妮娅的“纪念”，拒绝“不受尊敬地离开海岸，因为从海岸可以看到她居住的岛屿”（61—62）。对讲话者来说，“这个地方”（62）是庆祝过去和感叹所失的地方。它还提供了多种视角，让他们可以从陆地看到水域，然后再看到“她居住的岛屿”。

斯特雷芬对乌拉妮娅（Urania）离开的描述也反映了他们周围环境的封闭性，“在那边，刹那之间，她仿佛把一只脚伸进了船里，把她那天仙般的美丽分成了大地和海洋。但当她上船后，你注意到风的怒吼、大海的欢腾、船帆的升起吗？这一切都是因为他们有了乌拉妮娅”（同上）。乌拉妮娅与她的自然栖息地共生共存，与“风”“海”和“帆”紧密相连。此外，她还能激活并因此改变环境。这一描述使她看起来几乎可以水陆两栖，是一个“把她的脚伸进船里”便能够“将她那天仙般的美丽分为大地和海洋”的人物。乌拉妮娅的多元本体论反映了物质空间的多元状态。

这种“唤起记忆”（63）将牧羊人描绘成陆地上的被动观察者，但同时也实现了他们对环境的幻想。斯特雷芬将“风”“海”和“帆”拟人化，但将乌拉妮娅呈现为被自然元素“拥有”的珍贵货物。牧羊人用熟悉的环境来描述难以接近的乌拉妮娅。事实上，当“他们都意识到有一个东西漂浮着，并非通过任何自我努力，而是通过海洋的有力推动，越来越靠近河岸”时（64），他们很快就在这个环境中扮演了一个积极的角色。目睹这个漂浮的“东西”在“海洋的有力推动”下被带到岸边，“友好的对手”成为所谓的水环境的合作者。他们把回忆的“这个地方”变成了行动的地方。朱利安·耶茨（Julian Yates）在对这一场景的精彩解读中，他关注的是瞬息之间叙事暂停的延长时刻，在牧羊人意识到有“一些‘东西’”“已经在水里”，“这个‘东西’已经上岸”的时刻，他们才发现原来是一个人（2003：11）。

耶茨认为穆西多勒斯（Musidorus）这个人物的出现“加强了牧羊人的怀旧情绪”
（11）。这是一个“拥有开端和基础力量的海难时刻，一个环境灾难时刻”（9）。当这
个“东西”“离开潮汐和流动的自然机体后，就进入一个固定的、人类代理的机体。
当这个‘东西’跨越这个关键点时，就会在伦理、文化和社会系统中实例化：它变
成了人”（15）。这种分析聚焦于从“物”到“人”的转变，以及从“自然的潮汐机
体”到“固定的人类代理机体”（暗示陆地）的运动，作为推动叙事前进的条件。因
148 此，这就对比了自然的灵活性和人类网络的固定性。但我们可以扩展这个论点，指
出位置有助于同时暂停和推进行动：海岸作为“关键点”，模糊了沉思与活动、事
物与人、画面与叙事之间的界限，它相当于爱情故事中演员和事件波动起伏的物理
环境。

读者刚刚踏入《新秘境》的世界，并没有意识到这次救援的重要性，尽管对于那些熟悉浪漫故事的人来说，随后对这个“年轻人”的描述肯定表明了他的重要性。牧羊人对搭救他施以援手：

> 他们把一个年轻的男子拉了上来，他非常英俊，非常可爱，人们会认为他的死亡有一个可爱的面容，虽然他是赤身裸体的，但裸体对他来说就是一件衣服。那情景增加了他们的同情，他们的同情唤起了他们的关怀，因此他们把他的脚抬过头顶，以便让大量海水从他的嘴里流出，他们把他放在自己的一些衣服上，躺下来搓搓他，直到他恢复生命的呼吸（即仆人）和温暖（即伙伴）。
>
> （西德尼，1593：64）

在搭救这个“年轻人”的过程中，牧羊人似乎把情节拱手让给了这个新人物。然而，迅速将叙述与海岸或这些次要演员分开的文字描述仍然模棱两可。“关键点”并不是那么容易逃脱，“这个地方”加大了一点它的拉力。新人物从“东西”到“年轻人”的转变，并不是以从水到内陆的线性进程来推动故事向前发展，相反，这个年轻人通过与海岸和海洋的联系而定义。他带有“大量的海水”，这种描述突出了他的多种存在状态。通过驱散这些水，他恢复了“生命”。同时，他也把吐了

“海水”的地方变成陆地。人物的多元状态和环境的多样性相互映衬。

穆西多勒斯无法脱离他显然已经离开的危险水域，“于是，他执意要再投到海里去：对牧羊人来说，这是一种奇怪的景象，在他们看来，以前，虽然他看起来已经死亡，但牧羊人还是救了他，而现在，生命的到来应该是导致他死亡的原因”（64）。穆西多勒斯渴望回到从前的不稳定状态，他回应了他与仍在海上的皮洛克勒斯（Pyrocles）分开的危机。虽然牧羊人认为他们的海岸是安全的避风港，但穆西多勒斯的情绪反应却暗示着另一种情况。他们认为这是一种“奇怪的景象”，他却把它视为救赎的源泉。乍一看，海岸提供了人身安全，脱离了威胁海上旅行者的危险水域。但是从一个把同伴留在海上的人物角度来看，海洋边缘的土地是一片痛苦的空间。穆西多勒斯的失落感和“奇怪”的欲望表明，海岸最多只能提供暂时和部 149
分的庇护。他很安全，但他故意提出“再次投海”，这也是对另一个并没有如此求助于安全的牧羊人皮洛克勒斯的一种义务表达。重新协商这片土地和水域之间的区域的提议暗示了一种公共责任的形式，这种责任凌驾于他的人身安全之上，即使这种责任是因为人身安全而产生。

穆西多勒斯的回应体现了开场场景的氛围：就在故事即将从海上事件中走出来的时候，人物仍然停留在危险的水域或边缘。在帕特丽夏·帕克（Patricia Parker）颇具影响力的表述中，近代早期爱情是“一种同时追求和推迟特定结局的形式”（1979：4）。按照她的论点，我们可以把《新阿卡迪亚》的最初推迟归类为爱情展开的另一个例子，其中承诺的安全（如果安全确实意味着逃离海洋风暴、海盗和海船失事）被推迟。然而，我想说的是，这番场景不仅仅是一个爱情展开的例子。相反，海岸作为一种“边缘”的地位是构建爱情故事的一种必要手段。这些人物将海岸作为物理概念元素来处理，通过这种方式，他们修正了自己与周围环境的关系，这对扩展叙事的时间结构至关重要。

海岸作为一个过渡性空间的功能，定义了文学形式的参数，当我们看到人物无法逃离他们的海洋起源时，这一功能变得更加清晰。穆西多勒斯徘徊在水边，他最初的角色是一个独特的人物，当他以牧羊人的态势观察时，就打破了牧羊人从画面中退去的沉思。他也成为航海事件的目击者。当“渔夫”带着他和牧羊人去海边时，他从远处观察海上发生的事情：

> 年轻人很快就看到了（水的颜色、不时冒出火花和烟雾），但他一边捶着胸脯，一边喊着说他的毁灭就要开始了，恳求他们改变航向，尽可能靠近它；说那烟雾不过是一场大火的一个小遗迹，这场大火迫使他和他的朋友宁愿投入冰冷的大海，也不愿忍受烈火的炙热。
>
> （西德尼，1593：65）

当穆西多勒斯回忆朋友过去的经历、哀悼朋友的离去时，他开始有一种类似于牧羊人的情感：太沉迷于“回忆”。事实上，牧羊人最初在穆西多勒斯身上倾注的所有悲情，现在都转移到了皮洛克勒斯身上。穆西多勒斯的作为“如此优美的形状和令人愉快的恩惠”的奇异之处渐渐淡出人们的视线，代之以皮洛克勒斯的奇异、难以接近，甚至威严。

150 描述文字将皮洛克勒斯塑造成一个更真实的海事人物来巩固这些转变：

> 但在不远处，他们看到了那根桅杆，高高地横在那里，就像一名失去了她珍视的伴侣的寡妇：但在桅杆上，他们看到一个年轻人（似乎是男人），看上去大约有 18 岁，他骑在马背上，身上什么也没有，只穿着一件用金蓝丝绣成的衬衫，有点像阳光洒落下的大海（当时太阳就在他西边的家附近）。他的头发……被风吹动着，大海亲吻着他的脚，风似乎在和他的头发嬉戏。
>
> （66）

对于皮洛克勒斯的描述证实了他充满活力的存在：他的头发“被风吹得上下摆动”。这种描述也将他与乌拉妮娅联系在一起，因为两者都与他们的环境密切相关：他“有点像大海”，“大海亲吻着他的脚，风似乎在和他的头发嬉戏”，这让他和他所在的位置融为一体。

皮洛克勒斯的海洋身份以及他在海洋中的角色和作用一直困扰着他。正如克莱尔·乔伊特（Claire Jowitt）所称，皮洛克勒斯一再与海盗有关联。甚至在他来到阿卡迪亚后，他和其他人物回忆起了他在海上的冒险（2010：100—108）。穆西多勒斯甚至会批评他说，“你自己就是海盗”（西德尼，1593：117）①。这些事例暗示了皮洛克勒斯为何无法逃避他的海上经历。另一方面，穆西多勒斯为了接近帕梅拉（Pamela），把自己伪装成一个牧羊人。我认为，他也接受了他自己与牧羊人形象的关联，当他踏上海岸时，他模仿了牧羊人的视角，牧羊人已成为这个位置的代理人和产物。海岸发生的事件给这两个人物留下了不可磨灭的印记，并影响了他们后来的故事。海岸不稳定的位置促使了各种角色和人物情感状态的共存，而皮洛克勒斯和穆西多勒斯的多种形态的身份从这个水陆区域找到了起源，或接近了起源。

《乌拉妮娅》的群岛主体性

海洋旅行和海洋灾难并不是《新阿卡迪亚》所特有的。这些破坏稳定的力量是近代早期爱情故事的主要内容。如果十七世纪的读者想要寻找一部既能在远大抱负中陶醉于一种体裁的不稳定性，又能与这种体裁的不稳定性作斗争的作品，那么看看《蒙哥马利伯爵夫人之乌拉妮娅》就足矣。在本章剩余的篇幅中，我将探讨沃斯的大量语料库如何运用广阔的航海生态来表现人类行为的活力，并强调文学形式的不确定性。沃斯的语料库深挖了权威和作者的问题、探究了女性主体性的形式并勾 151
勒出家庭、社会和政治网络的图表。

沃斯是第一位出版原创散文爱情小说的英国女性②。人们普遍认为，她的作品是模仿她的叔叔西德尼的作品《彭布罗克伯爵夫人之阿卡迪亚》，甚至呼应了它的标题，并将《新阿卡迪亚》中不存在的乌拉妮娅作为她的小说中女主人公的名字，斯特雷芬和克莱乌斯在海边为乌拉妮娅的离去进行了哀悼。但沃斯在使用岛屿和海

---

① 请参阅乔伊特，2010：108，了解1590年版本中的内容。

② 沃斯给十四行诗贡献了许多的人物，包括彭菲利亚、安菲兰瑟斯（Amphilanthus）和乌拉妮娅。由于贵族们的压力，她试图让这部小说停止流传，贵族们认为她笔下的人物生活在阴影之中，往往不是积极生活的方式。但没有证据表明这部著作确实被停止流传。沃斯继续创作《乌拉妮娅》的第二部，到二十世纪完成了手稿。

图 5.5　乔治·桑迪斯,《公元 1610 年开始的旅程关系》。© 福尔杰莎士比亚图书馆。

岸来构建她的叙述时甚至更加深思熟虑。她将人物和他们在地中海岛屿上的冒险置于场景中，构建了一个与文本对个人危机和人际关系的探索密不可分的国际地缘政治网络。在这个网络中，岛屿不是使它们成为社会或知识实验的理想场所的孤立实体。相反，它们是《乌拉妮娅》群岛世界的物质形式，在这个世界里，跳岛游不仅构建了人类和非人类的关系，而且还有助于故事的发展。

学者们以各种方式证明，《乌拉妮娅》广阔的跨文化想象力必须在“全球复兴”的批评性对话中占据中心位置[①]。约瑟芬·罗伯茨（Josephine A. Roberts）在她的《批判导言》中指出，沃斯可能研究了各种地图的表现形式，包括杰拉德·墨
152 卡托和奥特里乌斯的地图。乔治·桑迪斯（George Sandys）的《旅程关系》(1615)中“有一幅扉页地图，很方便地囊括了几乎所有《乌拉妮娅》中提到的主要国家”

① 有关全球复兴的代表性作品，请参阅辛格，2009。

（1995：xliv；见图 5.5）。金·霍尔（Kim F. Hall）在她关于性别和种族交集的开创性研究中认为，在一个海洋扩张的时代，厌恶女性的话语经常将旅行定义为逃避女性，“沃斯打破了欧洲男性拒绝承认征服和探索的诱惑与本土女性的诱惑通常是一样的传统。因此，欧洲女性总是在与男性浪漫的本质，即旅行和冒险的荣耀进行微妙的竞争”（189）。如今的学者已经证明了这种竞争可以采取的特殊形式。伯纳黛特·安德里亚（Bernadette Andrea）最近对这部爱情小说“性别化和种族化的作者谈判”的研究揭示了“近代早期英国女性如何将自己与同胞的帝国野心相互结合”（2016：61，62）。雷切尔·奥吉斯（Rachel Orgis）进一步阐述了文本的“叙事链”如何形成了“支撑《乌拉妮娅》宇宙的近代早期地图上的不同旅行模式”（2017：10）。希拉·卡瓦纳（Sheila T. Cavanagh）专注于《乌拉妮娅》的海洋比喻，揭示了“大海如何通过隐喻、转喻和字面意义”来提供“逃避背景下的情感释放”，“也促成强烈情感的外化表现”（2001：103）。在这种航海环境中，浪漫世界的建立取决于群岛愿景的具体化。

岛屿在《乌拉妮娅》的世界中无处不在。文中几乎顺便提到“他们（骑士们）进入许多岛屿，开展探险活动”；众所周知，岛屿是浪漫探索的主要地点之一（沃斯，1621：132）。海上旅行推动情节的发展，文本激活了人物必须穿越的各种岛屿，这些岛屿都是行动中心或与情节几无关联的大小岛屿。读者会看到关于“塞浦路斯”的故事，以及那里的野蛮人（46）和“基西拉，黑龙”（97），还会了解到西西里岛的探险，“凯法利尼亚岛”（41）和“斯塔拉明，古代利姆诺斯岛”（192）。《乌拉妮娅》的重要体裁特征之一就是离题叙述，佩里苏斯（Perissus）就提供了一个这样的叙述，将自己比作岛屿国家：他是“……充满富饶万物的西西里的国王的侄子”（5）。在大部分的爱情故事中，安提西娅（Antissia）被孤立和略带被放逐的状态体现在她所处的各种水上和水陆地点。安提西娅是罗马尼亚国王的女儿，她体现了沃斯对女性作家的否定模式[①]。在最初几章中，读者了解到她被海盗捕获并留在“某个岛屿”，她在一个海岸被流浪者抓住，很快被带到另一个海岸，然后一场风暴和船只

① 有关沃斯的各种女性作家模型，请参阅罗伯茨，1995：xxxiv—xxxv。

失事将她带到摩里亚半岛（30；以及29，31，38，40）。安提西娅与岛屿的关系可能更加坚实。罗伯茨指出，她的名字可能部分来自萨福（Sappho）的家乡，莱斯博斯岛上的安提萨镇（1995：xxxiv）。此外，《乌拉妮娅》中一些最重要的事件发生在
153 岛屿上。例如，第一部书中终极冒险——“爱的宝座”的故事就是发生在塞浦路斯。各种各样的人物被囚禁在这个结构中，直到沃斯的女性作家笔下的积极人物安菲兰瑟斯（Amphilanthus）和彭菲利亚（Pamphilia）到岛上成功地进行了让每个人都获得自由的审判。在这部不断记录政治联系的作品中，岛屿的界限被用来定义和划定特定的联盟：菲拉科斯（Philarchos）和奥利莱娜（Orilena）继承了岛屿，她们的父亲把“梅特林岛和其他位于群岛中的邻近岛屿留给了她们”（沃斯，1621：201）。

即使是这么小的选择，也凸显了研究《乌拉妮娅》中的群岛时可以积累的丰富证据。我认为这种丰富是爱情小说的一个重要的形式特征，它需要群岛的陆地和海景来构建人物、局部社区或民族国家之间错综复杂的关系网络。在一个不同的人回忆过去的事件、参与审判并跨越情感和地理距离的虚构宇宙中，“岛屿之海”为人们提供了聚集、思考和行动的实质和象征性机会。并非只有《乌拉妮娅》中的人物才进行“跳岛游”。爱情故事以一系列穿越岛屿的动作展开，其形式结构就是一个水陆组合。《乌拉妮娅》提供了岛屿是爱情“模因”（借用海伦·库珀［Helen Cooper］作品中的话）的强有力的例证[①]。

身体或观念的流动都是爱情题材的主导理念，孤立（如安提西娅）和监禁（如爱的王座）被视为不自然和暂时的（理想情况下）存在状态。在这种环境中，各个岛屿成为分立的设置，人物则在各个岛屿之间完成一系列的骑士任务、地缘政治事件和人际交往。但沃斯所描述的岛屿充当的是边缘或桥梁空间，以情感转变的关键点方式出现。为了突出岛屿作为过渡，甚至变形场所的作用，我考察了沃斯所描述的人物对自我的理解与这个关键点的特殊性相结合的两个时刻。在这个爱情故事中，乌拉妮娅是国际贵族网络的一部分，但她还在襁褓中时就与这个国际网络断绝

① 海伦·库珀认为，前现代爱情的特征是一系列的模因。模因是“一种像基因一样表现出忠实和大量复制的能力的想法，但也偶尔会适应、突变，从而在不同的形式和文化中生存下来。这些主题和习俗随着它们构成的类型以及它们帮助定义的类型一起成长”（2004：3）。

了联系。她长大后成为一名牧羊女，才发现自己的出身。故事开头，她将自己的记忆与水生和水陆世界联系在一起，唤起了这一新的发现。

乌拉妮娅回忆起她在十六年前“在海边被发现，而不是在岩石中被发现”（22）。婴儿的危险处境反映在岛上的岩石地形上。她被遗弃在“海边”，与宫廷文化断绝了联系。然而在故事中，她正处在回归自我的边缘：与帕塞琉斯（Parselius）在岛上的相遇，开启了她向宫廷的生理和社会转型。在这种变化的边缘，她与岛屿有着不同的联系，宣称它是一座“甜蜜的岛屿”：

> 这座岛叫作潘塔拉里亚岛（Pantalaria），由一位可敬的古代领主潘塔拉里 154
> 乌斯（Pantalerius）统治。在他自己的国家，有些人对他不满，因此他带着家人和其他一些热爱他、服侍他的人来到了这里，他发现这个地方是无人居住的，于是就以自己的名字命名，从此过上了平静而愉快的生活。
>
> （21—22）

这个岛成为这个统治者的避难所（而不是一个危险的地方），这对于成年后的乌拉妮娅也是一样。潘塔拉里乌斯给这座岛命名之后，将自己与周围环境联系在了一起。尽管他们两人与岛屿的联系遵循不同的轨迹：潘塔拉里乌斯从宫廷流动到“这个无主的地方”，而乌拉尼娅则正好相反，将从无主之地到宫廷，但两者都踏上了与一个与世隔绝的自然避难所共存的奇幻旅程。当乌拉妮娅重新体验被遗弃的感觉时，她将自己描述为一张白纸（她不知道自己是谁），与她最初对这个岛屿的认知相对应。但她目前的状况也改变了这个岛屿的意义：她越接近恢复自我认知，这个地方就变得越熟悉，越了解。人类与环境之间的这种亲密关系也让人想起西德尼笔下的乌拉妮娅。随着沃斯笔下的乌拉妮娅找回她曾经丧失的身份，岩石地形变成了田园诗般的风景。

在岛屿边缘，乌拉妮娅也经历了改变她的记忆，进而改变她对自我的基本理解的深刻转变。帕塞琉斯失踪后，她伤心欲绝（她还不知道帕塞琉斯已经抛弃了她）。为了治愈她的痛苦，她的兄弟安菲兰瑟斯带她“直接去了大海”，他们去了地中海的圣莫拉岛（212）。圣莫拉岛边缘的水有治愈的力量，他相信她沉浸在水里会让她从爱中解脱[①]。究竟是什么构成了一个稳定的自我，这是沃斯这部爱情小说的核心，它探索了（尤其是）女性角色在主题、欲望和权威等问题上的自我协调。因此，为了重新定位乌拉妮娅的自我认识（通过终止她有过的一个基本关系），这个故事再次将海洋环境的不稳定性表现出来，这似乎很合适。

在另一个不确定的时刻，乌拉妮娅必须再次经历自然的威胁力量。安菲兰瑟斯把她带到岛边缘的“岩石”处，说道：

> （对我们一向无利）的命运为我们安排了一场奇异的冒险，而且更加残酷，因为这次不是逃避，也不是被处决，而是由最爱你的人亲手执行；但不要怪我，因为我确信有成功的希望，但显然会有死亡的危险……我必须把你扔进海里。
>
> （230）

155 乌拉妮娅的命运未知。尽管“确信有成功的希望”，安菲兰瑟斯仍然怀疑当他把她扔进“大海”时，她将“显然会有死亡的危险”。安菲兰瑟斯在对他们“奇异的冒险”的“残酷”本质的矛盾心理中，决定“如果她想要终结自己，那就”采取极端措施，然后：

> 他把她抱在怀里，轻轻地让她滑下，表现得倒像是她自己滑下，而不是他让她滑下。她滑下去的时候，他的心也跟着陷入悲痛，被淹没在绝望的海洋深处。但他很快就感到惊奇和喜悦，因为她刚一沉入水中，海浪就再次将她托起，展示出在托起如此完美的人时它们所感到的荣耀。但面对如此珍贵的礼品，这些深渊却想要得到她，它们敞开心扉让她沉入其中。
>
> （230）

---

① 对这个神奇和治愈领域的相关探索，请参阅韦斯（Werth），2011。

当乌拉妮娅“滑入”水里时，安菲兰瑟斯“被淹没在绝望的海洋深处”。这一场景等同于生理和心理上的危险，“她滑下去的时候，他的心也跟着陷入悲痛”。人物之间的这种同情使他们不同程度的不稳定性变得平坦。安菲兰瑟斯情绪低落的程度比乌拉妮娅身体下沉的风险程度要低得多。但这种平坦也把责任从他身上转移到了她身上，暗示是她自己控制自己的下滑：尽管“他把她抱在怀里，轻轻地让她滑下”，但这看起来“倒像是她自己滑下，而不是他让她滑下”。这种移情增加了一种可能性，即可能是乌拉妮娅自己把自己交给了大海。

当我们注意到这段爱情故事是如何将她的身体经历和情感混乱转移到一个拟人化的海洋中时，这种转变就更加引人注目。大海的意志和决心与她不安的状态相呼应。水生环境的力量使她在解脱的承诺（“海浪就再次将她托起”）和她将被大自然吞噬的危险（“但面对如此珍贵的礼品，这些深渊却想要得到她”）之间摇摆不定。最终，正如安菲兰瑟斯所希望的那样，“水的运作”将乌拉妮娅从对帕塞琉斯的爱的记忆中解脱出来（230）。回到陆地上，“乌拉妮娅的愿望没有别的，就是去意大利看她的父亲”（231）。此处的大海是一个有冲突的欲望，希望“托起”和吞噬乌拉妮娅。其中一个欲望最终胜出，这个决心与乌拉妮娅不稳定的自我相似，她被狂野的欲望撕裂，被一个单一的新愿望统一：去“看她的父亲”。大海先上演、然后平息乌拉妮娅的情绪混乱。当人类演员甘愿受控时，海洋环境的活力适应了人类演员不断变化的命运，而她返回陆地则标志着一个已经改变的、稳定的自我的出现。这个在陆地和水的“边缘”的场景是一种情感和叙事的“关键点”，揭示了海岸既遮
蔽又暴露。乌拉妮娅对自然（和超自然）力量的脆弱性认识，确保了她远离身体和 156
情感上的危险。这次相遇让角色从过去的激情中解脱，打开了建立新联系和设计新情节的正式空间。

岛狂热与蓝色人文

近代早期的岛狂热者庆祝岛屿的多样性，即通过揭示岛国的幻想同时放纵自己；通过暗示自我可以在这里被重新发现，甚至被重塑；通过遮蔽想象中的新世

界，在现实世界中开拓未知的土地；通过煽动试验；通过戏剧化的失去和生存；通过发出边缘化的声音来改写文学史。岛狂热在其范围和野心上都引人注目，它使它的信徒们能够将一个有限物理空间转变为一个关于认识论、本体论和诗歌等批判性问题的广阔质询工具。这种“对岛屿的迷恋”使混乱形成，并将不可想象的事物带入人的认知掌握之中。尽管岛屿是艺术家和作家塑造非人类环境观念的原始材料，但他们的想法却因与这个水上实体的相遇而改变。

通过将岛屿作为一种可以追溯到美学、政治、哲学等领域的想象力量来研究，我们能够更好地揭示它作为一个物体和知识生产工具的重要功能。我认为，作为物理空间、作为知识概念和作为想象中的理想，岛屿在将“蓝色人文”中提出的不同问题汇聚在一起时处于独特的地位。这一跨学科领域的研究表明，在海洋主题、隐喻和栖息地方面的关注对于更全面地了解社会、政治和环境问题不可或缺。这项工作也突出了海洋环境研究中存在的相互矛盾的因素。一方面，对海洋的研究旨在对抗在许多生态批评作品中普遍存在的“陆地偏见”（布雷顿，2012：18）。另一方面，对陆地空间的研究必须“不仅对以陆地为中心的历史的惯例提出挑战，而且对传统海洋研究的深海重点提出挑战”（吉利斯，2012：5，我的重点）。作为一个交错带的岛屿跨越了这些界限，并实际上在混淆陆地和水生之间区别的基础上蓬勃发展。通过关注存在于“中间”的东西，而不是对土地或水给予特权，我们就可在这个“小世界”中重新发现多元环境的缩影。

第六章

旅行者

到已知和未知世界的航行

乔西亚·布莱克莫尔（JOSIAH BLACKMORE）

十六世纪和十七世纪上半叶，航海家、探险家、商人和宗教人士进行了从南欧 157
航行到大西洋、印度洋、红海和太平洋的大量跨洋旅行实践。从十四世纪晚期伊比利亚人到加那利群岛的航行开始，接着（从十五世纪开始）到非洲、新世界和亚洲的航行，其间大量的旅行者留下了航行记录，包括航海手册、船舶日记、编年史、地图、波尔航海图、目击者叙述和诗歌。这些文件共同记录了语言、宗教、文化、政治、贸易、航海科学、地理和宇宙学等多方面的兴趣。突破地中海边界的近代早期海上旅行者的文化最初关注的是非洲，其中葡萄牙远征到北非，最终沿着西非海岸前进，进入东非，然后进入印度洋。当哥伦布于 1492 年到达新大陆，瓦斯科·达伽马于 1498 年到达印度的时候，葡萄牙的旅行者已经向非洲航行了八十年[①]。哥伦布和达伽马著名的航行是航海文化的一部分，也是与非欧洲人相遇的一部分，所以我们不能把哥伦布著名的航行及其航海日记看作虚无事件。十五世纪的
葡非接触是近代早期海洋帝国的第一个竞技场。葡萄牙人十五世纪就沿着非洲西海 158
岸探险，建立贸易工厂，抓获当地居民，尤其是那些从 1441 年开始就生活在博哈多尔角（Cape Bojador）以南的人，他们随后被运往葡萄牙，在大西洋奴隶贸易的初期被贩卖。与穿越撒哈拉沙漠的伊斯兰商队相反，这种贸易将奴隶用船只带到欧洲。葡萄牙宫廷编年史家戈麦斯·伊内斯·德·祖拉（Gomes Eanes de Zurara，1410？—1474）记述了葡萄牙人在“航海家”亨利王子（Prince Henry，死于 1460 年）在世期间进行的非洲航行，例如关于 1415 年葡萄牙入侵摩洛哥城的《占领休达纪事》(*Crónica da tomada de Ceuta*)，或《亨利王子下令征服几内亚的事迹编年

① 有关对于葡萄牙航行缺乏批判性关注，而是将哥伦布的航行作为近代早期全球化和全球意识的主要组成部分方面的内容，请参阅英格利斯（Inglis），2011。

史》，其中包括首次越过博哈多尔角进入撒哈拉以南非洲的航行[①]。同样重要的是威尼斯商人阿尔维塞·达·卡达莫斯托（Alvise da Cadamosto，死于1488年）的目击记录（《航海》，1464—1465年写成），他应亨利王子的命令于1455年和1456年两次前往非洲。祖拉和卡达莫斯托的作品标志着讲述伊比利亚帝国和航海的写作文化的重要时刻。

1500年是佩德罗·卡布拉尔（Pedro Cabral）远航的一年，他的船队3月从里斯本起航，并于4月抵达现在的巴西海岸。卡布拉尔的远航是第一个有记录的造访这些海岸的欧洲人的航行，但他是不是第一个见到巴西的欧洲人还有待考证；同时他在1497—1499年瓦斯科·达伽马前往印度次大陆探险的后续行动中，按照曼努埃尔一世（Manuel Ⅰ）的命令前往印度时在巴西登陆的事件是偶然还是有意为之，这一点也有待确认（迪斯尼，2009：204—205）。卡布拉尔出现在新世界的三个目击者的描述包括：1500年5月1日，佩罗·瓦兹·德·卡米尼亚（Pero Vaz de Caminha，卡布拉尔远征队的船上秘书）写给曼纽尔一世的"Carta"（信件），这是最著名的记载，只描述了在"Terra da Vera Cruz"（真十字架之地）的经历；天文学家约翰船长（Master John）写的一封信；以及"匿名领航员"的叙述，其中只简短地提到了由于一场风暴导致的巴西登陆，然后描述了卡布拉尔后续到非洲和印度的旅程[②]。卡米尼亚的《信件》（写于哥伦布第一次航行的八年之后）叙述了欧洲人与美洲印第安人的接触，延续了旧世界航海家和非欧洲人在非洲旅行中会面和交流的传统。

卡米尼亚的《信件》中运用了在海洋帝国主义的庇护下欧洲人和非欧洲人之间（最初）遭遇时的一些具有修辞特征的奇巧想法和比喻。这些奇巧想法包括认为土

① 对这一时期葡萄牙航海历史的研究包括赫尔曼·贝内特（Herman L. Bennett）的《非洲国王和黑人奴隶：近代早期大西洋的主权和剥夺》（2019）、乔西亚·布莱克莫尔（Josiah Blackmore）的《系泊：葡萄牙的扩张和非洲的写作》（2009）以及约翰·桑顿的《1400—1800年大西洋世界形成过程中的非洲和非洲人》第二版（1998）。

② 所有三部作品都由格林利（Greelee）于1995年翻译成英语。领航员的叙述首先以意大利语于1507年印刷在Paesi nouamente retrouati（最近发现的土地）中，编辑为弗兰南扎诺·达·蒙塔尔博多（Fracanzano da Montalboddo）。有关卡米尼亚的《信件》和其他与葡萄牙在非洲和印度的航行有关的文件的另一个英文翻译版，请参阅莱伊（Ley），2000。

著居民基本上未开化（尽管在当时的情况下是易于相处的）、他们的性格倾向使他们皈依基督教相对容易、对土著民族的身体特征的兴趣、通过命名行为侵占新发现的地理位置和自然资源，以及寻找贵金属为国王谋取经济利益。这种接触的海上起源将船只和海洋带入了权威的历史和意识形态故事中，因为卡米尼亚等人所描述的文本都是在帝国权力网络中创作的，在某种程度上都属于意识形态范畴。卡米尼亚在他的《信件》报告的开头说： 159

> 虽然船队的总船长以及其他船长都在写信给殿下，告诉他在这次航行中发现了这块新土地，但我将尽我所能把这件事告诉殿下，尽管我比其他人更不知道如何把这件事讲清楚。
>
> （格林利，1995：5）①

这里有三个概念建立了《信件》内容的权威性和假定真实性的框架。首先，总督或皇室任命的船队司令，是君主的航海代理人。使用形容词 vossa（您的）表示新遇到的土地已经是曼努埃尔一世统治的一部分。其次是卡米尼亚对 navegação（航海）的使用。在第一种情况下，这个词指的是卡布拉尔船队的特定航程，但它也指由君主行使的全部相互关联的帝国和商业航海事业，或由这种事业划定的地理领域。因此 Navegação 表示君主的海洋统治权，这个词的这种含义在整个十六世纪都在使用。这里所说的“航行”是指 1497—1499 年瓦斯科·达伽马的航行所开辟的葡萄牙和印度之间的海上贸易路线（carreira da Índia）；在《信件》的最后几段，卡米尼亚认为卡布拉尔的旅程是“esta nauegaçam de calecut”（卡利卡特之旅）的一部分。卡利卡特是对于葡萄牙印第安人的标准港口 carreira 的称呼之一。因此，君主的帝国和商业利益决定了卡米尼亚的新世界之举，并赋予了这种叙述的权威。这

---

① “*posto queo capitam moor desta vossa frota e asy os outros capitaães screpuam avossa alteza anoua do acha mento desta vossa terra noua que so ora neesta naue gaçam achou. nom leixarey tam bem de dar disso minha comta avossa alteza asy como eu milhor poder ajmda que perao bem contar e falar o saiba pior que todos fazer.*”

一见证的行为为我们展示出《信件》开头的第三个概念，即卡米尼亚将自己的话语活动标记为“contar e falar”（叙述和说话）。如果“叙述”表示作者的叙述活动，那么展开这种活动的“说话”就值得注意。这种文本上的“说话”可能只是在听写艺术中把书信当作说话的人文主义理解的一种形式（威特，1982：9—10）。然而，这里的“说话”更可能强调的是卡米尼亚在面对“真十字架之地”的新奇事物时的目击者身份。书信体的“说话”绝对是第一人称存在的话语性。

卡米尼亚继续写道，他不会描述关于西航的技术细节，因为这些细节是领航员关心的问题。卡米尼亚记录了从贝伦（Belém）出发的日子和日期，并记录了看
160 到陆地迹象之前的其他日期和事件，如船只经过加那利群岛，或瓦斯科·德·阿泰德（Vasco de Ataíde）船只的沉没。这些日常航海笔记虽然简短，但《信件》仍然是“roteiro”（航海指南）类文本的体裁，这种航海指南是对于不同程度的技术（如航线、罗盘方位、距离或海岸线描述）、气象、民族等信息以及与两个可识别地点之间的航行有关的历史信息的记录；它们对任何一个旅程的记录都不一样，是航海指南、船舶日记、科学记录、历史编年史，甚至宇宙学专著的混合。阿尔瓦落·韦略（Álvaro Velho）对达伽马第一次到印度的航行的目击记录是这一航海体裁中最著名的早期例子之一，其中的船和航海与卡米尼亚的《信件》具有同样的（象征性）功能。

以海洋空间为例，玛格丽特·科恩关于海洋时空体（特别是海水时空体）的想法很有意思。科恩的论点建立在巴赫金（Bakhtin）的道路时空体（即“空间文学表现的诗意维度”）之上，在道路时空体中，“空间的表现总是包含时间的表现……时间和空间具有内在联系”（科恩，2006：647）。尽管科恩对“海洋时空体”的讨论主要集中在十八和十九世纪的小说上，但我们可以将这个想法与航海指南联系起来，因为航海指南在海洋空间中的运用有着明显的时间维度。在记录船舶的运动时，航海指南的作者特别将这些运动解析成船舶日志的日单位。每天和按时间顺序排列的时间是航海指南的时间组成部分。这个时间单位在航行本身没有进展的时候特别明显，比如那些船只受到风暴或恶劣天气打击的日子，以及没有记录航行日志的日子。在上述情况下，每日记录的习惯仍然保持。因此，船舶的运动不仅由每天和按时间顺序排列的时间来定义，而且船舶也成了那个时间的承载者。船舶的有计划、

重复和连续不断的行动时间化了大海。船舶变成了一种手写笔，将历史记录在海洋空间和陆地上，以及船所到达的海洋景观上[①]。船是海上的漏壶，记录大海的浩瀚，并将大海连接成熟悉的、时间的单位。因此，随着卡布拉尔的船队抵达巴西海岸，历史和编年史的时间本身就到来了。

大海（或更确切地说，大海的声音）在对于卡布拉尔的船员和土著人在海滩上的初次会面描述中出现。卡米尼亚写道："在那里，尼科劳·科埃略（Nicolau Coelho）无法与他们进行任何对话，或进行有用的理解，因为海浪拍打着海岸。"[②] 卡米尼亚所称的大海阻碍了欧洲人和新大陆土著人的交流，是海滩作为两个世界相遇的原始空间的一个重要维度。在《信件》中，葡萄牙人和图皮人之间最常见的 161
互动空间是天然港口附近的海滩或河岸，卡布拉尔的船只就停泊在那里。海岸是一个典型的"桥梁"空间，在这里水变成了陆地，陆地变成了水，在格雷格·登宁（Greg Dening）看来，也是一个进行了"我们"和"他们"定义归类的文化交流空间（登宁，1980：3）。由于海浪的声音，在海滩上沟通的尝试失败了，这表明尼科劳·科埃略（登陆队，甚至整个葡萄牙船队队长）本应能理解当地人的意思，但受到了海浪撞击海滩声音的阻碍。这一评论提供了巴西的第一段录音，是帝国遭遇的一个维度声音的最初实例。在卡米尼亚（或科埃略）的葡萄牙人耳朵里，本土语言和海洋声音混成了一片；海岸有一种亲密的海洋感觉。这种听觉上的对等似乎更为重要，因为很明显，葡萄牙人在同一海滩上可以毫无障碍地相互理解。在卡米尼亚的《信件》中，海滩实例化了一种声学或"以声音为中心的世界观"（史密斯，1999：289），其中新世界的声音与葡萄牙语的声音相互接触、相互竞争，因为葡萄牙语是一种隐含的标准，把当地语言变成了"berberia"（胡言乱语）。因此，声学在巩固一个以葡语为中心的领域中起着重要作用，这个领域中，葡萄牙语的声音本身就是一个充满力量和文化的世界。图皮人难以捉摸的声音，就像自然界的原始力

---

① 在简·范·德·斯特雷特（Jan van der Straet）的版画《新发现》（1638）中，一位欧洲探险家遇到了美国的寓言形象：一个裸体女人斜倚在岸边的吊床上，左边可见一艘船；在对雕刻的研究中，拉巴萨（Rabasa）指出，"进入的船象征着历史的进程"（拉巴萨，1993：26）。

② "*aly [Nicolau Coelho] nom pode deles auer fala nẽ entẽdimento que aproueitasse polo mar quebrar na costa.*"

量，鼓励了一种占有真十字架土地的声学 / 语言行为，是类似于回荡在海滩上的征服大海的声音，是对人类声音的征服①。

卡米尼亚在整个《信件》中描述了葡萄牙人与图皮人的互动，认为这是一种和谐的互动，尽管这种和谐在葡萄牙旅行者看来并不稳定。社交性的叙述有利于殖民主义的目的，因为它表明当地人对葡萄牙人的存在有好感，所以它预见了一场和平的征服。船舶是建造和展示这种跨文化动态的重要场所。在船上的一次会面中，图皮人在船上睡着了，这是一个值得注意的时刻，证明了土著对葡萄牙人的信任在不断发展。除了海滩，船舶还是欧洲—图皮族外交方面交流的特殊场所，这是一个预示着殖民主义的跨文化动态的临时“混合船载社区”，就像伯恩哈德·克莱因（Bernhard Klein）所述的加勒比地区哥伦布圣玛丽亚的船上社区（克莱因，2004：92）。

大西洋彼岸，十六世纪的头几年见证了葡萄牙帝国下的葡属印度的建立。葡属印度是一个幅员辽阔的帝国领土，从好望角一直延伸到中国。“印度”是一个地名，包括但不限于印度次大陆本身，葡属印度拥有“作为其主权领土的海洋”（纽
162 伊特，2009：69），并“为后来的欧洲海洋帝国创造了一个模板”（同上：74）②。葡属印度在 1497—1499 年达伽马航行后不久，于 1505 年建成。正是在新建立的葡属印度的背景下，三位著名的旅行者根据他们的经历写出了有影响力的书。杜阿尔特·帕切科·佩雷拉（Duarte Pacheco Pereira）、托梅·皮雷（Tomé Pires）和杜阿尔特·巴博萨（Duarte Barbosa）都为葡属印度服务，并进行了长距离的海洋航行。佩雷拉在非洲和亚洲有丰富的经验，这启发了他的《航海日记》（*Esmeraldo de Situ Orbis*，写于 1505—1508 年）的创作，这本书结合了地理学、宇宙学和航海科学，描述了通过葡萄牙人航海而为人所知的世界。虽然佩雷拉在序言中宣布，《航海日记》将包括亚洲部分，但该书仍然不完整，只包含西部和南部非洲的信息。佩雷拉在他的历史科学叙述中，首先评论了老普林尼等作家对海洋在地球中心位置的古代理解，但特别注意了《创世纪》中水与陆地分离的描述。从本质上说，这一讨论是

---

① 有关卡米尼亚的《信件》中声音和声学的更多信息，请参阅布莱克莫尔（Blackmore），2018：215—219。

② 有关以前属于葡属印度的地区的现代（克里奥尔的）文学和歌曲传统的研究，请参阅杰克逊（Jackson），2005 和贾亚苏里亚（Jayasuriya），2008。

在演练“水的聚集”理论，该理论试图“用亚里士多德物理学来解释所出现土地的存在”(雷拉尼奥，2002：9)。这一点值得一提，因为它证明了佩雷拉的书如何从人们所接受的古代和中世纪的先验知识过渡到基于经验知识的时刻，这是过去和未来穿越葡属印度领土的旅行所不可避免的认识论的转变。托梅·皮雷和杜阿尔特·巴博萨是另外的杰出的十六世纪早期穿越葡属印度的旅行者，分别著有《东方概览》(约1512年)和《杜阿尔特·巴博萨之书》(约1516—1518年)。琼-保罗·鲁比斯(Joan-Pau Rubiés)评价称，这些书是“两本最全面的早期葡萄牙对东方的描述”(2000：2)。巴博萨曾两次航行到印度：第一次是在1500—1501年，第二次是1511年他最终迁往印度次大陆。他曾在高知和坎纳诺尔担任官员，学习马拉雅拉姆语，并担任翻译①。托梅·皮雷是一名职业药剂师，于1511年前往印度，并担任曼努埃尔一世第一次(未成功)访问中国的外交使团团长②。在皮雷和巴博萨的书中，航海和知识密不可分。在他献给曼努埃尔国王的序言中，皮雷首先指出：“人天生渴望知识。”③然后，他将这种欲望的最高程度归于君主，君主拥有这种欲望达到了“世界上没有其他王子能与之相比”的程度④。皮雷解释说，原因在于曼努埃尔领地的地理范围从非洲的头部一直延伸到中国，包含了“整个非洲、亚洲和欧洲的一部分，沿着海洋海岸，有无数巨大、富裕和人口众多的岛屿”⑤。在承认国王的舰队军事力量的同时，皮雷认为，对陌生政治国家的征服成为一项全球范围内知识收集项
目的代名词，这一方案在广度和追求方式上都围绕海洋展开。帝国舰队既征服了中 163
东和印度各州，也成为获取和积累知识的途径。杜阿尔特·巴博萨在书中强调，他的叙述的起源是他年轻时大量海上旅行的结果，他现在记录了这些结果。巴博萨在序言中指出，这本书讲述了作者亲眼所见的令人难以置信的奇迹。这份目击记录与摩尔王国和“非犹太人”民族及其习俗的其他信息一起保存着。

---

① 有关巴博萨书中对印度的简要讨论，请参阅苏布拉马尼亚姆，2017：84—85，89—90。

② 请参阅迪斯尼，2009：141—142。

③ “*Naturallmemte os homees desejam saber.*”亚里士多德(Aristotle)由此开始了形而上学。

④ “*que nenhuũ out*^{o} *primçepe no mumdo.*”

⑤ “*toda afriq*^{a} *& asya & parte da europ*^{a} *pola bamda do maar oçeano com Jmfinjdade dilhas muy grandes Riquos & muy populosos.*”

皮雷和巴博萨等经验丰富的海上旅行者，出于对地理、航海、商业路线以及海外帝国的政治和军事方面的兴趣，创作了百科全书式的书籍。葡属印度第四任总督，学者若奥·德·卡斯特罗（João de Castro，1500—1548）的作品也是对于通过个人经历所获知识的类似概要。卡斯特罗写了一部宇宙学专著，更重要的是，他还写了另外三部专著：《从里斯本到果阿的航海日记》（1538）、《从果阿到第乌的航海日记》（1538—1539）以及《红海航海日记》（1540）。这些专著都是根据总督亲自旅行的经历而作。卡斯特罗的航海日记与之前的作品有所不同。虽然之前的航海日记基本上是关于具体航行的细节的积累，但总督扩展了这一流派的内容，包括对航海和科学的学术传统的系统反思和批评，如宇宙学和（历史）地理。正如达·席尔瓦·迪亚斯（J.C. da Silva Dias）所称，总督的航海日记取代了纯粹的经验功利主义，因为卡斯特罗的学术方法的特点是结合了持续的观察和经验，其中包括对理论和实践之间的差异的反思，这经常使卡斯特罗反对早期领航员和学者的观察和主张（迪亚斯，1982：83，84）。在总督手中，航海日记成了十六世纪海洋文化和思想史上的一个重要记载。

航海日记内容的扩展是十六世纪伊比利亚航海科学书籍文化的一部分，可以追溯到这个无情的扩张主义和以旅游为导向的世纪的最初几年[①]。另一个文艺复兴时期的旅行家、学者、领航员、牧师和葡萄牙宗教裁判所的囚犯，对这种受航海影响的知识文化作出了贡献的人是费尔南多·奥利维拉（Fernando Oliveira）。奥利维拉可能是葡萄牙语的第一本语法书《葡萄牙语语法》（1536）的作者，四年后的另一本语法书的作者是著名的葡萄牙帝国历史学家（奥利维拉的朋友）若奥·德·巴罗斯（João de Barros）。和卡斯特罗一样，奥利维拉也是一位致力于航海科学的学者和科学家，他写了《海上战争的艺术》（1555）和《航海艺术》（约1570年），后来他对《航海艺术》进行了修改，变成了未完成的《造船之书》（约1580年）。

164 虽然这并非首篇关于造船学的西欧专著（多米尼克和巴克，1991：15），但它

① 有关以西班牙为重点的航海科学和制图书籍的概述，请参阅佩雷斯–马拉纳·布埃诺，1989和桑德曼，2007。

将这种学术写作流派带到了葡萄牙，并包括了对里斯本造船厂（estaleiros）当前实践的观察[①]。奥利维拉的《造船之书》涵盖了许多学科，包括历史、树木学、航海理论和实践，当然还有船舶的建筑和建造细节。

考虑到这本书所写的海洋帝国的历史背景，奥利维拉承认“航海艺术”在保持葡萄牙海外领土和殖民地的控制和治理方面的重要性也就不足为奇了。然而，在奥利维拉的讨论中，航海在帝国海洋事业中的重要性暗示了葡萄牙科学方面的优势，因为无论是就以海为生的普通民众而言，还是就民族国家而言，葡萄牙历史上就是一个专注于航海的国家。此外，对于《造船之书》的作者来说，航海旅行既是自然世界的一种现象，又是一种技术妙招。奥利维拉将“船舶”定义为任何“在水面上移动或携带物品”的东西（1991：153），并引用了两种基本类型的船舶，即帆船和桨动力船。船舶是模仿自然的艺术例子，奥利维拉引用亚里士多德的描述称，鱼的形状是船的整体形状的模型；对奥利维拉来说，鱼甚至也是船舶的例子。船舶运动和方向掌握所必需的各种部件（舵、桅杆和桨）可与鱼和鸟的尾巴等有机的、有生

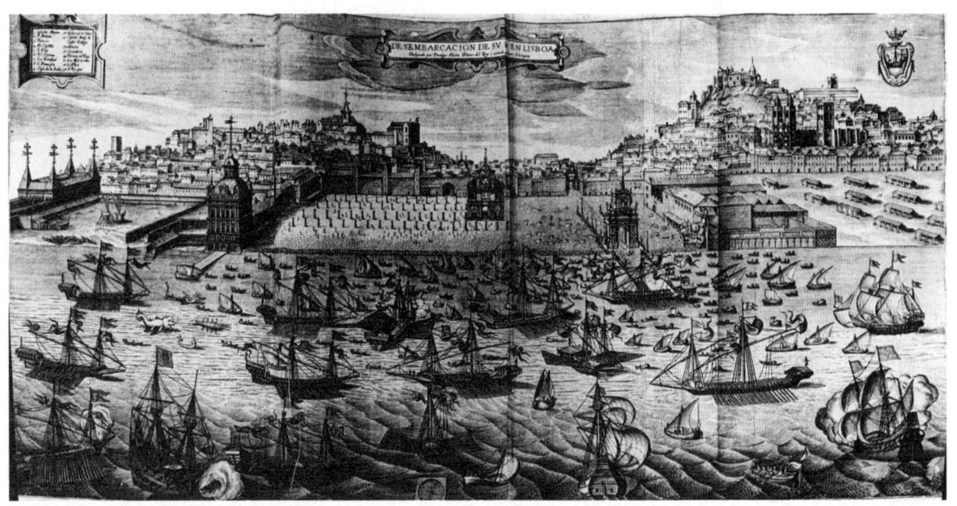

图 6.1　1622 年里斯本全景图；船坞在右边。若奥·巴普蒂斯塔·拉瓦尼亚（João Baptista Lavanha），《天主教皇家国王菲利普二世的航行》，《向葡萄牙国王致敬，感谢庄重接待》。© 哈佛大学霍顿图书馆提供。

① 奥利维拉 1991 年版的书为双语（葡萄牙语和英语），包括《造船之书》手稿的副本。

命的生物体组成部分相媲美。如果说奥利维拉的自然化修辞反驳了认定航海是一种
165 违背自然的人类越界行为的古老禁令（贺拉斯的《颂歌》第 1.3 节[①]也许是一个比较著名的例子），那么《造船之书》巧妙地将帝国航海作为自然世界的一部分，进而使帝国主义自然化。

值得注意的还有两本西班牙的航海和航海科学书籍，它们与奥利维拉的《造船之书》大致在同一时期，但主要讲述了西班牙到新世界的航行。胡安·德·埃斯卡兰特·德·门多萨（Juan de Escalante de Mendoza）献给国王菲利普二世的《西方陆地和海洋航海旅程》（1575）是西班牙航海和宇宙学著作传统的巅峰之作，这些巅峰作品还包括马丁·费尔南德斯·德·恩西索（Martín Fernández de Enciso）的《地理纲要》（1519）、阿隆索·德·查维斯（Alonso de Chaves）的《实用宇宙学》四部分（也被称为《水手的镜子》，1518—1538）、弗朗西斯科·法列罗（Francisco Falero）的《论球体与航海艺术》（1535）或佩德罗·德·麦地那（Pedro de Medina）的《航海艺术》（1545）以及《航海规则》（1563）（巴雷罗-梅罗，1985：11）。就像我们到目前为止讨论过的其他书一样，埃斯卡兰特将自己航海旅行的经历作为他的专著的权威基础，并宣称他的书旨在帮助海员们避免海上危险，为帝国基督教服务，埃斯卡兰特的航海传统可以追溯到诺亚和大洪水时期。1587 年，迭戈·加西亚·德·帕拉西奥（Diego García de Palacio）的《航海指导》在墨西哥出版，在这本书中，作者认为，航海虽然受到古典思想家的谴责，但对文明来说是必要的，航海的用途可以是有益和良好的。在导言部分，加西亚·德·帕拉西奥阐述了可以追溯到古代的西班牙航海和船舶的悠久历史，我们可以将其解读为西班牙（而不是葡萄牙）在航海科学和实践方面的卓越能力。总的来说，从卡斯特罗的《航海日记》开始的这些航海书籍不仅是对日益频繁的航海的回应，而且也证明了航海是伊比利亚知识文化的一个主要维度，因为它是科学和学术的最佳基础。

葡萄牙诗人贾梅士（约 1524—1580 年）的形象在任何早期现代欧洲的海洋文化研究中都必然突出。他是史诗《卢济塔尼亚人之歌》（1572）的作者，诗篇以建立

① “上帝故意用分裂的海洋将国家分开，尽管如此，如果不虔诚的船只穿行在本应保持不受侵犯的海洋，这一切都是徒劳”（贺拉斯，2004：31）。

了葡印贸易路线的葡萄牙和印度之间的第一次完整海上旅行的达伽马 1497—1499
年的航行为历史基础。贾梅士还创作了一些以《韵律》为题的抒情诗集（在他死后
于 1595 年和 1598 年出版）和一些戏剧。贾梅士是伊比利亚十六世纪最杰出的海上
旅行家和作家。虽然关于他一生的传记文献很少，但我们确实知道贾梅士去过非 166
洲、印度（果阿），并很有可能去过中国澳门[①]。海洋和航海充满了《卢济塔尼亚人
之歌》的所有十章和许多抒情诗，因此，海洋在许多想象力、历史、隐喻、象征、
宇宙、地图和神话的维度上影响了葡萄牙人的诗学。虽然可以合理认为，贾梅士作
为一个海洋旅行者的亲身经历为他的诗歌提供了生动和直接的感觉，但正是诗意与
悠久的葡萄牙海洋文化的结合，使贾梅士的声音具有史诗和抒情的特点[②]。

图 6.2　众神委任瓦斯科·达伽马前往印度。曼努埃尔·法里亚·苏萨（Manuel de Faria e Sousa），《贾梅士卢济塔尼亚人之歌》，《西班牙著名诗人》，第一卷，1639。© 哈佛大学霍顿图书馆提供。

---

① 有关贾梅士在中国的可能性的讨论，请参阅威利斯（Willis，2010：212—221）。

② 正如我在其他文章中所述（2012：312—325），在贾梅士的作品中，我们发现了一个海洋诗歌主题的创造和巩固，这在一定程度上是十六世纪葡萄牙人和伊比利亚人生活中无处不在的航海存在的结果。我在我即将出版的书中对这一点进行了更多探讨：《船之内涵：葡萄牙近代早期的海上文学文化》。

《卢济塔尼亚人之歌》是欧洲探索海洋的一个标志。自1572年出版以来，作为十六世纪杰出的史诗之一，《卢济塔尼亚人之歌》获得了评论界的广泛赞赏，并一直处于葡萄牙文学经典的中心位置。最近，学者们从“世界创造”的基本原则或“对世界结构的新兴理解”的角度来研究这篇史诗，称其“庆祝后哥伦比亚世界的诞生，以及它所带来的想象、旅行、征服和沉思的远景”（拉马钱德兰，2015：113），或将其置于“地图人文主义”的历史中（皮乔基，即将出版）。在2010年的一项研究中，伯恩哈德·克莱因指出，“很少有其他十六世纪的史诗对航海文化投
167 入如此巨大”（2010：232），正是这种航海的文学表现，使得这篇史诗对于海洋文化的研究如此迫切（urgent）①。贾梅士向海洋投入了广泛的多义性、世界空间、历史现实和神话创造的原始材料。它是葡萄牙旅行者感知和阅读在达伽马的船头前展开的新世界的镜头。根据曼努埃尔一世的命令，达伽马的舰队追求的无非是“海洋的控制权”，即世界海洋主权的扩张主义野心。

以海洋主权的形式体现扩张主义欲望的主题是由人驾驶的船只。指挥一艘公海船只是实现扩张主义的设计，因为一艘帆船受控的情形体现了人类和神的意志。然而，正如赫尔德·马塞多（Helder Macedo）所言，我们可以将达伽马的寻径之旅解读为“在历史中聚集”（2009：37），重要的是，它也创造了历史。由人驾驶的船舶正驶向创造历史的航道。在这一点上，瓦斯科·达伽马作为航海家的形象至关重要：因为，如果如费尔南多·吉尔（Fernando Gil）所称的《卢济塔尼亚人之歌》在某种程度上具有“第一人称效应”（2009：97），那么这种效应取决于达伽马作为海洋和新现实的海军上将的地位②。目击证人的存在（这是贾梅士诗歌叙述视角的一部分，它赋予了这篇史诗作为历史和世界的见证的即时性）与站在船甲板上看世界是密不可分的（我们在卡米尼亚的《信件》中也看到了这一点）。换句话说，船是一种目击者的存在，我们也在航海日记中发现了这个概念，“将领航员的形象置于航海叙事的前沿”（赛菲尔和桑托斯，2007：462）③。构成海上旅程的第一人称视角

① 另请参阅克莱因2013年对这篇史诗的进一步分析。

② 达伽马是少校船长，即皇室任命的指挥官。

③ 同样，克莱因指出，《卢济塔尼亚人之歌》的核心结构原则是“将海员作为行动原则和叙事的焦点”（2013：165）。

也带有认识论功能，因为正如克莱因所称，海上航行“是一种关于不确定性的现代认识论；它编码的知识总是初步或部分的知识，并且必然涉及他者和不熟悉的事物”（2013：171）。

我们发现航海、第一人称视角和另一种海上文本类型中的历史制定之间确实具有相关性。在公海上扬帆远航、顺风顺水的船只是贾梅士喜欢的大量扩张主义设计的形象，在十章的诗篇中反复出现。用费尔南多·吉尔的话说，扩张主义的船只是“风之生物”（2009：98），而航海船只与风的结合也许在印度舰队的“舰队纪念册”中列举得最为明显。这种类型的手稿现存大约有三十本。从1497年达伽马的舰队

168

图6.3 葡属印度第一位葡萄牙总督弗朗西斯科·德·阿尔梅达舰队的船只插图，《利苏尔特·德·阿布鲁之书》。© 布朗大学约翰·卡特·布朗图书馆提供。

开始，它们列出了在指定的时间段里出发前往印度的船只、船长和总督。这些手稿中有些包含个别船只的插图。

可以说，这类书籍中最著名的，当然也是插图最丰富的，是 1563 年左右编撰的《利苏尔特·德·阿布鲁之书》。这部抄本包含了数百幅色彩鲜艳的图像，记录了 1497 年至 1555 年间每一艘前往印度的葡萄牙船只，以及葡属印度杰出总督和帝国行政官员的整幅肖像。这些船通常被描绘成满帆（船帆被风吹起）。风弥漫在《利苏尔特·德·阿布鲁之书》的航海图像中，甚至比水更甚，并赋予这些微型画一种快速移动感和方向感。在同一抄本中，引人注目的海上旅行者和个别船只的肖

169

图 6.4 《利苏尔特·德·阿布鲁之书》中的瓦斯科·达伽马肖像。© 布朗大学约翰·卡特·布朗图书馆提供。

像的共存表明，船只和人类是海洋探索和历史的共同主角。这些插图赋予船只同样
的帝国代言人和主体属性，就像通常被描绘成自信态度的著名水手和行政人员。值
得注意的是，数百艘相同船只的肖像描绘无论在视觉上多么重复，都显得十分重 170
要。这种视觉上的重复反映并巩固了一个跨越时间的多面和统一的航海社区，其数量的丰富彰显了海洋事业的成功和共同努力。大量船只肖像突出了它们在持续扩张主义中的主角地位，取代，甚至抹去了由于海难或其他危险而偶尔或经常丧失的船只。在《造船之书》的对开本中，就像在“舰队纪念册”中一样，达伽马的船只是这种航海努力的先驱。

在《卢济塔尼亚人之歌》的诗性逻辑中，贾梅士让达伽马在拜访梅林迪酋长的一集里讲述了葡萄牙（和欧洲）的全部历史。在漫长的历史结尾处，达伽马经常将叙述和航海联系起来。我们可以将历史叙事理解为航海的一种形式，反之亦然。如果达伽马是这篇史诗中的英雄人物，例证了贾梅士所歌颂的葡萄牙在全球航海领域的集体史诗成就，那么航海与史诗叙事之间就存在着紧密的联系。梅林迪酋长要求达伽马向他讲述他如何到达非洲的漫长故事（以及葡萄牙作为一个航海国家的历史）的一幕发生在达伽马的大船上。历史的叙述是这篇史诗的中心，因此它起源于“疯狂的海洋”。海洋这个场所加强了葡萄牙 / 西方历史机构和海洋空间之间的关系，因为海洋不仅是历史的主要媒介，也是历史叙述的条件和起源。达伽马讲述了遥远的过去，也讲述了他刚刚过去的探险，忽略了过去和现在，成为一个生动的历史见证时刻。达伽马叙述了历史并看到了历史的展开，这是一种持续的历史代言人意识。

如果说贾梅士将海洋旅行理解为《卢济塔尼亚人之歌》的结构和想象中心以及主要隐喻和现实引擎，那么他的许多抒情诗也是如此。一些简短的评论可以说明这一点。在十四行诗《好似波涛汹涌的大海》中，贾梅士将海难幸存者（通过游泳逃离危险）比作爱情的危险和痛苦①，海洋领域和情感领域是互通的。虽然十四行诗的彼特拉克文体有过关于海事和航海主题的先例，但贾梅士对沉船游泳者和海员的描绘，存在于一个积极从事海洋事业的文化中，这种文化是葡萄牙日常生活的一个

① 请参阅《十四行诗选：双语版》(2005）和《贾梅士抒情诗集》(2008)，查看这首十四行诗的英文翻译。在巴列塔（Barletta）2013 年的译作中还可以找到一些对贾梅士抒情诗的优秀译本。

方面。海洋旅行和危险既是历史的现实，也是隐喻的幻想，贾梅士建立在这些幻想
171 之上的是诗意的敏捷性。在另一首十四行诗《他跟随那引导他的火焰》中，诗人演练了十六世纪伊比利亚诗人的共同主题——“海洛和利安得”(Hero and Leander)的传说。贾梅士的版本主要讲述了利安得游过赫勒斯滂海峡时快要被淹死的最后时刻。正如杰森·麦克洛斯基（Jason McCloskey，2013）在研究加泰罗尼亚诗人胡安·博斯坎（Juan Boscán）1543 年的诗《莱安德罗》(*Leandro*）时指出的那样，我们在那个时代的其他（西班牙）诗人身上也发现了爱情和航海之间的许多共同之处[①]。其中一个就是把身体比喻成航海的船，这是奥维德（Ovid）的《情书》中提出的想法，也是很多文艺复兴时期该传说版本的来源。在这首葡萄牙的十四行诗中，利安得的横渡和即将到来的溺水危险引起了航海活动的转变：诗一开始，利安得控制着自己的身体，就像一艘船的领航员一样，然后他失去了控制，开始遭遇海难。在向海洛游去的过程中，利安得像任何一位领航员一样坚定和勇敢，控制航向是一种情感目的和决心的表现。但是，从“操纵”到“海难船只”的转变，借用了奥维德的观点，也是从“代理人”到“被动执行人”的转变，是情爱关系的及物性转变。利安得既是爱的人，又是被爱的人；在海洛等待的眼睛和心中，他既是爱的代理人，又是爱的对象。

如果利安得的故事借鉴了会让沉浸在航海日常生活中的读者产生特殊共鸣的改写故事的悠久传统，那么葡萄牙人抒情语料库中的其他诗歌则取材于诗人自己的旅行和经历。更具体地说，海洋旅行通常被视为一种流放体验，这与《卢济塔尼亚人之歌》中的海洋旅行形成了鲜明对比，后者是对命运、历史和新世界启示的表达。例如，《挽歌一》以希腊诗人西蒙尼德斯（Simonides）和他的朋友，杰出的雅典政治家和海军指挥官忒弥斯托克利斯（Themosticles）之间的对话开始。西蒙尼德斯承诺为他的朋友创造一种记忆的艺术，但忒弥斯托克利斯拒绝了这个提议，他说他宁愿有一种遗忘的艺术，这样他就可以忘记自己流亡祖国时的不幸生活。这首诗的中心部分是忒弥斯托克利斯的印度之旅，如同在《卢济塔尼亚人之歌》中描述的那样，这首诗也是对达伽马航行的抒情演绎。忒弥斯托克利斯的旅程引发了强烈的怀

① 有关博斯坎诗歌的英文译本，请参阅克鲁姆里奇，2006：43—134。

旧或怀旧的渴望。这种对过去的深刻意识也刻画出贾梅士笔下男主人公与大海的关系，其中海上航行营造出远离家乡和归属感的缺失。忒弥斯托克利斯的流放船是个人在世界空间漫游时可能无尽航行的见证。这位希腊水手向随船返回葡萄牙的海中仙女询问，并在沙滩上写下关于他的命运和生活的诗句，其实质是请求她们成为诗 172
意和忧郁的信使，传达在世界上迷失的存在危机。有趣的是，在《卢济塔尼亚人之歌》中，伴随达伽马船只的海中仙女（涅瑞伊得斯［Nereids］）是世界海洋和谐的一部分，她们强化了命运，实现了全球的航海秩序。

如果说贾梅士和达伽马代表了十六世纪两位著名的越洋旅行者，则与之齐名的还有费迪南·麦哲伦（Fernão de Magalhães）。麦哲伦出生在葡萄牙，他的航海生涯

图 6.5　海中仙女托起和操纵达伽马的船，《卢济塔尼亚人之歌》，米格尔·罗德里格斯（Miguel Rodrigues）编，1772。© 哈佛大学霍顿图书馆提供。

开始于随同第一任葡属印度总督弗朗西斯科·德·阿尔梅达远征印度。在与葡萄牙
173 君主曼努埃尔一世闹翻之后，麦哲伦为西班牙王室效力，1519 年，根据神圣罗马帝国皇帝查理五世的命令，他率领五艘船的船队离开了西班牙。探险队在 1522 年返回时（麦哲伦本人已经在 1521 年死于菲律宾宿务），完成了环球航行，这是西方历史上的首次全球远洋航行。麦哲伦在南美洲发现了大西洋和太平洋之间的联系，他最初称其为“诸圣海峡”（strecho de todos santos），现在以他的名字命名为麦哲伦海峡。麦哲伦的名字通常与欧洲人发现太平洋有关，尽管瓦斯科巴尔博亚（Vasco Núñez de Balboa）已经于 1513 年就在巴拿马发现了它，马丁·瓦尔德塞米勒（Martin Waldseemüller）在他 1507 年的世界地图上也标注了它[1]。麦哲伦的航海故事由远征队的意大利人安东尼奥·皮加费塔撰写，文本完成于 1525 年左右，原件丢失。近代早期旅行故事的重要编者乔瓦尼·拉穆西奥（Giovanni Ramusio）为皮加费塔的故事编撰了一个版本，这本书于 1536 年首次出版，后来在 1550 年被收录在颇具影响力的《航海和旅行》中[2]。皮加费塔的著作被翻译成多种语言，第一部完整的英文译本是塞缪尔·珀切斯在 1625 年出版的《珀切斯世界旅行记集成》，更早的为莎士比亚的译本。

可以说，在当时，没有其他类型的海上旅行者的故事比海难故事更富有戏剧性。从印度返回葡萄牙的葡萄牙船只经常因货物超载而发生危险，在大西洋和印度洋洋流交汇的南部非洲附近的危险水域中艰难前行，经常失事，导致各种各样的乘客被困在非洲的荒野中。那些设法返回家园的人会讲述他们恐怖、艰难和痛苦的故事。这些扣人心弦的故事通常印成小册子，在街上出售，或者有时是大型学术性作品的一部分，其中的许多故事让人读起来就像现代动作片的剧本。十八世纪，一位名叫贝尔纳多·戈麦斯·德·布里托（Bernardo Gomes de Brito）的葡萄牙文献学家尽可能多地收集了这些故事，并在 1735—1736 年出版了一本名为《海洋悲剧史》（*História trágico-marítima*）的选集[3]。这些叙述本身可以追溯到十六世纪和十七世

① 有关对于制图如何帮助西班牙了解太平洋的研究，请参阅帕德龙，2009：1—27。

② 有关该叙述的英文翻译以及随附的介绍性研究，请参阅皮加费塔，2007。

③ 其中一些叙述的英文翻译请参阅博克瑟（Boxer），2001 和泰尔，1964。

纪，现存最早的例子是对于 1552 年发生在东非的“圣若奥号”沉船的描述。

我们可以把“圣若奥号”的故事作为各种体裁的典范来阅读，部分原因是它在葡萄牙以外是最广为人知、被翻译和传播得最多的作品[①]。整体而言，这些扣人心弦的海上灾难和生存故事中最引人注目的是长期艰难困苦的细节，以及海上旅行的意外事件，这些都是跨洋事业文化中普遍存在的，包括但不限于帝国远征。它们呈 174

Historia da muy notauel perda do
Galeão grande sam João. Em q̃ se con
tam os innumeraueis trabalhos ⁊ gran-
des desauenturas q̃ aconteceram
ao Capitão Manoel de Sou
sa de Sepulueda.

E o lamẽtauel fim q̃ elle ⁊ sua molher
⁊ filhos ⁊ toda a mais gente ouuerão.

O qual se perdeo no anno de. M. D.
L ij. a vinte ⁊ quatro de Junho, na
terra do Natal em xxxj. graos.

图 6.6　沉船木刻，《沉船和悲惨的事件，马努埃尔及其妻子多娜和孩子的失踪……》(*Naufragio e lastimoso sucesso da perdiçam de Manoel de Sousa de Sepulueda*, *& Dona Lianor de Sá sua molher & filhos...*)，1594。© 布朗大学约翰·卡特·布朗图书馆提供。

① 请参阅门茨（2015：11—18），了解对该叙述的分析。对于贾梅士而言，《卢济塔尼亚人之歌》中“圣若奥号”（载有返回的印度总督曼努埃尔·法里亚·苏萨、他的妻子莱昂诺尔·德萨［Leonor de Sá］和他们的孩子）的沉船事件是葡萄牙海外帝国在人类方面具有悲剧性的象征性牺牲之一。

现了西方/非西方民族志相遇的另一个维度，这是欧洲旅行者明显处于劣势的特征。在记录葡萄牙漂流者在南部非洲日益频繁地存在时，可以将其中的一些故事视为原
175 始流散者（proto-diasporic）。具有一定讽刺意味的是，从这些剧烈中断的海上航行收集的许多有用信息（地理、人种学、植物学或动物学）本来是无法获得的。尽管是葡萄牙旅行者和作家在近代早期的欧洲建立了沉船叙事本身的类型，但其他国家（例如法国、英国、荷兰）的旅行者、作家和选集编者很快也纷纷效仿①。

作为海难故事核心的是海上灾难和危险、不可预见的生存条件以及遇难或受损船只的幸存乘客上岸后的其他危险，在叙事层面上创造出一种危机，同时故事讲述者也试图将意义和秩序强加于看似无意义和无序的事物上。这些尝试包括对沉船本身原因的详细考虑，但也涉及“古典文学形式、基督教天意、海事事业、经验主义批判和对人类愚蠢的攻击”（门茨，2015：10）②。对沉船故事的解读，往往被推到合理化的边缘，是沉船故事中的危机类别之一。这种解释学上的斗争，加上极端苦难的场景，使这些故事具备了引人注目的人性。

十七世纪早期，出版了一本伊比利亚传统中内容最广泛的关于海洋漂流和冒险故事的书籍。费尔南·门德斯·平托（Fernão Mendes Pinto）的《游记》（*Peregrinação*）写于1569—1578年，但大约在作者（主人公）去世三十年后的1614年才出版。门德斯·平托是一位十六世纪中叶游遍世界各大洋的商人，他的一生充满了冒险、苦难和勇敢。他的旅行始于1537年的印度之旅，随后他穿越大西洋、印度洋、红海、南海、东海，最终到达日本。在周游世界的不同时期，他曾做过海盗，被卖为奴隶，做过外交官、商人，曾是鞑靼人和缅甸的俘虏，在中国的长城被判处一年的繁重劳役，遭遇海难，经历过吃人惨剧，并曾是著名的耶稣会士弗朗西斯·泽维尔（Francis Xavier）的朋友，晚年则定居于与里斯本隔太加斯河相望的阿尔马达的一所房子。他有点像葡萄牙版的印第安纳·琼斯（Indiana Jones，《夺

① 有趣的是，沉船的故事在西班牙并没有像在葡萄牙那样受到关注。但有一些值得注意的西班牙例子，例如阿尔瓦·努涅斯·卡贝萨·德·瓦卡（Álvar núñez Cabeza de Vaca）的《沉船》木刻（1555）。有关其他西班牙帝国时代海上危险和海难的著作，请参阅戴维斯，2006和迪尔（Dille），2011。

② 另请参阅福格特（Voigt，2009：82—83；222—223）和布莱克莫尔，2002。

宝奇兵》的主角）。他的旅行故事在他生前一直是手稿，直到在《堂吉诃德》第二部分出版的前一年才看到了出版的希望。

丽贝卡·卡茨（Rebecca D. Catz）评价称，冗长而迷人的《游记》是一本“特立独行”的书，也是一个谜题，因为基本上很难根据体裁将其分类（平托，1989：xxiii）。它是一部原始小说式的目击旅行叙事和历史编年史。但是，对卡茨来说，真正的问题是门德斯·平托公开批评葡萄牙人征服海外的道德问题，这本质上是一种讽刺。门德斯·平托并不是唯一一个批评葡萄牙帝国的人，这种批评也出现在贾梅士的《卢济塔尼亚人之歌》以及历史学家迭戈·杜·库托（Diogo do Couto）的 176
《士兵实践》（1980）等作品中。门德斯·平托这本书的自成一体的本质，最好的理解方式可能不是从一个特定的、压倒一切的体裁，而是从多样性的体裁来理解。《游记》依次是历史编年史、目击旅行记录、囚禁叙述、海难叙述、史诗、道德沉思和讽刺叙述。在几十年的时间里，门德斯·平托在广阔的地理舞台上体验了各种各样的经历，这是任何一种文本体例都无法比拟的。这并不奇怪，因为门德斯·平托本人在他的书中占据了许多主题位置，这些位置都是典型的在帝国范围内活动的海洋旅行者，包括商人、奴隶（或俘虏）、海盗、海难幸存者、外交官、海员和战士。

门德斯·平托戏剧性地体现出来的越洋旅行贯穿了整个十七世纪。至于这些游记作家的代表，我们可以关注热罗尼莫·洛博（Jerónimo Lobo），他是葡萄牙耶稣会士，于1621年第一次被派往印度后，在国外度过了十八年，并在他的《旅程》中记录了他的冒险。洛博是埃塞俄比亚使命中的一分子，他在埃塞俄比亚生活了九年，后来定居印度。他1635年在非洲的远洋航行遭遇海难，不久之后他就访问了哈瓦那。他去过西班牙、意大利和非洲，并可能在1639—1640年在里斯本写成了他的书，然后再次动身前往印度。据贝金厄姆（C.F. Beckingham）所说，他去世时是“在世的埃塞俄比亚问题上最伟大的权威”（1984：xxiv）。《旅程》讲述了洛博在埃塞俄比亚、印度和非洲的旅行和冒险，其中包括对红海和尼罗河的描述。

《旅程》最早于1692年以法语出版，由约阿希姆·勒·格兰德（Joachim Le Grand）编辑①。这本法语版后来被塞缪尔·约翰逊（Samuel Johnson）翻译成英语，

① 《旅程》的原始手稿一直丢失，直到1947年才在葡萄牙拉林被发现（贝金厄姆，1984：xxvi）。

书名是《阿比西尼亚之旅》，并于 1735 年出版。就像本章中所述的几乎所有文本一样，洛博的记述记录既有海洋也有陆地。耶稣会士经常强调这一点，指出他的旅程是“部分是海路，部分是陆路”，因此就其页面中包含的违背常规的方式而言，《旅程》是我们可以称为“两栖叙事”的书本。两栖叙事讲述了从海洋到陆地再到海洋的反复运动、船舶与陆地之间的运动或船只与海上社区和陆地或“土地”社区之间的运动。洛博花了大量的叙述空间来描述船上的生活。保罗·吉尔罗伊（Paul Gilroy）认为，船舶是“一个动态、微文化和微政治的系统”（1993：4）。在洛博的船上，文化和政治的水生群体逐渐淡出人们的视线，取而代之的是对航海船只的赤裸裸和令人不安的描述，把船只描述为身体痛苦、充斥疾病和腐烂的地方。在讲述船上的生活时，洛博经常扮演业余流行病学家的角色，推测疾病的原因，及其可能
177 的起源和传染机制。在《旅程》中起作用的两栖逻辑是，在描述海上旅行部分时，他强调了尸体、痛苦和生存；当船的物理界限面临危险时，他呈现出紧张和明确的描述。艰辛是海上时间性的标志，因为船是一种关系设备，创造了海洋时间（一个没有明显或可辨历史维度的时间）和具有历史、地理和民族维度的陆地时间之间的对比。洛博的两栖叙事在这两种时间之间、在时间的限制和开放的现在之间穿梭。但其在海洋旅行和扩张本身的文化范围内，因此而得出海洋并无历史意义的结论是错误的。在《卢济塔尼亚人之歌》中，达伽马的旅程通过将海洋写入君主的世界版图，有效地将海洋时间化和历史化，扩张主义者的船只承载着文化和时间穿越世界的海洋。

第七章

表现

全球近代早期的海洋视觉艺术

詹姆斯·赛斯（JAMES SETH）

几个世纪以来，艺术家们一直在问一个从艺术方面提出的有关海洋的问题：海 179
洋是不是一面真正的镜子？我们在最平静的水潭里看到的画面是否也是我们自己？或是一种变异、腐败或虚幻的画面？卡拉瓦乔（Caravaggio）的作品《纳西索斯》（1597—1599）将水描绘成一面镜子，并通过一种无限痴迷的方式回答了这个问题。纳西索斯凝视水面时，以呆滞的姿势围成一个圆圈。这幅画将水表现为一种值得欣赏和渴望进入的艺术品。近代早期（1450—1650），海上出现越来越多的商人、探险家和海员。绘画、地图、诗歌和戏剧等海洋艺术反映了探索和揭开海洋奥秘的渴望。

海洋和海洋主题的视觉表现通常传达渴望的感觉，捕捉一个短暂的、崇高的或神话般的事件。文艺复兴时期关于维纳斯的艺术作品经常描绘她从多泡沫的大海中出生，她的美丽和性力量从子宫中产生。其中最著名的是桑德罗·波提切利（Sandro Botticelli）的《维纳斯的诞生》（约1482—1485年），描绘了奥维德在《变形记》中描述的女神，她赤身裸体地从泡沫中冒出来，完全成熟，站在海边的贝壳上[①]。波提切利的《含羞维纳斯》（*Venus Pudica*）描绘的是风把玫瑰吹向女神时，她
把自己包裹起来。大自然充满活力的力量围绕着维纳斯，海浪在背景中涌动，海风 180
将她的头发吹离她的身体，使她不得不遮住自己的阴部防止暴露。她平静的表情与风和水的狂野运动形成了鲜明的对比。这一时期的艺术家经常把大海描绘成一个理想的或深不可测的空间。

---

① 乔治·瓦萨里的《维纳斯诞生》（1555/1557）也描绘了站在贝壳上的女神，但她周围环绕着与大海有关的神话人物，特别是泰蒂（Teti）（她的左边）和尼普顿（她的右边）。海中也有许多其他的生物，包括特里同（Tritons）和涅瑞伊得斯（海中仙女），它们给维纳斯带来大海的馈赠：珍珠、贝壳和其他珍宝。

图 7.1　卡拉瓦乔，《纳西索斯》，约 1597—1599 年。© 维基共享资源（公共领域）。

近代早期的海洋艺术涉及的是反映在人生崎岖旅程争斗的海员和人类主题。近代早期海洋艺术中出现了一系列主要的主题和题材，如沉船、海岸线、动荡天气、
181 危险或神秘生物、寓言人物、历史事件和圣经事件。在圣经的画作中，大海常常表现出神圣力量的深远界限。约拿等人物通过海洋及其威胁性生物的致命力量来体验这种力量。与在海上航行的船只和海军舰队相比，大海的真实写照也捕捉到了它的浩瀚和力量。海洋通常表现为蓝色和灰色的暗色调或柔和色调，经常强调海员的忧

郁和辛劳以及在变幻莫测的水域航行时的紧张和不安的感觉。大海的绘画经常捕捉的是海员最脆弱的时刻，即航行受阻。大海也出现在地图、物体、雕塑和舞台上。在所有这些不同的表现中，艺术家把大海和大海中的生物描绘成阴谋和恐怖的对象。海洋艺术给人的感觉是只获得了部分的理解，只瞥见了海底的东西。

神秘的大海

圣经之海

在近代早期的欧洲文化中，海洋的历史始于《创世纪》：海洋在天空之后创造，被苍穹隔开，命名为“海”，充满了生物（《创世记》，1：1—1：21）①。劳伦斯·奥托·戈德（Lawrence Otto Goedde）指出，这个时代的艺术家们通过圣经的叙述来诠释大海，表现出上帝力量的强度和“两极性”（1989：38—39）。圣经之海被描绘成平静或动荡的极端大海，以说明上帝作为仁慈和惩罚的拯救者的双重性。圣经之海不仅是神圣力量的象征，也是常常通过海上风暴考验人物性格的手段：《诗篇》，107：23—30；《使徒行传》，27：13—44，圣保罗海难；《创世纪》，7—8，《诺亚方舟》；最著名的是《约拿书》。约拿的故事是近代早期表现方式中对圣经之海最流行的解释之一，经常在绘画、地图、文学和旅行叙述中被引用。

米开朗基罗（Michelangelo）的《先知约拿》（约1542—1545年）和老勃鲁盖尔（Jan Brueghel）的《约拿离开鲸鱼》（约1600年）都描绘了约拿和一条大鱼，观众的注意力被吸引到约拿身上，而不是大海或鲸鱼。勃鲁盖尔在《圣经》中描绘的大海呈现出一种毁灭性的力量，场景中充满了排山倒海的巨浪。然而，约拿那矮小的身影却从鲸鱼身上冒出来，穿着引人注目的红衣服，双手合十祈祷着，这仍然是最突出的特征，汹涌的大海似乎消失在他身后的黑暗中。在约拿身后，一块高耸的岩石若隐若现，意味着潜在的危险（身体和精神上的危险）现在已经离他远去。岩石也可能是上帝同在的象征，在汹涌的波涛中代表信仰的根基（《诗篇》，18：2）。

佛兰德画家保罗·布里尔（Paul Bril）的《约拿的航行》（约1600年）将大海描 182

① 所有的圣经参考都来自《圣经：国王詹姆斯钦定版》（1997）。

绘成一股特别强大的力量。十六世纪九十年代初，布里尔与勃鲁盖尔在罗马相见并成为朋友，受德国画家亚当·埃尔谢默（Adam Elsheimer）的影响，他采用了风格主义的绘画做派，布里尔对《圣经》中海洋的解释与勃鲁盖尔的海洋著作有相同之处（保罗·布里尔，2019。注：《大英百科全书》把布里尔的名字拼成了“Brill”，但他以前和以后的名字都应该拼成“Bril”）。布里尔和勃鲁盖尔以传达主体精神动荡的方式表现大海，他们的画中阴郁、不饱和的色调强调了精神考验的内在斗争。两位艺术家都把引人注目的、明亮的主题与黑暗的海洋并列，暗示了上帝考验的两极：在“地狱的腹中”，“水环绕着（约拿），直到灵魂”（《约拿书》，2：2—5）。在“地狱”中幸存下来后，约拿遵循了上帝的指示。在布里尔的作品中，云层和大海的黑暗色调将大自然本身描绘成威胁和地狱色，黑色的云圈使布里尔能够比较太阳光中的对象：约拿船上明亮的白帆和下面朦胧的大海。虽然最大的光亮在船帆上，但这艘船本身处于一种近乎崩溃的状态，很容易受到附近鲸鱼的攻击，也很容易受到海浪的袭击，有可能把它掀翻。

约拿的故事也是近代早期地图不可或缺的一部分，画出鲸鱼即表示警告海员在特定地区的潜在危险。例如，塞巴斯蒂安·明斯特（Sebastian Münster）的《宇宙志》（1540）描绘了一个人在靠近非洲北部海岸的地中海被海怪吃掉。切特·范·杜泽（Chet Van Duzer，2013：38，17—19）认为，这个人可能就是约拿，因为中世纪的地图上就有约拿这个人物。利维坦（《圣经》中的海怪）的形象也经常出现在近代早期地图和地球仪上，他常被描绘成神秘而致命的海洋力量，例如《约伯记》3：8 中写道：“愿那咒诅日子且能惹动利维坦的，咒诅那夜。”尽管利维坦在中世纪的地图上出现的次数更多，但它在约翰·舍纳（Johann Schöner）1515 年制作的地球仪上出现在非洲东海岸附近。

近代早期吸引艺术解释的《圣经》海洋叙事是在《马可福音》第四章（《马太福音》8：23—27）中被基督平息的加利利海风暴。荷兰画家伦勃朗·范·莱因（Rembrandt Van Rijn）的《加利利海风暴中的基督》（1633）是其中最著名的代表作之一，这不仅因为这幅画的艺术性，还因为它于 1990 年 3 月 18 日在伊莎贝拉·斯图尔特·加德纳博物馆被盗（泽尔，2003：145）。虽然《加利利海风暴中的基督》

是伦勃朗唯一的海景画，但它仍然是他最著名的作品之一，也是荷兰黄金时代的杰作。就像布里尔的《约拿的航行》一样，伦勃朗将大海描绘成一片混沌和黑暗的色调，黄色的光线透过云层中充满希望的裂缝，洒向在海浪中颠簸的船只。

基督平息加利利海风暴的另一幅代表作是被大英博物馆收藏的大约 1650 年印 183
度莫卧儿王朝祷文中的一页。这幅作品在构图上与伦勃朗的作品惊人地相似。虽然
伦勃朗的这幅作品以一艘有帆的船为特色，但莫卧儿王朝的这幅作品中有一道闪

图 7.2　伦勃朗·范·莱因，《加利利海风暴中的基督》，1633。© 维基共享资源（公共领域）。

电，其位置与伦勃朗作品中的桅杆角度相同。莫卧儿艺术作品中云朵的裂缝也与伦
184 勃朗作品中风帆的轮廓相似。无论这些作品的相似之处是否仅仅是巧合，莫卧儿
王朝对基督故事的重新想象似乎是在与欧洲人对这一事件的解读对话。在文艺复
兴时期的画作中，《圣经之海》的其他代表作还包括《西斯廷教堂的红海之渡》（约
1481—1482 年）和拉斐尔（Raphael）的《捕鱼的神迹》（约 1515 年）。

古典之海

古代史诗也启发了早期现代英国人对海洋的描绘。由亚瑟·霍尔（Arthur Hall，1581）和乔治·查普曼（George Chapman，1616）翻译的荷马史诗《奥德赛》描述了一个古老的海洋，从表面上看，就像《圣经》中的海洋。然而，荷马所描绘的海洋之下有着近距离接触就会致命的海洋生物：锡拉、卡律布狄斯、塞壬和波塞冬（Poseidon）都是奥德修斯及其手下的可怕敌人。每一个海洋生物都象征着奥德修斯在特洛伊战争后的十年返航中必须克服的考验。就像约拿一样，如果奥德修斯能在危险的海洋中幸存下来，他就能被复活。文艺复兴时期的艺术家经常对奥维德的《变形记》和卢坎的《法沙利亚》进行解读，强调深海生物的奇异性，或者海洋破坏航行和舰队的巨大力量。

波塞冬可以说是文艺复兴时期最受欢迎的古典人物之一，这位海洋和地震之神不仅出现在 1450 年到 1650 年的绘画中，而且也出现在雕塑、花瓶、碗和其他装饰艺术中，对此我将在专门讨论这些对象的章节中进行讨论。波塞冬在这一时期的艺术重要性归功于他在荷马史诗中的角色：派出暴风雨来挫败《奥德赛》中名副其实的英雄（1870：V.291—332）。然而，波塞冬的重要性也归功于欧洲“发现”航海时期海上旅行的增加，以及香料贸易期间网络和海上航线的扩张。海洋上的航行比以往任何时候都要频繁，海洋对船只命运的破坏力常常被认为是艺术表现中善变的海神波塞冬和福尔图娜（Fortuna）的杰作。奥德修斯曲折的旅程反映了海上旅行者的经历，他们与致命风暴的遭遇似乎是反复无常的海神的杰作。目前在卢浮宫展出的小弗朗索瓦·利莫辛（François Limosin Ⅱ）创作的一幅铜质珐琅画（约 1633 年）描绘了一个骑在海浪上的强大海神，一只手拉着海马，另一只手拿着他的三叉戟。这可能是对海神最流行的描述，融合于大海的同时保持完全的控制。

刻甫斯（Cepheus，仙王座）和卡西奥佩娅（Cassiopeia，仙后座）的女儿安德洛墨达（Andromeda）也在奥维德的《变形记》中进行了海洋艺术的重新塑造（2010：4.669—901）。在卡西奥佩娅声称安德洛墨达的美丽超过了涅瑞伊得斯之后，波塞冬派海怪塞特斯（Cetus）去杀死安德洛墨达。她赤裸着被锁在一块岩石上（作为祭品），此时珀尔修斯（Perseus）将她从塞特斯的蹂躏中救了出来。

大英博物馆收藏的一幅十七世纪中后期的德国蚀刻版画描绘了安德洛墨达获救 185
之前的场景。在这幅蚀刻画中，她坐在岩石上，右侧面对着这只残暴的海怪，而珀尔修斯则在他们身后飞过，准备攻击塞特斯（被描述为“海龙”）。安德洛墨达的海洋形象在文艺复兴时期的绘画和视觉艺术作品中很常见，尤其是欧洲艺术家的作品。描绘珀尔修斯拯救安德洛墨达的场景在雅各布·马萨姆（Jacob Matham，约1597年）、简·彼得斯（Jan Pietersz，约1601年）、威廉·杰森（William Janson）和安东尼奥·坦佩斯塔（Antonio Tempesta，约1606年）、彼得·西蒙兹·波特（Pieter Symonsz Potter，约1642年）、斯特凡诺·德拉·贝拉（Stefano della Bella，约1644年）的作品以及彼得·保罗·鲁本斯（Peter Paul Rubens，约1634、1638、1640年）的一系列类似画作中被重新塑造。

有关海洋的作品经常引用运气来说明他们的处境，无论是好运气还是坏运气。因此，由于天气和海洋的反复无常，她常常是航海者命运的象征。小弗兰斯·弗兰肯（Frans II Fracken）的福尔图娜·马丽娜（Fortuna Marina，约1615/1620年）描绘了女神福尔图娜身着她的“海上伪装”，为海边的人群分配好运和坏运。福尔图娜站在一个地球仪上，一只手赐予财富，另一只手拉着一个大帆。她的身后是一片黑暗的、令人不安的海洋，反复无常的风翻腾着船帆，重申着命运的无常。阳光照在着陆的左侧，而右侧则是乌云下脆弱的船只。福尔图娜站在中间，强调她提供和平与不和谐的双重角色，很像《圣经》中海洋画中上帝角色的两极性。

伊卡洛斯（Icarus）的故事也在早期现代海洋艺术中被重新诠释，最著名的是在老彼得·勃鲁盖尔的作品《伊卡洛斯的坠落》（约1555年）中。这幅画把伊卡洛斯的故事描绘成一个平淡无奇的日子里的一个特殊事件。这幅画的焦点并不是伊卡洛斯的命运，因为在克里特岛附近拥挤的海洋右下角，几乎看不到他的双腿，同时也看不见伊卡洛斯的父亲代达罗斯（Daedalus）；相反，正如标题所解释的那样，其焦点在于艺术家的眼睛所享有的特权，即风景。奥登（W.H. Auden）在《美术博物馆》（*Musee des Beaux Arts*）中精彩描述了这幅作品，指出“一切都那么自然地从灾难中淡出 / 归为宁静”（1940：14—15）。对于农夫来说，伊卡洛斯的坠落“并不是一次重大的失败”，而只是海洋中的又一次水花溅起（同上：17）。约翰·萨瑟兰（John Sutherland）解释称，这幅画是“一个关于人类愿望的寓言……地球忍受：农者耕其田。商者从其商。生者续其生。不幸飞行员之死如麻雀之掉落。惟是思之，方无欺心”（2016）。勃鲁盖尔的绘画表现出，一件事情在一个持续快速移动的世界中相对不重要，人在落海时不会犹豫。画家还强调了这样一个事实：大海和它熙攘的海岸是复杂、动态的空间，许多船驶向目的地；牧羊人饲养羊群，期待剪羊毛；农夫期待着丰收。人与自然在罕见的意外中继续运动，在复杂的故事中，每个人都是自己的主角。

东方神话中的大海

186 东方的海洋神话经常出现在其他国家和宗教的跨文化解读中。绘画、卷轴和装饰物品往往暗示着许多亚洲艺术家从未去过的地方、可能从未与之互动的人以及从未亲眼见过的事件。例如，中国近代早期的艺术经常用夸张的外貌和异想天开的视觉效果来重新塑造印度和佛教人物。约翰·基什尼克（John Kieschnick）和梅尔·沙哈尔（Meir Shahar）解释称：“佛教对印度哲学、神话、艺术和物质文化的渗透，促使好奇的中国人思考它们的来源”（2014：1）。作为印度文化在中国的早期代表，刘松年（约 1155—1218 年）的罗汉（梵文定义为“有价值的人”）重新塑造了佛教主体被自然包围并与自然和谐相处的绘画：罗汉平静地凝视着一群鹿，猴子在树上玩耍。在中国人的艺术想象中，印度佛教罗汉与自然和平共处，并以一种奇特的方式参与其中。这在海洋绘画和水体艺术品中尤为普遍。中国和日本对印度文化的解读呈现出神秘佛教人物与海洋的互动方式，类似于西方海洋艺术中圣经和经典人物的表现，主要是存在于主体与海洋之间的超自然联系。

1450 年到 1650 年间，有许多艺术作品描绘了佛教人物穿越不同水域的情景。通常，这些人物坐在或站立在原本不适合或无法稳定端坐或站立的小物体上时会出现交叉。大英博物馆目前收藏有一幅十七世纪中期的日本丝绸画卷，作者是莫安（Mo An），创作于1640年至1684年，描绘了生活在五六世纪的佛教僧人达摩乘着一根芦苇横渡长江的情景①。虽然亚洲各地都有关于菩提达摩的神话，但渡江的神话却起源于中国（菩提达摩，1989：ix）。根据中国的传说，菩提达摩是印度南部一位婆罗门国王的儿子，他到中国传播他的师父般若多罗（Prajñātāra，从历史上的佛陀延续至当时的第27位印度族长）的教义（同上：x）。经过三年的航行，达摩来到中国，在南京正式向梁武帝自荐（同上：xi—xii）。当梁武帝得知自己的造寺、度僧和写经并无功德后，他就不理达摩了（同上：xii）。之后，达摩乘着一根小芦苇渡过长江，来到嵩山少林寺打坐。在日本的传说中，菩提达摩也叫达摩，是中国神话以外的传说。在日本神话中，达摩也与生育和生殖崇拜有关，表现出的是菩提 187
达摩用表示生殖崇拜的芦苇横渡的形象。这幅达摩横渡的日本丝绸画卷描绘了达摩与自然接触的熟练程度，让人想起中国早期艺术中对于罗汉形象的描绘。

大英博物馆收藏的一幅十六世纪中国手卷描绘了佛教罗汉葫芦渡海的情景。这幅画的特征与中国早期描绘的印度罗汉很相似，首先是面部特征，而这一特征长期以来一直与西方外国人联系在一起："突出的鼻子，浓密的眉毛，鼓起的眼睛和留着胡须的下巴"（基什尼克和沙哈尔，2014：1）。这幅画与刘松年的绘画相似，罗汉双臂交叉，被大自然包围，但他的面部表情不那么平静，更加表现出沉思，更像日本卷轴上的菩提达摩。中国手卷上的罗汉可能是受到了菩提达摩神话的启发，但这个人物矮小的外表和蹲伏的姿势与其他的菩提达摩艺术作品并不相符，后者把他描绘成一个高大、有力的人物。

神话中的海洋生物

在欧亚大陆的艺术作品中，神话中的海洋生物被重新塑造，每一种都有许多变种，包括海龙、海狗、海精、海妖和美人鱼，以及许多其他的杂交海洋动物。海龙有着怪物和人形的脸，在欧洲和亚洲的艺术作品中很流行。目前在华盛顿特区史密

---

① 请参阅"绘画／悬挂画卷"，馆号：1881，1210，0.86.CH。在线获取：https://www.britishmuseum.org/research/collection_online/collection_object_details.aspx?objectId=270686&partId=1&searchText=Bodhidharma+mo+an+& page=1（访问日期：2017年11月3日）。

森尼的“弗里尔和亚瑟·萨克勒亚洲美术馆”展出的十五世纪早期穆罕默德·卡兹维尼（Muhammad al-Qazwini）的《创造的奇迹》手稿所描绘的就是海蛇或海龙。画家给海龙画了一张人形的脸，把它盘成一个结。海蛇图打乱了对齐文本的边界，也许是为了表现它的力量和滑溜。

对海妖塞壬的诠释在这一时期也很普遍，在奥维德和荷马作品的翻译和重印版中有许多绘画和蚀刻画。威廉·詹森和安东尼奥·坦佩斯塔的画作《塞壬》(1606）是同年出版的奥维德的《变形记》系列插画中的一幅。《塞壬》描绘的是，海洋生物试图吸引海员的注意，其中一个张开双臂，另一个指向一个岩石岛。海妖看起来很有帮助，也很吸引人，但却是用她们的魅力来阻止旅行者们的探险。瓦萨里的《维纳斯的诞生》等作品描绘了各种各样的海洋生物在一起和谐地生活，或者至少是在一个共享的栖息地中共存。另一幅作品是安杰洛·法尔科内托（Angelo Falconetto）的蚀刻画《塞壬、水精和特里同》(约1555/1567年)，画中三种生物一起生活在拥挤的海洋中，被小天使和海豚包围。虽然许多现实主义的解释强调了海洋的浩瀚和广阔，但经典的解释往往把海洋描绘成一个像陆地世界一样充满活力和拥挤的繁忙空间。实际上，法尔科内托作品中的海洋在海洋生物的背后几乎不可
188 见，仅仅是中心动作的背景。我将在后面的章节中讨论的近代早期的地图也将海洋描绘成一个充满生物（包括海妖、海怪和混合海洋生物）的熙熙攘攘的空间。

无论是描绘《圣经》中的海洋场景、重新构思奥维德的故事，还是描绘佛教罗汉的横渡海洋，艺术家们都在描绘神秘的海洋，强调它的变革力量。约拿见证了海洋的神圣和可怕的力量，因此，海洋艺术家们改编了约拿的故事来表现在海洋中的生存。在海洋航行日益频繁的时期，艺术家们利用约拿的故事来传达无助和脆弱的感觉，既体现在自然的运作中，也体现在上帝的工作中。艺术家们还用波塞冬和福尔图娜等经典人物来展示外部海洋力量如何扰乱和控制海员的命运。在这些作品中，虚构的海洋主题有助于说明在海上航行时控制的缺乏（和欲望）。维纳斯和塞壬等题材也将海洋分别描绘成性欲望的诞生地和家园。最后，文艺复兴时期的艺术家在他们对神话故事的重新想象中捕捉到了海洋的二元论：海洋在召唤、威胁和吞噬，但也在净化和激励。

海洋艺术中的现实主义

早期现实主义与海战

十五世纪的欧洲海洋艺术以现实主义方式描绘海洋、船只和天气而著称。在荷兰，十五世纪末的海洋艺术变得越来越受欢迎和有利可图，不同媒介的艺术家都对视觉化的海洋主题的细节产生了兴趣。批评家们经常把荷兰传统中现实主义运动的开始归因于启蒙运动，如由扬·范·艾克（Jan Van Eyck）或他的兄弟休伯特·范·艾克（Hubert Van Eyck）在“都灵米兰祈祷书”（约 1420 年）中收录的《岸上的祈祷者》（戈德，1989：49）。在继《岸上的祈祷者》之后的作品中，海洋艺术家通过捕捉主体在海上颠簸的运动来唤起一种危险和骚动的感觉。无论是捕捉一个典型的暴风雨场景，还是重新想象一个历史时刻，现实主义的海洋艺术都描绘了海上航行的紧张和脆弱。纸上雕刻的一幅版画《卷起风帆向右航行》（约 1475—1485 年），表明了荷兰艺术家对波涛汹涌大海中颠簸船只的关注。《卷帆的船》的作者身份不明的荷兰艺术家，因其独特的签名（带钥匙图像的字母 W）而被称为“钥匙 W 大师”，制作了一系列以海洋为主题的版画，被伊斯拉赫尔·范·梅肯纳姆（Israhel Van Meckenem）等多位版画家复制[①]。《卷帆的船》将观众的注意力吸引到结构的复杂性和船的运动上，使场景具有惊人的真实感。船向上航行，就像船的罗盘方位为北方，但桅杆顶部的箭头鱼叉则指向船的后面，可能是真正的北方。奥斯曼帝国在欧洲的战争导致了一系列绘画的诞生，这些绘画记录了十五世纪和十六世纪基督徒和土耳其人之间的动荡冲突。维托雷·卡帕乔（Vittore Carpaccio）的 189
《朝圣者抵达科隆》（约 1490 年）对十六世纪的大型船只进行了详细描绘。卡帕乔的《朝圣者抵达科隆》是关于圣乌苏拉传说（Storie di sant’Orsola）的系列画作之一，目前在威尼斯的学院美术馆展出。卡帕乔强调了科隆事件的重要性，当时科隆被匈奴人包围，舰队也将教皇护送到奥斯曼帝国控制的城市。这幅画的构图将海港几乎

① 请参阅“版画：钥匙 W 大师；荷兰文，年份：1464—1485；《卷起风帆向右航行》，1475/85”，芝加哥艺术学院。在线获取：http://www.artic.edu/aic/collections/artwork/27881（访问日期：2017 年 11 月 3 日）。

图 7.3　维托雷·卡帕乔，《圣乌苏拉的传说》，1497—1498。© 维基共享资源（公共领域）。

完全置于画作的中间，将朝圣者的船只和在岸边等待他们的鲜红色军队分开。卡帕
190 乔强调了大海的政治功能，在动荡的时代，大海是一个边界和通道。在奥斯曼帝国
海岸的高塔顶端，飘扬着红色和白色的旗帜，上面有三个金色的王冠，表示控制了
亚洲、希腊和特拉布宗的征服者穆罕默德（1432—1481）的统治。海上艺术接着描
绘的是十六世纪中叶奥斯曼帝国对西欧的入侵，当时海洋仍然是领土争端的战区。
1565 年奥斯曼帝国入侵马耳他的失败在许多作品中被重新描绘，包括十六世纪晚期
马泰奥·佩雷斯（Matteo Perez）的几幅画作。

英西战争（1585—1604）也激发了海洋艺术的灵感，捕捉了舰队决斗的戏剧性场面。在国家海事博物馆展出的一幅十六世纪的油画《1588 年 8 月英国船只和西班牙无敌舰队》是一位英国画派艺术家的作品，突出了这场战役的壮观。博物馆认为，这幅画最有可能捕捉到的是“格拉沃利讷海战，双方大量船只陷入持续冲突的关键时刻”（国家海事博物馆，无日期）。艺术家强调的是，海洋虽然广阔，却可以成为一个拥挤而多变的军事利用空间。博物馆中这幅画的日期紧跟在战役之后，这幅画也巧妙地展示了反天主教的元素。在画的中间靠前的西班牙加莱赛战船（悬挂着教皇的旗帜和西班牙的武器）上有许多讽刺人物，包括举手讲道的修道士和穿着小丑服装的骷髅人物。后一幅图清楚地表明，英国艺术家把加莱赛战船描绘成一艘“愚人之船”（同上）。

国家海事博物馆对 1588 年 8 月 7 日英国的“火攻船”（装有易燃物品的船）也有佛兰德语的解释。这幅画创作于 1590 年左右，与英国画派的画有很大的不同。相比英国画派画作的暖色调和红色，佛兰德画采用了更多的蓝色。佛兰德艺术家还将英国和西班牙舰队布置在相反的方向，而不是像格拉沃利讷海战所暗示的那样，将两国舰队混合在一起。位于画作中间的“火攻船”正缓慢地向西班牙舰队靠近，这种英国和西班牙舰队的两极化增强了人们对海战的期待。

荷兰现实主义

现代航海画在很大程度上受到了十六世纪和十七世纪佛兰德和荷兰运动的影响。荷兰经历了主要由海上贸易、渔业和捕鲸构成的财富增长，随着荷兰文化“与水和船的密不可分”（阿奇博尔德，1980：14），他们的艺术主题也随之而来。阿奇博尔德（E.H.H. Archibald）解释称： 191

> 十六世纪中期，由于宗教改革与人们的思想和精神从中世纪教会强加的选择限制中得到解放，海洋题材绘画出现了相当突然的演变。这种艺术的繁荣最初局限于新的新教国家的那些地区，那里已经有一个使用复杂技术的蓬勃发展画派，实际上就是荷兰。
>
> （同上）

缅因州的绘画在安特卫普、阿姆斯特丹、鹿特丹、哈勒姆、霍恩和乌得勒支尤为突出。小朱斯·德·蒙帕（Joos de Momper the Younger，1564—1635）等画家对海洋，尤其是混乱海洋的关注引发了荷兰的现实主义运动。德·蒙帕的《海上风暴》（约1569年）是早期现实主义艺术家捕捉海洋主题的运动和脆弱性的突出范例。在画作中间较低位置的船在汹涌的巨浪中显得十分矮小。逆风航行时，这艘船处于十分不利的地位，德蒙帕用险恶的黑色描绘了画中的云朵和大海。虽然德·蒙帕的主要作品是风景画，但他的海洋画作却受到了彼得·勃鲁盖尔（1528—1569）的启发，人们认为最初创作德·蒙帕的《海上风暴》的是勃鲁盖尔。

哈勒姆（Haarlem）因为通常被认为是海洋绘画之父的亨德里克·科内利斯·弗鲁姆（Hendrik Cornelisz Vroom，1566—1640）的出生地而闻名（同上：158）。哈勒姆行会和荷兰海洋绘画学派对海洋绘画的风格和内容产生了巨大的影响。有很多海洋画家，特别是保罗·布里尔（1554—1625），直接启发了弗鲁姆。启发了弗鲁姆画风的早期海洋画家包括彼得·科克（Pieter Cock，1502—1550）、彼得·勃鲁盖尔（1528—1569）、科内利斯·博尔（Cornelis Bol，1580）和简·博斯里斯（Jan Porcellis，1584—1632）。

博斯里斯基于几乎单色的"荷兰珍珠灰色的天空"，声称自己是新荷兰现实主义色彩的创新者（同上）。他的海洋画描绘了汹涌的海水，比如《暴风雨中遇险的船》（约1616年），集中体现了定义荷兰现实主义绘画的灰色、蓝灰色（如白灰色）和深灰色的深色调结构。博斯里斯的《暴风雨中遇险的船》也体现了文艺复兴时期海洋画中经常出现的二元论。尽管明亮的天空几乎被遮蔽，但这幅画从右到左逐渐变亮。画中较暗的右半部分描绘了一艘船在波涛汹涌的水域中处于濒临崩溃的状态，黑色的云在上面翻腾。右边的船处于倾覆的边缘，不像左边的姊妹船那么容易辨认。博斯里斯展示了船与水的融合，两者融合成同一力量，有一种船正在被大海吞噬，特别是被尖牙状的波浪包围着的感觉。

保罗·布里尔（1554—1625）也是一位重要的现实主义海洋画家，尤其是他的风景和海景画给了弗鲁姆以灵感。布里尔1554年出生于安特卫普，在一个风

图 7.4　亨德里克·科内利斯·弗鲁姆,《海岸附近的一些东印度人》, 约 1600—1630 年。© 维基共享资源（公共领域）。

景画家的家庭中长大，他的父亲是大马修斯（Mattheus Bril），弟弟是小马修斯（Mattheus the Younger）（阿奇博尔德，1980）。保罗·布里尔是安特卫普行会成员达米安·欧特尔曼斯（Damien Oortelmans）的学生。他 20 岁时离开安特卫普去了罗马，和他哥哥会合，当时他哥哥已经是一名风景画家。虽然保罗在罗马的时间花在委托绘画、微缩画和雕刻上，但他也创作了海洋画。布里尔与弗鲁姆的联系始于罗马，这是两位艺术家相遇的地方。

弗鲁姆是一位海军场景和海战的绘画大师，他的绘画风格比他的前辈们更加现实，体现了他在海军事务和海事历史方面的热情和知识。在哈勒姆与弗鲁姆同时代的人，如彼得·萨弗里（Pieter Savery，1638），可能模仿或启发了弗鲁姆的绘画技巧。1566 年，弗鲁姆出生在哈勒姆的一个艺术家家庭，他离开了陶艺绘画的生活，登上了一艘前往西班牙的船，先后经过里窝那、佛罗伦萨和罗马，在那里他遇到了保罗·布里尔（阿奇博尔德，1980：195）。弗鲁姆以一种前所未有的方式开创了描绘海军场景和战斗的先河。他的绘画方式清楚地表明了他对船舶的热爱和理解，以及对海军历史的浓厚兴趣。这一点在他的大型海战画中表现得尤为明显，包括《科内利斯·德·豪特曼 1599 年从苏门答腊岛回到阿姆斯特丹》（约 1610—1620

年）。弗鲁姆还被委托为英国顾客创作海事艺术作品，通常描绘的是英国海军战胜
193 西班牙无敌舰队的场景。弗鲁姆受雇于诺丁汉伯爵海军上将，为1588年西班牙无敌舰队战役中的一组挂毯绘画，这些画是国家的重要资产，但在一场火灾中被连同房屋一起烧毁（同上）。今天，只有一套十八世纪的派恩（W.H. Pyne）的版画才能看出这些画的样子（同上）。弗鲁姆还受雇于荷兰织布工弗朗西斯·斯皮尔尼克斯（Francis Spiernicx），接受埃芬汉的霍华德（Howard）的委托，进行无敌舰队战役中格拉沃利讷海战（约1595年）的描绘，一些评论家认为弗鲁姆的画作最能代表这一事件（同上）。

弗鲁姆还受托创作了两幅大型画作，描绘了由皇家王子率领的抵达索伦特的英国舰队，当时是在1623年10月，查尔斯王子（Prince Charles）和白金汉公爵从西班牙返航。弗鲁姆还为国王和公爵画了两幅类似的作品；前者由皇家收藏，后者在国家海事博物馆收藏。弗鲁姆的《选帝侯和选帝侯夫人到达法拉盛》描述了另一个英国事件。阿奇博尔德认为这是“他所有的海洋画作中最精美的”，指出了弗鲁姆与其他作品不同的“对海军细节的关注”（同上）。这幅画有两个不同的版本：一个在哈勒姆，展示的是为船只准备夏季航行的装备；另一个在格林尼治，展示的是船上已经装上了冬季航行的装备，桅杆和帆桁都在下面。

这一时期另一位有影响的现实主义画家是大博纳文图拉·皮特斯（Bonaventura Peeters，1614—1652），他曾在佛兰德画派接受训练，并创作了许多海洋画。他在安德烈斯·范·埃特维尔特（Andries Van Eertvelt）的画室接受训练，后者经常画暴风雨大海，皮特斯的一些作品反映了埃特维尔特的影响。皮特斯的《暴风雨下的海上阳光》（约1640年）描绘了一艘在暴风雨中幸存的船，明亮的阳光照着这艘船。皮特斯的海洋画和博斯里斯的作品很像，以灰色为主，突出了无助感和在大自然面前的脆弱。然而，皮特斯的颜色方案更加引人注目和明确。《暴风雨下的海上阳光》巧妙地捕捉了阳光穿透云层的力量，既为痛苦的水手提供了安慰，也证明了大自然随心所欲给予和索取的能力。彼得斯的《清风中的荷兰渡船》（约1640年）和《波涛汹涌大海上一艘失去桅杆的船》（约1635年）呈现出类似情景的天空，充满了穿透乌云的阳光。

图 7.5　朱斯·德·蒙帕，《亨特河河景》，约 1600 年。© 维基共享资源（公共领域）。

受彼得斯启发的海洋画家还有他的妹妹兼他的学生卡萨琳娜·皮特斯（Catharina Peeters，1615—约 1676 年）。卡萨琳娜出生在安特卫普，她负责兄妹俩的家务事，同时在哥哥博纳文图拉的指导下学习绘画，还要照顾弟弟简（Jan）。她的作品包括一幅海战场景的绘画，曾在维也纳艺术史博物馆展出。她是这一时期为数不多的公认的女性海洋画画家之一。1650 年之前，受到皮特斯和博斯里斯的启发或与他们一起 194
工作的著名艺术家包括：在巴黎改名为普拉特·蒙塔格那的马修·凡·普兰尼伯格（Mathieu Van Plannenbuerg，1608—1660）、老彼得·穆里埃（Pieter Mulier，1615—1670）和彼得·范·德·克罗斯（Pieter Van Der Croos，1610—1677）。

雕塑、物品和地图

雕塑和物品

从 1450 年到 1650 年创作的海洋雕塑和物品，以及奥维德和荷马作品中的海怪，都反映了人们对海神尼普顿（Neptune）等古典神话人物的特别痴迷。卢浮宫展出了受这些人物启发的各种青铜制品和陶器。其中一件简单称为《尼普顿》的作品是来自德国的青铜雕塑，制作于十六世纪下半叶。在这座雕塑中，一个留着胡须的尼普顿手持一个双叉三叉戟，伸出手略微向下看。这可能是一种操纵海洋的姿态，他以一种权威的眼光来控制海洋，就像十七世纪早期莎士比亚笔下的人物普洛斯彼罗所进行的模仿。与能召唤风暴和地震的尼普顿有关的运动感也体现在艺术家对海神的重新诠释中。卢浮宫收藏的另一件可能是十六世纪晚期德国创作的作品名为《有尼普顿雕像的盖碗》。这件作品描绘的是一种行动状态的尼普顿，比青铜雕像的状态要好得多。在有盖的碗上，尼普顿坐在顶部的一块岩石上，凶猛地挥舞着
195 他的三叉戟。他的手臂在岩石上的动作和转身的姿势表明他马上就要挥舞三叉戟，他的胡子被东风吹着。青铜雕像和盖碗上的小雕像都把神描绘成一种可怕的力量，但同时也把神描绘成一种脱离了他所控制的自然力量的形象。

这一时期的欧洲工艺品也描绘了尼普顿和其他神话生物运动的状态。在卢浮宫展出的一只花瓶《尼普顿与安菲特里忒》（1570）中，海神骑在生物身上，双脚放在上面，像冲浪板一样保持平衡①。尼普顿弯曲着膝盖，像坐在椅子上一样，这个姿势好似一名海洋战车的车手。他身后是罗马的海景，前景是从海里奋力跳跃的鱼。同样在卢浮宫，《海马上的尼普顿海神》是一件十七世纪早期的上釉陶器②。这件作品展示出尼普顿远没有那么有威胁性，他骑在海马上，左手拿着三叉戟，右手拿着鱼。他眼睛深沉地向上看，而不是威严地向下看。画面本身是对留着胡须的尼普顿的一种相对平静的描绘，马被呈现为一种威严而高贵的生物，而不是在战车比赛中被激烈驾驭的生物。尼普顿温柔地抱着鱼，表现为体恤海洋生命的慈悲之神。

近代早期亚洲艺术家也在碗和其他装饰物品上描绘海洋景观中的神话人物。大英博物馆展出了一只中国青瓷寿神碗（1620—1635）③，这件作品的釉下有装饰，碗

---

① 这幅作品名为《花瓶：尼普顿和安菲特里特》（约 1570 年），被列作黎塞留画廊 1 楼 507 室的第 44 号作品。在线获取：http://cartelen.louvre.fr/cartelen/visite?srv=car_not_frame&idNotice=15199&langue=en（访问日期：2017 年 11 月 3 日）。

② 《海马上的尼普顿》位于亨利四世黎塞留馆一楼 520 室 3 号陈列柜。在线获取：http://cartelen.louvre.fr/cartelen/visite?srv=car_not_frame&idnotice=7848&langue=en。

③ 请参阅“碗”，大英博物馆，编号：Franks.760。在线获取：https://www.britishmuseum.org/collection/object/A_franks-760/（访问日期：2020 年 10 月 22 日）。

内描绘有一位神仙骑着鹤飞过海浪的画像。除了彩绘的花头，还有两个人物在“寿字背景上，下方为如意头，上方为八角形的白花头带”(哈里森·霍尔，2001：12：20)。博物馆馆长还暗示，这些人物可能是道教八仙中的一位（同上）。大海的波浪只是背景的一部分，但蓝色的釉面赋予波浪惊人的外观。

大英博物馆的另一个瓷器釉罐，也是蓝色釉面装饰，在一个面板上描绘了几条跃出水面的鲤鱼，一条长着角和胡须的龙跃出云层。中国瓷器艺术描绘了理想化的自然，而瓷罐则强调了这种理想化的美。罐子上甚至还有“万”(即“万事如意”)的符号，延续了主题的田园性质。一模一样的鲤鱼和谐地从浪花中跃出，抬头望向天空。有趣的是，博物馆馆长解释说，虽然“这只罐子在海底待了三百年，釉下的光泽已经被侵蚀了，但它的釉面装饰仍然璀璨夺目”(同上：12：70)。巧合的是，这 196
幅海洋艺术品也曾在水中浸泡过很长时间，但这显然并没有显著影响它的光泽或颜料。

除了古典的、神话的和理想的表现，在基督教的叙述中也有在这个时代描绘大海的物品。在海洋物体和雕塑中，基督教的肖像往往描绘了重大的精神考验，通常是动荡的天气或可怕的生物。这些考验代表了考验基督徒（以水手或渔民的形象出现）和他们对十字架（基督）的忠诚的外部影响，十字架通常被象征性地表达为船的桅杆。大英博物馆就收藏了一件这样的物品：一块象牙雕刻的牌匾，上面刻着“救世船上的水手”，是根据一幅同样场景的意大利版画创作[①]。在这幅葡萄牙印第安人的绘图中，圣婴的尺寸与船相比，大得不成比例。基督紧靠着主帆，主帆上装饰着手、心和脚。圣婴在救世船上的形象让人想起许多海洋圣经寓言，提醒基督徒旅途上的“航海家”在患难时祈祷的力量，就像《诗篇》中的约拿（Jonah）、使徒圣保罗（St. Paul）和商人一样。例如，在《使徒行传》27 章 27 节中，圣保罗在马耳他遭遇海难，被赶过亚得里亚海。水手们假装放下锚试图逃离船，但保罗告诉他们，他们只有留在船上才能获救。

---

① 请参阅洛弗兰斯（Loverance），2007。出现在牌匾 / 图画的描述中，大英博物馆馆藏在线，编号：1959，0721.1。在线获取：https://www.britishmuseum.org/collection/object/A_1959-0721-1（访问日期：2020 年 10 月 22 日）。

地图

近代早期地图是对海洋最具启发性的描绘，因为它们不仅显示了航海家和商人如何解读海洋，而且还显示了他们与海洋搏斗的过程。切特・范・杜泽对中世纪和近代早期地图中海怪的研究不仅揭示了这种表现形式的功能，也揭示了制图者的艺术性和创造性。范・杜泽认为，“文艺复兴时期地图上最重要和最有影响力的海怪是奥劳斯・马格努斯（Olaus Magnus，1490—1557）于 1539 年在威尼斯出版的一幅分为 9 张的地图上的西北欧海怪”（2013：81）。马格努斯 1539 年绘制的地图《航海

197

图 7.6 《美洲新的准确描绘》，1562。© 维基共享资源（公共领域）。

图和北方土地与奇观描述》，是一本横跨北大西洋的各种海洋生物的视觉百科全书。在冰岛西南部，一条鲸鱼被误认为是一座岛屿，因此人们在鲸鱼背上点燃了火。在“岛”鲸的右边是一条巨大的海蛇正在攻击一艘船。这里有海猪、大龙虾、海豹、海独角兽、智齿鲸和各种类型的鲸鱼。马格努斯的地图将海洋描绘成一个充满不可避免的危险和捕食的空间。动物被描绘成向船只、水手和其他海洋生物发动攻击。范·杜泽解释说，马格努斯的地图影响了著名的墨卡托 1541 年的地球仪，特别是墨卡托对马格努斯的 7 个海洋生物的再现（同上：86—87）。在许多情况下，海洋生物插图的实际目的是警告水手和航海家在某些水域可能存在的危险。但在其他场合，这些插图也可能只是展示了艺术家的奇思妙想和想象力。

制图师描绘的不仅仅是鲸鱼和海龙等威胁性海洋生物。象征快乐和危险的美人鱼和塞壬在早期的现代地图上也很常见。《健康花园》（1491）在第 83 章《鱼》中描绘了一个有着金色长发和两个尾鳍的塞壬，约翰·舍纳 1515 年的地球地图中也描绘了一个塞壬。迭戈·古铁雷斯（Diego Gutiérrez）的《美洲地图》（1562）中有几个拿着镜子和梳子的塞壬，诱惑一艘经过的船。范·杜泽写道，在古铁雷斯的地图上，自负的塞壬试图在麦哲伦海峡以西的一艘船上“演练他们的诡计”（同上：39）。这一时期经常会有美人鱼的目击记录，例如，航海家理查德·惠特伯恩（Richard 198
Whitbourne，1561—1635）在 1620 年航行到纽芬兰寻找潜在的英国殖民地时，声称看到了一条长着蓝色条纹而不是头发的美人鱼（埃利斯，1994：79）。这些目击和神话强调了这些生物的美和难以捉摸。在托勒密的马德里手稿《地理学》（约 1455—1460 年）中，有两条不同的美人鱼在一只海狗附近游泳，海兔、海猪和其他一般海怪在它们周围游泳。这一时期其他重要的制图家包括贾科莫·加斯塔尔迪、让·曼塞尔（Jean Mansel）、马丁·贝海姆（Martin Behaim）、马丁·瓦尔德塞米勒、卡斯帕·瓦佩尔（Casper Vapel）、塞巴斯蒂安·明斯特、贡萨洛·费尔南德斯·德·奥维耶多（Gonzalo Fernández de Oviedo）、科内利斯·德·乔德（Cornelis De Jode）和朱塞佩·罗萨乔（Giuseppe Rosaccio）[①]。

① 有关近代早期制图家的最新研究，请参阅范·杜泽，2013：80—119，以及帕德龙，2004；罗森（Rosen），2015；和萨顿（Sutton），2015。

舞台上的大海

就像文艺复兴时期的视觉艺术家被大海吸引一样，莎士比亚等剧作家也在海洋剧中探索大海的无尽宝藏。尽管近代早期剧作家的戏剧作品本身并不是纯粹的视觉表现，但它们捕捉到了对大海神话般和现实主义的描述。在文学和神话的来源中，海洋剧也受到旅行、贸易和科学发现的出版记录的启发。理查德·哈克路伊特的《探索美洲及其邻近岛屿的潜水航行》(1582）和他的历史汇编《英国民族的主要航海、航行、交通和发现》(1589/1599—1600)，让近代早期社会第一次瞥见了他们从未想象过的美丽新世界。

关于美洲航行的近代早期记载可能是激发许多航海戏剧创作的素材。发表在西尔维斯特·乔丹的《发现百慕大群岛》(1610）中的约翰·罗尔夫（John Rolfe）的“1609年去弗吉尼亚旅行时在百慕大遭遇海难”的记载，可能是莎士比亚《暴风雨》(1610）的素材之一。罗尔夫在失去了妻子和在岛上出生的女儿百慕大后，造了一艘船并航行到美国大陆，遇见了波卡洪塔斯（Pocahontas)，随后与之结婚（盖莫斯，2008：133)。罗尔夫的女儿百慕大出生在海上，与莎士比亚笔下年轻的海中女主人公玛丽娜（Marina）和米兰达很相似。约翰·弗莱彻的《岛公主》(约1619—1621年）是另一部受欧洲航海者的旅行及其与权贵和土著居民的交往启发的戏剧。弗莱彻剧本的资料来源包括两本航海书籍：贝兰（Le Seigneur de Bellan）的《鲁斯·迪亚斯和摩鹿加群岛的吉克赛尔公主的故事》(1615）以及贝兰中篇小说的素材，阿根索拉的巴塞洛缪·莱昂纳多（Bartolemé Leonardo）的《征服摩鹿加群岛》(1609)。

199 弗莱彻与菲利普·马辛格（Philip Massinger）合编的《海上航行》(1622）是这一探险时期另一部著名的旅行剧。这部戏剧因与莎士比亚的《暴风雨》(1610）相似而闻名，开场讲述了一场猛烈的海上风暴，并详细描述了遇难船员在一个不受欢迎的岛屿上幸存下来的故事。船员包括一群法国海盗，是船员喜爱的对象之一，以及船员抵达时遇到的几名葡萄牙漂流者，他们从岸边观看了海风暴。法国和葡萄牙的航海家们发现，岛上居住着亚马孙河流域的一群女人，她们一直过着没有男人的生活。在与新访客接触后，亚马逊人意识到他们可以继续在岛上居住并延续他们的种族。这种情形似乎与《暴风雨》中卡利班的情形正好相反，因为卡利班最不愿意做的事情就是，拼命地试图将岛上的人与“卡利班人”“联姻”到一起（1.2.353）。作为一部喜剧，《海上航行》以家庭团聚和多对夫妻的婚礼收尾，包括剧中的浪漫主角阿尔伯特（Albert，一个法国海盗）和他绑架并爱上的女人阿米塔（Aminta）。

《海上航行》的许多技术特点与《暴风雨》相同，包括重现海上风暴以及多艘船的外观、岛屿环境和宝藏。但这部剧还依靠了更先进的舞台技术。安东尼·帕尔（Anthony Parr）解释说：“使用不同的水平和视线来唤起（《海上航行》中的）群岛场景”，表明“剧院有能力将理查德·哈克路伊特的《英国民族的主要航海、航行、交通和发现》中的很多东西变成生动的戏剧”（2018：28）。然而，帕尔指出，这部“不讨人喜欢”的被困殖民者和航海者的喜剧形象，会让弗吉尼亚公司的投资者对1622年在黑衣修士剧院观看的这部戏产生不良印象（31）。

有许多戏剧都提到了海洋的语言，以及更普遍的水上旅行。托马斯·德克尔（Thomas Dekker）和约翰·韦伯斯特（John Webster）的《西部嘿咻》（1604）以及乔治·查普曼（George Chapman）、本·琼森（Ben Jonson）和约翰·马斯顿（John Marston）所著的回应剧《东部嘿咻》（1605）的戏剧名称，指的是水手们在泰晤士河上分别向不同方向划船时发出的呼喊。也有描绘海上商人日常生活的戏剧。莎士比亚的《威尼斯商人》（约1596）以安东尼奥等待货物到达时的焦虑开始，虽然他说他的悲伤与他的货物无关（1.1.45）。在托马斯·米德尔顿（Thomas Middleton）和威廉·罗利（William Rowley）的《变节者》（1622）中，阿尔塞麦洛（Alsemero）冒险前往马耳他，而他的准新娘比阿特丽斯（Beatrice）策划了一起谋杀阴谋，并落入了她父亲的仆人德·弗洛雷斯（De Flores）的敲诈阴谋。

沃尔特·芒福特（Walter Mountfort）的《玛丽号下水》或《水手的忠实妻子》（1632）有三个与贸易有关的情节。第一个情节讲述的是东印度公司（芒福特在该公司担任职员）向海军上将证明了其全球贸易的目标；第二个情节讲述的是一个水 200
手的妻子在有许多追求者的情况下仍然保持贞洁；第三个情节讲述的是一群船厂工人在结束玛丽号上工作后，表演了一些滑稽动作，举行了庆祝活动。约翰·戴、威廉·罗利和乔治·威尔金斯（George Wilkins）的《英国三兄弟游记》（1607）描述了书中人物在穆斯林波斯国航行时必须与土耳其人缠斗。他们把波斯描绘成一个充满暴力和背叛的国家，到处都是斩首和不人道的事件。英国兄弟们在逆境中表现出了勇气，最后，他们说服苏菲（国王）宽容对待基督徒。

西班牙海洋剧和史诗

洛普·德·维加（Lope de Vega）是当时最具影响力的西班牙剧作家之一，他创作了几部记录欧洲殖民扩张历史的作品。他的史诗《龙茶》(1598）描述了英国私掠船船长弗朗西斯·德雷克爵士的最后一次远征和死亡。德雷克是近代早期西班牙最著名的反派人物之一，在他的环球航行（1577—1580）中，他抢掠了许多西班牙船只，最著名的是“卡卡弗戈号”(Cacafuego)，一艘满载宝藏的运输船，他因此获得了“龙”的绰号。用一位评论家的话来说，洛普的史诗是“西班牙文艺复兴时期书信中最重要的史诗”(勒纳，2012：147)。在第二章中，洛普描述了德雷克离开之前船上的疯狂活动，船上回荡着“压载、装载、抬高、放下和移走”的喊声（2.31)。他在史诗中注入了经常以长列表显示的、强调劳动节奏和海事工作永恒延续的海事术语和技术知识。在第四章中，当描述德雷克袭击波多黎各的失败尝试时，洛普列出了一系列物体，以“船头斜桅、后桅、树木、棘轮”开头。正如诗中所解释的，这些材料都是cenizas（灰烬)，强调了船和木板的短暂性。

洛普的海洋剧《克里斯托弗·哥伦布发现的世界》是最早明确描述美洲的戏剧之一，而不是用一个重新想象的场景来描绘美洲（即莎士比亚的《暴风雨》)。《新世界》在哥伦布航行近一个世纪后写成，充满了历史错误，比如认为哥伦布的目标是发现一个新世界，而不是一条通往印度的新航线。哥伦布在戏剧一开始就问自己，“我要去哪里？路在何方？”(1.1.16—17)(洛普·德·维加，1950)。洛普把哥伦布描绘成一个“新摩西”(他的一位水手对他的称呼)，带领着手下前往一片新的土地，寻找新的可能性，暗示他的旅程也是受到了神的启发。

除了“新摩西”的神话，《新世界》还保留了“水行侠”的神话，讲述的是一个人在水里待太长时间后变成了一条鱼。该剧早期就提及了人鱼，当时哥伦布的船
201 员正在船上绝望地寻找新世界。布伊尔和阿拉纳这两位水手兄弟在争论他们的船长是否担得起一个航海家和海员的称号：

阿拉纳：去往大海！嗯，如果他愿意，他可以把自己变成一条鱼，就像那个男人一样，据说，他游了很多圈，最终把自己变成了一条鱼。

兄弟布伊尔：如果上帝同意约拿被扔进海里，那是因为约拿没有遵守神的命令。但这和哥伦布的情况不一样，完全不同！

（2.1.27—32）

洛普把哥伦布描绘成一个遵循上帝罗盘的航海家，在寻找新大陆的过程中“遵从上帝的命令”。但这位剧作家也说明了水手对他的描述，他“可以把自己变成一条鱼”，“让自己变形”。这个故事与格劳科斯（Glaucus）的故事非常相似，格劳科斯的腿和胳膊变成了鱼的尾巴和鳍[①]。莎士比亚的《冬天的故事》中也出现了“男人变成鱼”这个故事的变体，其中奥托吕科斯（Autolycus）讲述了一个女人变成鱼的“真实”故事，“人们认为她是一个女人，但变成了一条冷漠的鱼，因为她不愿与爱她的人交换肉体”（4.4.281—283）。阿拉纳（Arana）把哥伦布描绘成一个随时可以离开的人鱼，而他的兄弟，更有精神意识的布伊尔（Buyl）则为哥伦布辩护，把他比作约拿，强调他在上帝计划中的角色。

海盗剧

除了关于真实海盗的作品，比如洛普的《龙茶》，剧作家们还创造了海洋掠夺者的其他版本。在1650年之前的很多戏剧中，海盗通常都以次要角色出现。威廉·莎士比亚的《哈姆雷特》（1600）和他的合著作品《泰尔亲王佩力克里斯》（1609）都以海盗为次要角色，而查尔斯·约翰逊（Charles Johnson）的《成功的海盗》（1713）和约翰·盖伊（John Gay）的《波利》（1729），则不仅仅是描述海盗的短暂出场和一些轶事。在莎士比亚的戏剧中，海盗的任务是衬托中心人物，而约翰逊和盖伊笔下的海盗英雄则是主角。在1650年之前，海盗行为是欧洲国家的一项重要经济战略，因为它在给雄心勃勃的海员们带来沉重负担的同时，有着巨大的

① 请参阅奥维德的《变形记》第十三卷第958—968行。

投资回报。1650年后开始了马库斯·雷迪克所称的海盗“黄金时代”，十八世纪，海盗行为成为非商人和寻求个人利益的被驱逐者的普遍生计（埃格顿等，2007：133）①。尽管海盗行为的吸引力显而易见，但它也伴随着一系列职业危害。由于他们的命运受到暴风雨、波涛汹涌、海上战争、疾病和兵变的威胁，因此他们的船只都需要几乎坚不可摧。《威尼斯商人》中的夏洛克（Shylock）称，“船不过是木板，水手不过是人”（《威尼斯商人》，1.3.21—22）。海洋一直是一个脆弱的空间。

202 在莎士比亚的《哈姆雷特》和《泰尔亲王佩力克里斯》中，海盗被描绘成主角们必不可少的配角。他们的角色取决于他们所处的环境，比如在海上，他们就很狂暴和变幻莫测。史蒂夫·门茨认为，这些戏剧中的海盗“是激进破坏叙事速记中的人物”（2009：76）。从这个意义上说，海盗似乎是命运之轮的化身，它可以降落在财富上，也可以降落在灾难上。哈姆雷特在写给霍雷肖（Horatio）的信中表示，他被有“战争约定”的海盗绑架，但海盗也是“仁慈的小偷”，他们把哈姆雷特安全带到了丹麦（4.6.16—20）。虽然哈姆雷特的海盗故事很可能是虚构的，但他可以把自己的命运归咎于绑架，并成为自己下落不明的借口和返回的理由。在《泰尔亲王佩力克里斯》中，玛丽娜（Marina）在“帆布登山者”的环境中长大，就像一个水手一样，她不断地被命运和不幸的波浪所包围，因为她的人生故事就是持续混乱的遭遇（4.1.62）。玛丽娜被海盗绑架，后来以相当高的价格被卖到一家妓院，变成了俘虏和商品。海盗们认为她是一个“奖品”，并打算“突然让她上船”（4.1.93—6）。一旦她跨过门槛，成为“奖品”，她就会被当作“性包袱”。

毫无意外，十八世纪的“海盗黄金时代”的戏剧经常把海盗刻画成更重要的角色（尽管许多角色仍然是固定角色），而且海盗英雄在几部航海戏剧中都是主角。查尔斯·约翰逊的《成功的海盗》（1713）重述了亨利·埃弗里（Henry Avery）的冒险经历，并将其改名为阿韦拉古斯（Arviragus），并讲述了他在圣劳伦斯或马达加斯加的功绩。《成功的海盗》于1713年在德鲁里巷的皇家剧院首次演出。同年，西班牙王位争夺战结束，许多水手“变成海盗，使加勒比海盗的队伍扩大到几千

① 另请参阅兰金（Rankin，1969）。

人”。爱德华·蒂奇（Edward Teach）是西班牙冲突期间登上一艘私掠船的水手中的一名，他最终被称为“黑胡子”（伍德，2004）。在这部海盗黄金时代的戏剧中，海盗英雄是指加勒比海盗的历史统治者，包括埃弗里、黑胡子和本杰明·霍尼戈德（Benjamin Hornigold），他们的航海技能和冷酷无情是黑胡子的直接榜样。

在《成功的海盗》中，约翰逊将埃弗里重新塑造成阿韦拉古斯，强调了海盗英雄的戏剧性角色中的贪婪和愤怒，并更明显地体现在他的名字中。《海盗通史》（1724）简短地提到了这部剧，但却把其中的各种情节都说成“只不过是一些人的轻信和一些喜欢讲奇闻怪事的人用幽默的方式编造出来的虚假谣言”（约翰逊，1999：33—34）。《海盗通史》主要讲述了埃弗里在马达加斯加定居之前的事迹，而《成功的海盗》则围绕着一个浪漫的情节展开，其中涉及大莫卧儿（Great Mogul）的女儿扎伊达（Zaida）与爱她并和她签约成婚的阿拉内斯（Aranes）。约翰逊的这部戏剧以浪漫情节为中心，演员阵容丰富，讽刺人物众多，在喜剧和问题剧之间游 203
走，或许这部剧的问题在于，剧中的主角自相矛盾。这样一来，海盗的天性就是他们所处动荡环境的象征。

《波利》（1729）是约翰·盖伊备受诟病的《乞丐歌剧》（1728）的续集，故事发生在西印度群岛，那里是一个经济和性交易的漩涡。当波利穿越西印度群岛时，她发现自己陷入了海盗犯罪的腹地，她被掠夺性文化所迷惑，并找到了巧妙的方法来智取、欺骗，并成功地在新的陌生地游走。波利以前的情人马奇思（Macheath）前往西印度群岛寻找财富，把自己变成一名海盗，后来又变成一个名叫莫拉诺（Morano）的黑人角色。和马奇思一样，波利也会伪装成一个男人，加入一个海盗乐队，与她的前任重聚，她仍然对他有感情。罗伯特·德莱顿（Robert G. Dryden）认为，“盖伊是十八世纪第一批代表英国的（并非作为英雄，而是作为海盗）殖民商人作家之一”（2001：540）。盖伊在作品中把商业海盗描绘成一个利用狡猾和敏捷的智慧从事冒险生意，同时追求财富的人。

结论

正如在艺术、物品和戏剧中所描绘的那样，近代早期的海洋是欲望和可能性的焦点。海洋代表着生活的奋斗和劳动的回报；海洋画作经常捕捉这些最激烈和最困难的斗争，包括海上风暴和与鲸鱼的致命遭遇。但海洋艺术也承认了这些艰难困苦只是暂时性的，新生命终将延续。卡帕乔的《朝圣者抵达科隆》描绘了漫长旅程后的希望，而勃鲁盖尔的《伊卡洛斯的坠落》表明，大海是一个活动的漩涡，尽管这里会不断发生不寻常的事情，但新生命仍在延续。马格努斯的《航海图和北方土地与奇观描述》告诉海员们如何在危险的水域航行，而洛普·德·维加的《新世界》则讲述了水手们如何在危险的水域中生存下来。每一篇作品都有一种不可避免的循环和流动的感觉，重新讲述着海洋的神话和历史。近代早期的海洋，无论平静或混乱，都是世界变迁的写照，也代表着人们渴望的无尽宝藏。

第八章

想象中的世界

想象近代早期北极

洛厄尔·达克特（LOWELL DUCKERT）

似乎不用提斯坎迪亚半岛，因为这个几乎与大海的波浪格格不入、北边和 205
东边毗邻德国和萨尔马提亚海岸的巨大环形半岛仿佛位于另一个世界。

乔瓦尼·波特罗（Giovanni Botero），《最著名王国的关系》（1608）

十六世纪晚期和十七世纪早期，英国航海家们坚持不懈地试图找到传说中的亚洲另一个世界，即中国，他们依靠一个特定的地理点来帮助他们向西北偏北行进：格陵兰岛最南端的告别角（现在的努纳普伊苏阿）。约翰·戴维斯（1550—1605）在他的三次航行的首次航行（1585）中把这个海角命名为“告别角”，因为他在东边遇到了无法通行的冰，被迫沿着陆地的西海岸航行。奇怪的是，这个地点在水文和陆地上都能被识别出来，正如约翰·简斯（John Janes）在他的航行记录中指出，“海岸周围的海水又黑又浓，就像一个肮脏的池子”（马卡姆，1880：5）。乔治·韦茅斯（George Weymouth，1587—1611）在 1602 年阐述了类似的观点，“这一天，我们有时会碰上像污水坑一样深的黑水……然后我们用探测仪探测，在一百二十英寻深处也找不到任何底部”（珀切斯，［1625］1906：14：308）。1605 年，詹姆斯·霍尔（James Hall，死于 1612 年）也表示，“来到了黑水里，浓得就像污水坑里的水一样”（珀切斯，1906：14：321）。虽然他们所目睹的令人困惑的污水坑现象很可能是白色的夏季冰融化，并暴露了下面较黑的海水，但他们对北冰洋沼泽的描述表
明，这里是一个又寒冷又肥沃的地方：根据亚里士多德关于自然生成的学说，“静 206
水”之所以不健康是因为它会滋生微生物。斯堪的纳维亚曼德维尔人奥劳斯·马格努斯（1490—1557）列举了“北方奇迹”，比如精明的饮水者会把冰块存起来，以便在夏天能够喝到冷水，但会小心翼翼地避开雪，“因为雪里先天就藏着蠕虫”（［1555］1996：1：102）。因此，当简斯抱怨冰山不断地“纠缠”（6）时，把冰山描

绘成令人烦恼的昆虫就不足为奇了。对他来说，“令人讨厌的吵闹……似乎是真正的荒凉模式”，这个短语后来被定义为“荒凉的土地”（3—4）。但一些有害的东西却逃脱了这种“模式”：小圆圈的焦点是活跃的生物，它们居住在广阔的海底圆圈里，那些奇怪的水池流过这个圆圈，但圆圈没有完全封闭。

有些探险家认为北方是一片死气沉沉的虚空，这是真的；雅各布·塞格斯·范·德·布鲁日（Jacob Segersz Van Der Brugge，1634）代表荷兰北方（Noordsche）公司前往斯匹次卑尔根群岛时，引用了经典权威：他认为，周围的海洋配得上“Mare Cronium”（大克罗尼姆）这个名称，“因为据说寒冷的土星统治着这些地方”。出于同样的原因，它也被称为 Concretum（具体物）和 Amalchim（阿马尔基姆），在那个民族的语言中，它的意思是冰冻的，还被称为 Morimarusa（死海），“因为它是漫长的黑暗和被放逐的星座”（康威，1904：85）。然而，他的同行的梦想与他的不同：躲避北风（北风神）的“希柏里尔人”坐在超热带伊甸园的世界顶端[①]；神话故事和民间传说中的侏儒和巨人在一个地方交战[②]；戴维斯的先辈马丁·弗洛比舍（1535？—1594）新出版的文章讲述了与当地因纽特人社区更多的接触（具有讽刺意味的是，范·德·布鲁日的日记里全是给他在岛上过冬带来了骚扰的北极熊袭击事件）。在北方的海洋中，没有任何东西是，或曾经是“具体物”[③]。

---

① 当时有几位作家预言了北极的乌托邦：例如，1431 年，一场春季的暴风雨使威尼斯商人皮埃特罗·克里尼（Pietro Querini）和他的船员在挪威的“声音之岛”搁浅了三个月，他认为自己是“在天堂的第一圈”。法国哲学家纪尧姆·波斯特尔（Guillaume Postel，1510—1581）同样在他 1561 年未出版的手稿《关于陆地天堂的位置》中描述了一个极北的天堂。在《阿特兰》（1679—1702）中，瑞典科学家奥劳斯·鲁德贝克（Olaus Rudbeck，1630—1702）开始证明乌普萨拉实际上就是亚特兰蒂斯。请参阅斯卡菲（Scafi），2006：285 和弗约格松（Fjågesund），2014：47，106。

② 迪特马尔·布莱夫肯斯（Dithmar Blefkens，1563）描述了格陵兰岛的“侏儒”（珀切斯，1906：13：513—514），阿格林·乔纳斯（Arngrim Jonas，1609）以大量篇幅争论称“北方世界的第一批居民是巨人”（13：537—538），而达德利·迪格斯（Dudley Digges）爵士则否认了这两种观点：“在遥远的地方，描述世界的人有个习惯，他们常常根据自己的想象，用巨人、侏儒、怪物和神话作家的奇迹传说来描述陆地或海洋。”（1611：2）。当然，马格努斯的多卷百科全书也确保了这些奇怪的海上故事得以流传（1：104—106）。

③ 请参阅理查德·哈克路伊特的《英国民族的主要航海、航行、交通和发现》（[1598—1600] 1903）中所称的“由可敬的罗伯特·索恩先生于 1527 年创作的书”，“不过，所有的宇（转下页）

毕竟，正是“sea-lung”（海龙）最终阻碍了马赛的皮西亚斯（Pytheas）公元前四世纪在（遥远）北方的进程：他从英国出发，经过六天的航行，发现了著名的“天涯海角”（图勒岛），这种凝胶状（不是冰冷）的混合物阻碍了这位希腊地理学家前进的脚步。当他们确实看到了地图上尚未标记的地区时，这种“白色之心”（黑尔，2008：1—28）（不是本土黑色，也不是生态关系的厚实）加强了“清除和/或取代”的殖民化项目的永久化，而无论是清除还是取代，都构成了“静默制图”的无耻行为（哈雷，1988）。给冰冻圈赋予一个完全没有价值和生命的空洞的“荒凉”称号，实际上是不准确的；事实上，这是一种（从荒凉到“放弃”的）逃避行为，一种让海角众多的（即使是“肮脏”的）生物静默的行为。

在冰冻的海面上探索不透明的航道，过去是，现在仍然是一个值得考虑的机会。在简斯的报告发表大约七十五年后，法国神学家艾萨克·德·拉·佩雷尔（Isaac de la Peyrère，1596—1676）在所编撰的游客指南《格陵兰关系》（1663）中， 207
将这个海角和它黑色的海水描绘成旅行者值得信赖的出发点，一个有价值的、可衡量的、位于英格兰和纽芬兰之间的中点，但该指南也提到这里是一个明显超越已知视野的地方，“毫无疑问，之所以这样称呼这个海角，是因为那些越过这里的人似乎是要进入另一个世界，并要和他们的朋友告别”（怀特，1855：238）。因此，这个海角具有超凡脱俗的运输力量；仿佛踏上旅程之后，就有了穿越这个世界的边界的能力，而且还可超越它可感知的极限，所以无法给它定义，“由于雪和冰各不相同，而且它们的白色让人眼花缭乱，所以很难描绘出它的形状”（同上）。耀眼的并不都是白色：在从埃尔西诺到哥本哈根的雪橇路上观察冰的各种“颜色差异”，包括“非常白”和“美丽的天蓝色”（186）的奇妙变化时，他想起了维吉尔（Virgil）在《农事诗》（公元前一世纪）中描述由两极组成的“黑色和黑暗的国家”的短语：

（接上页）宙学家普遍认为，过了第七种气候，海水全是冰，冷得无人能够忍受。到目前为止，他们都是同样的意见，认为在秋分线之下，由于太热，这片土地不能居住。然而（经验证明）没有比这里更适宜居住的土地了。总之，我认为，只要有人在北方进行了探索，那么北方也应该有同样的发现”（2：178）。

"Coerulea glacie"，即：蓝色的冰（186）①。在佩雷尔的棱镜视觉中，海角开始呈现三种颜色：蓝、黑、白。跟随颜色变化的是冰块大小的变化：在斯匹次卑尔根群岛附近的海域，"有些地方……水从底部到顶部都被冻住，这些地方的表面上是巨大的冰块，其高度与下方的海洋高度相当"（236）。佩雷尔模仿了韦茅斯对深不可测的冰池的观察，再次引用维吉尔的话，这一次强调了"巨型"冰块大小："上达天际，下至地狱"（236）。如同橡树在地面上和地面下均等地延伸，"它的顶部升到天堂中有多高，它的根部下到地狱中就有多深"（维吉尔，1999：452—453），冰山也是如此。但是强调并不一定意味着理解；虽然从植物的角度来看，这些冰凌在某种程度上为树状，但它们在航线上为根茎状，能够把身体延伸到格陵兰岛的"彼岸"，触摸到塔耳塔洛斯（地狱）的深处，充当通向别处，即"另一个"世界（地下世界）的垂直冰桥（佩雷尔在这里可能使用了双关语，将格陵兰误称为一个充满树林的国家，同时又造成了鞑靼与塔耳塔洛斯之间的文字相似性②）。告别角的水池具有多维能力，是通往另一个世界的入口。一个在古典和中世纪科学中把地球纬度清晰划分成五个圆形部分的"冰冻地带"现在反而是一个破冰前行的入口。如果必须给遥远北方保留一个"极"，则可以是希腊语中的 polos（"轴心，轴，天空"），而不是拉丁语中冷漠的 palus（"桩"）：包含矢量而不是点，它的周围是投弹船，它是拐
208 点。佩雷尔的投弹海角让我们向终极目标告别，让我们通过"漫长"的旅程和想象"告别"当前的友谊，努力建立新的北极关系，并携手共进。

需要注意的是，佩雷尔个人认为这些是致命入口，他警告这位昔日的北极探险家，"走了的人很安详，但活着的人总是很糟糕"（236）。这句话很适合但丁的《地狱》（1320），这部著名的诗篇向我们描述了冰封的最底层地狱。尽管他自己不敢"告别"前行，但还是有人尝试过。例如，对德国博物学家弗雷德里克·马滕斯（Frederick Martens，1635—1699）来说，斯匹次卑尔根群岛寒冷的海洋所做的工作

---

① 整句话是"*quam circum extremae dextra laevaque trahuntur/caeruleae, glacie concretae atque imbribus atris*"（"在这个世界的尽头，有两个区域向左右延伸，在冰雪和黑色风暴中快速移动"）。请参阅维吉尔，1999：114—115。

② 有关北方"地狱般地理"的更多信息，请参阅普尔，2011：95—135；有关"光谱"，请参阅麦考莉丝汀，2018。

和木工一样。他在1671年浏览这些“地方”时，发现了“一张四方形的桌子，下面有圆形的、被吹动的柱子：桌子的顶部非常平整，被雪覆盖得雪白。边上挂着许多紧挨在一起的冰凌，像一块缀着流苏的桌布”（怀特，1855：37）。马滕斯谈到了冰的“味道”（37），包括一些“冷冻得很卷曲，看起来就像糖果”（35）的冰，将他周围的甜味物质视为可能的“同餐之友”（哈拉威，2008：15—19）。然后他进一步幻想，把自己（不可能地）放在杂色的桌子下面：“如果在水下行走时睁着眼睛向上看，通常会看到水为蓝色或黄色”（37）。当然，这个“如果”完全是推测性的，然而他想象中的美丽冰宴使得他可以访问海底，将下面的海洋描绘成上面的蓝色和黄色天空来颠倒空间方向。公共的“桌子”代表了人类居住北方的深水白日梦，但它们至少是一种想象，展现了这片水域无尽的生机。这片鲜活的海洋充满了创造力和友好感，因为（而不是尽管）它的“亲密感”越来越强：在马滕斯的脑海中，“冰凌”的锋利似乎非常诱人。有趣的是，通过这蓝色的魔法镜头，想到普洛斯彼罗对爱丽儿（Ariel）所说的令人不寒而栗的台词，“你……想太多了……在凛冽的北风中奔跑，/在大地霜冻期间/在大地的脉络中为我做事”（《暴风雨》[1611]，1.2.252—256）[①]。（还有第3.3节的结尾，“几个奇怪的形状，给陷入困境的意大利人带来了一场盛宴”。）马滕斯避开了被太阳“烤焦”的南部地区（“新世界”通常会让人联想到这种景象，而威廉·莎士比亚的[1564—1616]戏剧也经常让人联想到这种景象），设想了一个“被霜包围”的更友好的世界。

与乔瓦尼·波特罗对“置于另一个世界”的历史材料的随意忽视相反，本章认为有必要“提及”导致超自然的北极多物种亲缘关系的寒冷盛宴（等等）。将佩雷尔已经从他的“poole”先驱者那里了解到的内容换一个说法就是：北极是一个入口，而不是一个极点。事实上，寒冷的水是现代围观者的意向“事务”，他们分享了马滕斯对美味海洋的浓厚兴趣。俄罗斯摄影师维克多·利亚古什金（Viktor Lyagushkin）生动地把他拍摄的变暖的白海（海天使、虾蛄和栉水母）照片称为“超脱世界”（斯塔克，2018）。

① 有关莎士比亚作品的现代编辑集，请参阅《诺顿版莎士比亚》第三版，2016。

209

图 8.1　超脱世界。维克多・利亚古什金。© Moment Open 图片社 / 盖蒂图片社。

走出蓝色，进入黑色（和背面）的人类与非人类的生物互连，需要中止本体论的差异（无论是否通过美学手段）①。我所称的差异性是一种内敛的亲密，而不是外

① 史黛西・阿莱莫（Stacy Alaimo）就是其中之一，她写了关于这些处于危险中的生命在“紫黑色”的背景下生存和死亡的肉体暴露，“一种否认了任何生物在与周围环境分离的状态下能够生存的跨肉体后人类主义弱点”（2016：167）。另请参阅阿莱莫，2013。这些漆黑的（“黑色”）非死水池也引发了蒂莫西・莫顿（Timothy Morton）充满“陌生的陌生人”的“黑暗生态”的更广泛的幽灵：“出现在这个世界上而不是超越这个世界”的意料之外的、离奇的、永远亲密的“他者”，表明我们“总是需要对之承担责任”的是什么（或谁）（2012：40）。一切都像鬼神一样出没，也就是所称的“其他世界”。

发的疏远。简而言之，我的主要论点是，北极是地球的一部分，而不是地球之外的一部分。我将在下文中介绍“北方迷”（布朗恩，1646：62）思想家们的近代早期想象力，他们认为北极不是一个完整的、单一的圆圈（一个圆圈），而是一系列叠加 210
在一起的旋转入口（多个圆圈），是由许多岛屿组成的群岛时而进入、时而脱离的圆圈，是以地理和标量的特殊性为导向并有着令人眼花缭乱的距离变化的通道类圆圈。同时，他们的叙述表明，要居住在奇怪连接着，也奇怪相似的“另一个”遥远的世界，你自己的世界取决于你所说的“你的”是谁。因纽特人的“他者”观点将证明，当欧洲轨道不情愿地延伸到你的轨道时，相遇的海洋动力学会发生变化。彼得·戴维森（Peter Davidson）表示，“北方”是一个“变化的想法”，因为它总是从我们的封装尝试中退缩：最好是说“一个”北方，而不是“这个”北方（2005：8）。乍一看，我的观点似乎很浅薄（也许可以提供一个有趣的万花筒效应，或者支持“空心地球”的阴谋论，或者两者都有），但丹麦、荷兰和英国人对“超脱世界”的北方的多面观点，如漩涡 / 水池、群岛和通道（我们将在下文看到），有效地扭曲了我们对这个所谓遥远海洋世界的看法。我认为，他们的北极（有意采用复数）让我们可以用新的方式想象北极的景象。为了与马滕斯的“同伴”模型和佩雷尔的枢轴肖像保持一致，我将把本章的其余部分以门户入口地图的形式呈现，有三条（以上的）路线，上面写着我自己的座右铭（我已经写了两条），以突出从远处眺望的海洋的活力品质。

北极是一个螺旋，而不是一个圆

当佛兰德制图师杰拉德·墨卡托（1512—1594）发表成就其盛名的 1569 年世界地图时，他在左下角增加了一个小窗口，这个小窗口被认为是第一张北极圈的地图。约多库斯·洪迪乌斯（1563—1612）于 1606 年将其前辈的绘图更新为《北极圈地图》。

观众第一眼看到的是黑色岩石（“黑色的、非常高的峭壁”），它位于北极圈的正中心，被由四条水道分割的四个岛屿包围。智慧的上帝之眼俯视着这个球体，提供了一种几何上的、有点平静的对称；传说中的俾格米人（可能是拉普兰人）居住

211

图 8.2 《北极圈地图》，1606。© 维基共享资源（公共领域）。

在左下方的土地上（“这里住着俾格米人，最多 4 英尺高，就像格陵兰岛上被称为斯克莱林斯的人一样”），而与他们毗邻的是“整个北方最好、最健康的（岛屿）”。它像水晶一样被分割和保存，但它的宁静却被其他的拉丁铭文所出卖。虽然中心的黑色岩石是地图上的永久固定物，但它周围的水域却在移动。正如峭壁上方的岛上所写，北极将南部水域拉入其贪婪的轨道，“海洋通过 19 个河口冲进这些岛屿之间，形成四条水道，不断向北流去，然后消失在地球的深处”①。当它被吸住的时

① 原文为：“*Pygmei hic habitant 4 ad summum pedes longi, quem admodum illi quos in Gronlandia Screlinger vocant ... Haec insula optima est et saluberrimus totius septentri-onis ... Oceanus 19 ostiis inter has insulas irrumperat. 4 euripos facit quibus indesinenter sub septentrionem fertur*：*atque ibi in viscera terrae absorbetur.*”

候，北极令人难以置信地旋转起来。墨卡托在1577年4月20日写给英国博学家约翰·迪伊的一封私人信件中，解释了他的理论，“四个国家中间有一个漩涡……这个漩涡排空了划分北方的四个吸入海。水像从过滤漏斗中倒出来一样，滚滚而来，落入地下”（泰勒，1956：60）。他坚持认为，墨卡托的四部分展示重复了旅行者雅各布·克诺扬（Jacob Cnoyen）的报告，克诺扬提到了十四世纪遗失的《幸运的发现》，这是一部传奇作品，匿名作者阐述了这幅地图的独特结构，“1360年，一位英国的油炸工、一位方济各会士和一位牛津数学家去到那些岛屿，后来数学家离开了他们，并通过他的‘魔法艺术’，交给了他们上面描绘了他所看到的所有地方的魔法地图”（64）。但是世界顶端的漩涡水打破了这个整洁的系统；事实上，地球元素 212
也是如此。与同时代的人不同，墨卡托不相信这座黑山吸引了指南针：磁极在右上方。我们现在所知道的变化的地磁极，与可标绘的地理磁极相反，正是基于这种操纵的预期。根据他的预测，“极”是一个可移动的标记（“磁石”），也是一个可移动的地方（“北极圈”）；因此，任何中心都有点偏转；任何能被识别的固体都位于一个贪婪的漩涡中心。那些蠕动的池子，连同它们的元素，都沿着螺旋停止，螺旋的尖端永远不固定；最终墨卡托所述的门户入口让我们聚焦于不对称的倾向，失去包含在任何对称的生态秩序配置中的平衡。科学的“魔法艺术”与想象的“艺术”在这里相遇。圆圈被打破是因为大漩涡仍然不完整：我们不确定残酷的“内脏”（如果它们最终会有终点）将引领我们进入怎样的世界。

同时，北极的不平衡也使人们熟悉的整齐地图形式的同心圆的排列方式发生了变化。旋转的北极也有助于将现实世界中平行的自然和文化地点叠加在它声称要统治的南方：换句话说，北极通量的“漩涡”不是一种需要纠正的混乱，而是一种认识，即我们生活在一个短暂（最好）和分裂（最坏）的空间对称世界里。多位气候学家简单地说，“发生在北极的事情并不仅限于北极”①。例如，它意味着放弃罗伯特·瑞克德（Robert Recorde）的《知识城堡》（1556）的坚固性，或者避开威廉·库宁厄姆（William Cuningham）的《宇宙玻璃》（1559）的简洁曲线，以重

① 一句未被引用但被广泛使用的谚语：例如，2015年，“科学家通过卫星的眼睛看到变化的北极”。

新思考主客体的对称，并非将其视为一种（在远处）可测量的平静，而是作为一个（在近处的）本体论配对。记住墨卡托的水道，它既“分”又“圆”；当法国理论家米歇尔·塞雷斯（Michel Serres）将时间的流逝描述为“渗透”时，他想到的就是像“漏斗”一样压在“过滤”的玻璃上，指出“筛子”应该更接近“通过”，“一个通量通过而另一个不通过”（塞雷斯和拉图，1995：58）。但他短暂的思考也带来了一幅混乱的商业帝国地图，“最好是描绘出一幅起伏不定的关系和融洽的画面，就像冰川河流的渗透盆地，不断地改变河床，展现出令人赞叹的分叉网，有些分叉冻结或淤塞，而另一些则开启”（105）。在湍流的混合物中，事物经常通过或不通过被创造或未被创造的通道，它们的筛选遵循冰川岩石的临界物理规律。

从另一个不同的角度，穿过透明玻璃，“天空”或被称为“极点”，我们应该会对这些漏斗状的方式感到熟悉。尽管“极地涡旋”（位于地球两极的低气压和寒冷
213 带）在 2013—2014 年被重新引入北美词汇，但它并不是一种气候异常，而是一种长期状况，像所有天气一样，容易受到极端情况的影响。涡流极是螺旋形，既可以收缩（通过它的“内吸”），也可以扩张，因此它总是连接在一起，令人烦恼。尽管最早的探险者并没有声称自己身处现在所谓的小冰河期（约 1300—1850 年），但他们肯定会思考为什么相同纬度的气候会不同（怀特，2017：9—27），以及更重要的是，天涯海角的寒冷大气如何能够跨越海洋进入英国的亚北极地区。因此，威廉·斯特雷奇（1572？—1621）认为“弗吉尼亚不列颠尼亚”在 1607 年经历的寒冷天气表明“欧洲大部分地区都感受到了非凡的霜冻”（梅杰，1849：179），而拉斐尔·梭利乌斯（Raphael Thorius，死于 1625 年）在诗意描述十七世纪早期伦敦的严冬时问道，“现在谁能旅行？城里几乎没有人能安全地来回走动 / 北风呼啸怒号，/ 墙壁被吹得摇摇晃晃，让我不得不撑住……不幸的时候，大门也无法打开，/ 除非旋风被剪断翅膀”（1651：7）。对于这些北方风暴的发源地北方的温度仍然存在着激烈的争论。例如，佛兰德天文学家、制图家佩特鲁斯·普朗西斯（Petrus Plancius，1552—1622）认为，随着极点的靠近，寒冷的程度实际上会减少，这一点得到了亨利·哈德森（Henry Hudson，死于 1611 年）1607—1608 年在格陵兰岛和新地岛高纬度地区的经验的证实：

> （他）用科学的理由证实了这一点，并说，在北极附近，太阳连续照耀五个月；而且，虽然这里的阳光很弱，但由于持续时间很长，因此有足够的力量温暖地面，使大地变得温和……他把阳光比作点燃后立即熄灭的一堆小火。
>
> （亚舍，1860：246—247）

但即使没有因果关系的解释，也可以清楚地看到，“旋风”带来了恐惧和迷恋，既造成了损害，也带来了快乐；从 1608 年的首届“霜冻节”到 1683—1684 年的盛大节日，每当泰晤士河结冰的时候，它就为这座城市提供了冰封的机会（反之亦然），当时正值该市有史以来最糟糕的冬天之一。当时和现在的北极圈和城市圈都是一致的，这不仅说明了气候的复杂性，也说明了“气候”概念本身的复杂。虽然墨卡托多变的地图乍一看可能会在我们这个对气象了解更深入的时代，让他的见解显得过时或不科学，但仔细观察可以发现，它强调了一个仍然旋转的北极（空气和水流被称为大气），这保证了海洋漩涡在历史上被重新配置的同时，它的旋转从未真正停止过，而且它还在旋转。

北极是一个充满故事的群岛 214

1390 年到 1400 年之间的某个时候，也就是墨卡托把北冰洋描绘成漩涡之前不久，两位威尼斯兄弟尼科洛·芝诺（Nicolò Zeno，约 1326—1402 年）和安东尼奥·芝诺（Antonio Zeno，约死于 1403 年）被认为绕过了北极圈。在弗里斯兰达的齐奇米（Zichmi，有人认为是苏格兰的亨利·辛克莱［Henry Sinclar］）的赞助下，据说安东尼奥最远探险到了美洲（“埃斯豆蒂兰岛”和“德罗吉奥岛”）。1558 年，他的一个后代，也叫尼科洛·芝诺，出版了兄弟俩的信件，并附上了他们去过的各个地方的地图。至少可以这么说，自十九世纪中期以来，学者们对他们叙述的真实性一直存在争议，而且“争论……从来没有真正停止过”（迪·罗比兰特，2011：6，193），“伊卡里亚岛”并不存在，这对他们的可信度是最致命的，法庭记录显示尼科洛在他们所述的传奇探险期间正在威尼斯。不管人们是会将芝诺家族视为精心设计布局的骗子而完全摒弃，还是认为他们在北大西洋的冒险活动中发现了微弱的（因为不准确）真相，他们遗产的一个方面不容置疑：他们描绘的海景在此后的几个世纪里都很有影响力。他们的坏名声远远超过了他们的描述，探险者们期望在西行途中会看到“弗里斯兰达岛”（法罗）、“埃斯兰达岛”（设得兰）、“恩格罗内兰达岛”、“埃斯豆蒂兰岛”和“伊卡利亚岛”。（“弗里斯兰达岛”位于洪迪乌斯地图左上角的球面上。）与其争论（或仅仅是哀叹）他们旅行的不真实性，芝诺地图更值得称道的是，它有意地让勘测者们陷入了捏造的境地。兄弟俩没有尽善尽美地表达不同视角下的北极圈的现状（或过去），从而强调前现代北极地图的不可验证性，因此，他们为我们描绘的是重新设计可能世界的过程（或现象）。正如罗伯特·麦吉（Robert McGhee，2005）所认为的那样，北极是“最后一个想象中的地方”，它的创造力对于那些希望表达它们的人来说，是持久的。

理查德·亨利·梅杰（Richard Henry Major）在为哈克路伊特学会撰写的 1873 年版著作中，似乎同情威尼斯人的创造力。他之所以写了一百页的引言，原因之一是为了“证明”一个富有想象力的人，这个人“沉溺于他那阳光国度的灿烂幻想和措辞”（cii），这既是对拓扑诗歌（“措辞”）的辩护，也是对年轻的尼科洛编撰技能的辩护。他向我们保证，“这本被宣布为‘整个文学界最令人费解的作品之一’的书，今后将不再是一个谜题了”（同上），但“文学界的谜题”仍然令人费解。就像几个世纪前一样，北极海底，这个“最后一块新陆地”（海耶斯，2003：183），虽然北极理事会等政府间组织成员对其可勘测的区域已经宣称拥有主权，或垂涎不已，
215 但它构成了地球上为数不多的未知领土之一。更重要的是，随着陆地和海冰的移动，北方世界的地图不断被重新绘制；由于充满冰的水的多变性质，任何分隔陆地和海洋的线因为有着界限性，因此必然是由手（人类）和海洋物体（冰）重新绘制而成。以这些方式被打破和重建的圆圈就是 1558 年的芝诺地图最终的图片：一个由碎片组成的群岛，没有许许多多的、随着“发光”的视觉前进的、分裂的整块陆地和海洋。约翰·吉利斯在《纠正历史对大陆的偏见》一书中，将这种改变思维的倾向诊断为“岛狂热”（2004：1，4）。北极在本质上是根茎状的，既没有边界也没有中心。即使它的区域从来没有被完全限定，它的谜题也没有被拼凑，它的问题也

没有被解决，但它却纵容并产生了“幻想”：这是一个孤立但从未隔离的世界，在不确定的轮廓中面临风险，在其未完成的构成中，它仍然是进行环境、知识和操作实验的催化剂。

回到“这本书”：芝诺家族参与的世界进程表明，这个群岛喜欢用文字在页面上描绘北极，就像在地图上用图片说明北极一样。它的海洋给人物带来清新的感觉，鼓励（而不是遏制）故事。阿德里亚娜·克拉辛（Adriana Craciun）在对维多利亚时代北极灾难的“空间、社会和物质细节”的研究中，采用了“递归”的方法来描述约翰·富兰克林（John Franklin）1845 年的探险：在布鲁诺·拉图尔（Bruno Latour）（通过米歇尔·德塞托，Michel de Certeau）之后，她确定了“知识积累循环中解释和想象工作的复杂性”，她把这种元叙事想象成“一条各种圆圈的线”（2016：18—19）。它在积累现在知识的同时也追溯过去的档案，因此有一个既定的探索在非目的论的空间和时间中向前推进。通过对过程进行评估，我们可以看到在海上工作时实际的写作过程，“虚构的和非虚构的航行以及它们的文本杂乱地纠缠在这个模型中，其中历史上的文化转向和文学上的历史主义转向在海洋的共享资源中相遇”（18）。我想继续讨论克拉辛所重点阐述的跨时间的网络“共享资源”。拉图尔写道，面对“新气候制度”（也被称为人类世）每天产生的“认识论谵妄”，“并非学习如何修复认知缺陷的问题，而是如何生活在同一个世界、共享相同的文化、面对相同的风险、感知一个可以共同探索的景观”（2018：25）。一项对标有“北极”的公共资源库（“共享资源”）进行探测的共同努力意味着寻找非人类的行动者，它们通过放松人类对水域的专制控制，来挑战人类中心主义对北极圈的主张。引用约翰·莫斯（John Moss，1994：105）的话来说，如果“当你接触到北极的故事，你就进入了所有关于北极的描述”这句话是真的，那么我所倡导的综合努力在参考书目的基础上变得更加清晰；尽管如此，克拉辛关于近代早期“北极群岛”（204）的评论与我的略有不同，我试图解决海洋环境在北极圈的螺旋“线”故事中扮演的积极角色，即它如何在冰的“分散域”和液体的“分叉路径景观”中演变出传奇故事（21，31）。的确，芝诺兄弟遵循了当时“群岛流动性”（208）固有的“分形逻辑”， 216
这一逻辑包含并推动了一种“混乱的经验主义文化”（梅休，2011：30）。我可以肯定地说，这种文化是由北部海域的群岛实体所提供，不管他们的报告是多么虚假。一种材料的混合，体现在想象力上，倾泻在地图上：这种混乱的矩阵既有本体论的混杂性，也有认识论的不幸，使得创造其他世界的行为成为一种超越人类的努力。

与寒冷的激烈交锋（不管是灾难还是非灾难性的）驱动了作者创造世界所必需的创造力，同时也抵制了作者控制世界的冲动。无论是地图上提供的还是在地图边缘暗示的“不可殖民”空间的存在，都可以对抗往往会阻碍故事发展的经验主义的冲动。西沃恩·卡罗尔（Siobhan Carroll）称这些地方为“异位：‘真实的’自然区域属于当代人类流动的理论范围，由于它们的无形性、不好客性或不可接近性，因此不能被转换为情感居住的地点，即我们所知的‘地方’”（2015：6）[①]。可以预见的是，破碎的海景所引发的随机创作行为很少被视为帝国主义议程的必要条件。塞
217 缪尔·珀切斯（1577—1626）在考虑1625年通往西北的“可能性”时哀叹道，“画家和诗人并不总是最好的神谕”，随后痛斥威廉·巴芬（William Baffin，约1584—1622年），称其为一位“博学又无知的水手和数学家”（14：411，413），因为在过去的十年里，他没能开辟出一条可航行的航线。政治家兼弗吉尼亚公司和东印度公司的股东达德利·迪格斯爵士（Dudley Digges，1582/1583—1639）在他1611年的短篇专著《地球的周长》中，加剧了对无知之人的侮辱，“《地理学》依赖于旅行者的报告（来自托勒密·卡尔［Ptolomey Cal］的《游历史》），旅行者不是数学家，而是商人、水手、士兵，他们研究的是普通的规则和工具，而不是美好而奇特的实践的微妙之处”（9）。（我们可以假设，绘画和信件不包括在可接受的“实践”列表中。）数学家亨利·布里格斯（Henry Briggs，1561—1630）于1616年写道，“杰拉德·墨卡托，一位非常勤奋和杰出的地理学家，被送给他的一幅画着欧里皮四次关于北极会议的地图所滥用”（珀切斯，1906，14：424）。我们不能责怪布里格斯这样的人，因为他渴望提供事实和纠正错误（他的意思是“滥用”），只要我们不屈服

① 虽然卡罗尔的重点是漫长的浪漫时期，但我和她一样，喜欢在原始帝国主义和定居者殖民主义的背景下，“把极点描绘成经常与想象混淆的空间”（2015：14）。早期的地图表明，“这些空间因为其内在的对耕种和定居的抵制，以及由此而来的对领土侵占和国家控制的抵制，因而被认为是对帝国野心的挑战”（6）。另请参阅富勒，2013。

于驱走了无知的好奇心的珀切斯和迪格斯的短视：当我们意识到我们所知道的东西是建立在制度基础上并由科学实践产生的时候，事实和神秘的领域可能就会有效重合（即使是在我们现在的“后真相”时刻）。其他人的描述可能会更热情友好：英国捕鲸人威廉·古德勒德（William Goodlad，约1576—1639年）在1623年写道，一次北极之旅变成了斯匹次卑尔根群岛原始海岸的写作隐居，“在原始海岸，我们英国的尼普顿现在已经很常见，他们在那里不仅发现了鹿肉，而且还发现了珀那索斯和赫利孔山；并从格陵兰的雪和冰岩石中融化了一眼艺术喷泉。我看过赫利大师（Master Heley）的整首详尽的诗，也看过詹姆斯·普雷森（James Presson）的诗，但我们有更苛刻的发现”（珀切斯，1906：14：107）。赫利和普雷森的书页上融进了什么样的远景？是什么海岸和“原始”的世界激起了他们的兴趣，让他们停下来，更重要的是，让他们把它诗意化？这是一个谜。也许正是北极圣洗池的力量所在：一个可以“详细阐述”的缪斯，其环境“美好”和“苛刻”引发了进一步的猜测，“微妙”等待着被写下来，从而付诸“实践”。

北极是一条通道，而不是目的地

虽然“西北”和“东北通道”的神秘特质召唤出可绘制的路线或放置的东西，包括可追溯的路线和稀有的奖品，就像等待获得的“圣杯”（伯顿，1988），但北海是一个多方向通过的通道：一次拒绝从起点到终点的目的论路径的旅行（源自拉丁语动词passus，“步伐”），一个过渡过程中的事物，一个北极的“行动者网络”（达克特，2017：125—129）。通过北冰洋到欧洲的海上航线的偶然发现广为人知：珀切斯在他的《珀切斯世界旅行记集成》（1624—1625）中，印刷了1579年托马斯·考尔（Thomas Cowle）的证词，讲述了1567年马丁·查克（Martin Chacke）在“被西风吹过新大陆的海湾”（14：414），与同伴分离之后，从葡萄牙东印度群岛成功航行到爱尔兰西北部，穿越北美大陆的故事。投资者迈克尔·洛克（Michael Lok）报道称在加利福尼亚和新西班牙上方有一条海峡（现在以他的名字命名），由希腊领航员胡安·德·富卡（Juan de Fuca）于1596年发现，之后不久，找到这条将北美与亚洲区分开的“阿尼安海峡”（Fretum Anian）的希望受到了鼓舞（珀切斯，1906：

14.415—419）。也许最著名的叙述是老普林尼在他的《自然史》（公元一世纪）中记载的“印第安人”抵达罗马统治下的法国的海岸的故事。殉教士彼得的《新世界简史》（由理查德·伊登于1555/1577年翻译）中重复了这样的叙述：

> 从印度北部航行到卡利斯（Caliz），需要经过极端寒冷的气候和地区，无疑是一件困难和危险的事情，这在古代的作者中是没有记忆的，他们只说过
> 218 一艘船，就像普林尼和米拉也写过的那样，引用了科尼留·内波斯（Cornelius Nepos）的证言：他确认，苏伊亚国王交给了法兰西的海军上尉昆特斯·梅特勒斯·塞勒（Quintus Metellus Celer）一些被暴风雨赶到日耳曼海的印第安人。
>
> （阿尔伯，1895：347）

类似的事情发生“在皇帝弗雷德里克·巴巴罗萨（Barbarossa）的时代，当时，有些印第安人从卢贝克市被带到独木舟上”（同上）。不管是无意还是有意（请再次注意“被赶到”这个词，这一次是被一场风暴驱赶），人们认为东亚人在查克的成就（或弥天大谎）之前几个世纪就已经走完了一条从东方到西方的北上路线。

不管上述旅行的历史真实性如何，北极自古以来就被认为是连接不同文化的通道；此外，如果从表面上看普林尼无法证实的说法，欧洲实际上是在北冰洋对面相遇的第一个“另一个世界”：对于“一些印第安人”，我们可以推测，德国法庭表示的是在北美北部为伊甸园的读者提供了“新世界”的绰号之前的“新发现的土地”，早于约翰·卡伯特（John Cabot）在亨利七世（Henry Ⅶ）的带领下对纽芬兰和拉布拉多的远征（1497），甚至早于十一世纪挪威人在文兰的定居。他们的成就考验了希望在数年后也能以同样的方式通过的欧洲人的耐心。如果“印第安人”能够完成“困难和危险”的壮举，他们也可以；例如，驻莫斯科大使在谈到“印度人的……运气”和葡萄牙人的成功时表示，“他在白日梦中令人惊讶地休息了一会儿，非常高兴地说……为什么我们不能肯定地认为，在这个北部地区，尤其是在那种气候中出生和长大的人，可以不受寒冷的影响而采取类似的措施？”（286）从本质上说，早期的相遇给那些想要征服的人带来了新的、更幸运（充满幸运）的承诺。很少有

作家比汉弗莱·吉尔伯特爵士（1537—1583）更能证明这一逻辑，他在《通往卡塔亚的新旅程的发现》一书（1566年写成，1576年出版）中，用了十章中的三章来描述这次著名的登陆，“所以很明显，那些印第安人（正如大家所听说的，在各个时代都是被暴风雨驱赶到日耳曼海岸的）只是通过我们的西北通道到来的”（[1576]1940：1：154）。“我们的（通道）”引人注目：北极殖民主义的种子不是“梦”；他们希望这条穿越大洋的艰难通道可以被拥有和保护，必要时可以绑架或清除这里的原始居民。

如果我对北大西洋作为“通道”的重新解释，会让人想起后来几个世纪奴隶贸易的“中央航路”，那么我是故意而为之。当种族、性别和民族的等级制度进入通道时，交叉流动就会受到限制。简而言之，生活在“其他世界”中的“他者”也很容易被用作一种轻蔑的指责和一种有害的差异实例。我们来看看西北航道（1612年特许）发现者商人公司的格言：“Juuat ire per altum”（“他乐于去深海”）和“Tibj 219
seruiat ultima Thule”（“天涯海角适合你”）（克里斯蒂，1894：2：648）。或者“引发项目的动机”之一（大概由迪格斯列举），这一动机在于“北极大地是一篇宏伟而纯洁的、但还未被发现的处女地”（2：641）。北极为谁服务，又为谁高兴？权力体制保护着北极的行动者网络，但只是针对部分乘客。自最早的探险以来，奴役一直是一个有利可图的选择：葡萄牙船长加斯帕·科尔-雷亚尔（Caspar Corte-Real，1450—1501）于1500年抵达“绿土”，第二年，他将“七个当地人，包括男人、女人和孩子”送回了家，“而另一艘船，预计每小时会有50人到来”（威廉姆森，1962：229）。正如我在前面提到的“肯定的”东亚旅行者一样，北极对当地的其他人来说不是“另一个”世界（温暖的欧洲才是），而是一个家。杰斯·韦弗（Jace Weaver）2014年所称的“红色大西洋”，当然也适用于它的极地水域。面对这种一直延续至今的对白色男性主义的痴迷（从以前到现代），我们需要回到有色人种的近代早期经历。

公众对新颖娱乐形式的渴望帮助确保了其他国家的海洋成为“我们的海洋”。已出版的因纽特人的肖像最早可以追溯到1567年，那一年奥格斯堡展出了一个女人和一个孩子。这两个人是詹姆斯一世的非洲艺人的不幸前传，他们1589年在雪地里跳舞后死亡，可以说，他们被命令这样做，是为了测试出英国人的身体暴露在极端温度下的临界值。因纽特人的亲身经历同样提供了一个绝佳的机会来了解外国“气候”的生理影响，同时也一直支持北极探险家乔治·贝斯特（George Best，约1555—1584年）的伪科学种族主义，他试图解释为什么深色皮肤能在光线昏暗的北方土地上生存。在英国人的指挥下运送的第一批因纽特人来自弗洛比舍笔下描述的对巴芬岛（现努纳武特岛）的掠夺：约翰·怀特于1577年第二次航行中画出了著名的男人（卡利霍［Calichough］）、女人（伊格诺里斯［Ignorth］）和孩子（纽提克［Nutiok］）（约1577—1593年）。（三个人很快就死于疾病。）英国航海家詹姆斯·霍尔（死于1612年）在1605年至1607年间三次为丹麦的克里斯蒂安四世（Christian Ⅳ）航行，被派往与古挪威殖民地格陵兰岛重建联系（格陵兰岛于十五世纪在国王不知道的情况下失去联系）。1605年，他的船长约翰·坎宁安（John Cunningham）捕获了三个因纽特人，他“满怀善意地”（戈施，1897：1：48）将他们送到“特罗斯特号”上；“红狮号”的戈德斯克·林德诺（Godske Lindenow）船长带走了两个。第二年，林德诺已经成为指挥官，又抓住了五个因纽特人和“他们的船，把他们装到我们的船上，带他们去丹麦，用他们格罗内兰国的方式，以便更好地了解我们”
220 （70—71）。其中一艘皮艇目前位于吕贝克的希弗协会（70n5）。1612年，在霍尔自己的（致命的）航行中，安德鲁·巴克（Andrew Barker）抓住了一个人，他的皮艇现在正在赫尔市的三一大厦（Trinity House）展出（111n4）。这些关于船只和人类的纪念品将北极海洋描绘成一个被控制的好奇之地，这里的陌生人被精心策划，他们的生活被物化，以强化北欧霸权。林德诺在1605年挟持的两名俘虏，例证了变得更能促进了解的结果，正如这次旅行的丹麦外交官和编辑戈施（C.C.A. Gosch）指出的那样：他“在某种程度上成功地驯服了他们，并教他们按照他的指示在船上奔忙”（xci）。驯服的奇迹：未知的水池变成了一个展示柜；漩涡平息了；它的故事在讲述；野蛮的公民变得温顺。

至少在丹麦，从东方到西方的航行以重新寻找旧世界为任务，带来了一场从过去（旧）到现在（新）的海洋时间旅行。但是，正如我们刚才所观察到的，在欧洲人和因纽特人的交换中，谁获益更大？答案往往偏向于前者。尽管如此，在北极的他者的世界里，他们还是有惊人的可能性将“他者”视为“我者”，并以此来验证依赖于将这些认同领域置于完全独立地位的殖民逻辑。也就是说，圆圈可以“更好”地结合在一起。错误的识别，即使立即被否认，也是对可替代差异的北极焦虑的一个例子：根据罗伯特·法比扬（Robert Fabyan）的编年史（1516），1501—1502年，有三个人从纽芬兰被带到英格兰，他们可能是首都的第一批土著游客，“我在韦斯特姆斯提尔的古堡里看到他们跟在英格兰人后面，在那个时候我还无法分辨英格兰人”（威廉姆森，1962：220）。当然，在将他者本质化的过程中，能够“分辨”是必不可少的：必须避免成为“他者世界”的“他者”。这种“凝视”也可以反过来影响英语语言，而不仅仅是因纽特人的身份。1619—1620年，延斯·蒙克（Jens Munk，1579—1628）在哈德逊湾寻找西北航道时发生了灾难，65名船员中有63人遇难（1624年丹麦语版），他指出，他手下的一个“肤色黝黑，头发乌黑”的人被因纽特人误认为是“他们的民族和同胞之一”，并因此而被接纳，这令人难以置信（戈施，1897：2：14）。然而，相互“了解”的企图确实存在，至少在表面上是这样；1617年，在斯匹次卑尔根群岛因其大量的鲸油而被认为价值连城之前，莫斯科公司（1555年特许成立）无法在该地区取得可靠的利润，于是构想了一个包括俄罗斯当地居民在内的共同殖民企业。英国驻沙皇大使约翰·梅里克爵士（Sir John Merrick）获得了一份许可证，“可以让他的某些被叫作‘莱普斯’（萨米人）的臣民（莱普斯是一个生活在寒冷气候和贫瘠土地上的民族）”与英国人同住在那里（康威，1906：104）。虽然像这样的通婚愿望总是会被语言障碍所阻碍，但实际上，阻 221
碍重新界定亲属关系的往往是南方政府对北方世界进行商业开发的愿望。例如，上文提到的在1605年被带到哥本哈根的5名因纽特人之所以被绑架是为了在社区之间“（可以）永久建立友好关系”（戈施，1897：1：xciii），以达成和平协议（具有讽刺意味的是，这是被囚禁的大使所敦促的事情）。

然而，当冰冷的另一个（海洋）世界与我们自己的世界结合在一起，在不那么隔离而是有更多交融的情况下，我们可以从这种二分法逻辑中发现一些裂痕。对于弗洛比舍笔下的囚犯卡利霍在埃文河上的活动，编年史家威廉·亚当斯（William Adams）于1577年10月9日写道，“他坐在一条皮制的小艇上，在后园的水中用飞镖射死了两只鸭子，然后把皮艇背在背上穿过了沼泽。他在我们这里和其他地方做了同样的事情，许多人都看到了”（麦吉，2001：84—85）。对于围观的布里斯托尔人来说，如果市长同意让“卡利霍”在埃文河上划艇，就肯定会变成一种奇观，这为一位当地艺术家提供了一幅后来成为描绘因纽特人生活的模板图像（也美化了俘获他的人的叙述）。有没有人注意到，在他相对轻松的狩猎和从一条水道（“后园”）到另一条水道（“沼泽”）的过渡中，这个人对他们自己本地的“地方”几乎不可思议的熟悉？如果是这样的话，弗洛比舍与布里斯托尔遥远的和以前偏远的海湾就会相互换位：北极原来就在人们自己的“后院”。我们不能确定，但我们可以推测：“伊格诺里斯”和他“一个月后就死了”（85）。丹麦的编年史就不那么简洁了，1605 年，在“红狮号”进入哥本哈根后，林德诺“训练”的两个当地人为丹麦国王和王后表演：根据莱尚德（C.C. Lyschander）于 1608 年出版的《格陵兰编年史》中所述，他“让格陵兰人在与一艘有 16 支桨的船比赛时展示他们皮艇的威力”（戈施，1897：1：xci）；坎宁安的三个人也设法加入，超过了丹麦人。刚刚抵达的西班牙大使更是大吃一惊，“他们中的三个人在小船上表演了一种舞蹈，用他们的皮艇以美妙的方式划出几何图形”（1：xcii），之后，他慷慨地给了他们金钱和丹麦绅士的装束（羽毛、剑和马刺）。然而，就像他们乘坐皮艇横渡埃文河的同胞们一样，佩雷尔看到的不仅仅是惊奇。佩雷尔描述的关系更令人吃惊，他用一篇催眠式的散文对皮艇的组成和比例进行了冗长的描述，“他们非常快地相互穿插交织，人们的目光都被迷惑；他们的动作十分巧妙，彼此都不触碰”（1：224）。他们也许注意到了“混淆”的危险，以及无法区分陌生和熟悉的事物，于是以一种嘲弄的方式
222 打扮起来，“像格陵兰的贵族一样列队走向城堡”。国王对此印象深刻，他下令“按照格陵兰模式”建造一艘双人皮艇。撇开这些政治上的赞赏和娱乐上的同化（或挪用）尝试，在丹麦，并非一切都是正确的：最明显的是，皮艇划手仍然受到限制。因此，1606 年春天，他们中的一些人试图逃跑，他们逃到了“斯卡恩”（斯科讷兰，即斯堪的纳维亚半岛南部），随后被“农民”抓住。在戈施看来，因纽特人的逃亡标志着丹麦为平息敌对报复而重新向丹麦引进人口战略的结束，“实际上，没有俘虏返回的事实只能对远征队和当地人之间的交往造成很大的损害”（1：xciii）。有几

个满怀希望的中间人在那一年的第二次航行中死去，而 1607 年的第三次航行（如果有人在船上的话）则未到达目的地。丹麦是这些因纽特人的字面上的监狱，他们的海洋旅程是一次单程的死亡之旅，但在此之前，他们古怪的习惯会让其他人感到迷惑。“舞蹈”有脚本；演员们的“舞蹈编排”为外交手段而设；他们可能成为欧洲的贵族（“大公”），但仅供娱乐。

尽管这篇文章写于近五十年后，并因其似是而非而受到批评，但佩雷尔的这篇文章为逃亡者的困境添加了影响深远的情感细节。他证明，从另一个人的角度看问题，有一种可以将原本对立的世界融合在一起的力量。那些在 1606 年逃离的人“经常向北眺望，遗憾地感叹他们所守卫的国家对于那些抢夺他们的船只和船桨，尝试穿过通道并划向海洋的人太过仁慈”（223）。在这个版本中，因纽特人不只是鬼祟行事，他们实际上是在寻求照顾他们的人的同情。戈施对他们的命运沉默不语；然而，佩雷尔认为，那些第一次尝试的人死于进一步丧失“自由”所带来的疾病（这里的确切数字不清楚，比较各种账目时经常会出现这种情况；据推测，在霍尔的回程中幸存下来的四名被绑架者使得这个群体进一步扩大）。此外，在他们盛装游行到城堡之后（佩雷尔将首次逃跑安排在大使到来之前），1606 年被挫败的任务中有两个人“比其他人更少被怀疑，因为他们似乎不太可能第二次暴露在他们遇到的危险中，他们抢了船，成功夺回了北方”（225）。他们的动机很清楚：在盛会结束后，“他们又回到了他们往常的忧郁之中……他们只想着如何返回格陵兰岛”（同上）。“尝试穿过通道”是一项不知疲倦的壮举；“夺回”北方是一项无穷无尽的事业，是一条遥不可及的通道。佩雷尔向我们描述了丹麦群体的北方在他们眼前消退。但其中一个最终被抓住了；另一个“逃走了，或者更确切地说，丢失了；因为他似乎不太可能到达格陵兰岛”（同上）。这个人现在已经被绑架了三次，看到孩子
和他们的母亲或保姆，他就“大哭”（同上），看守敏锐地推断出，这表示他为远方 223
的家人感到悲伤，这是耶利米哀歌组曲。事实上，他们的悲伤被证明是致命的，因为他们的痛苦创造了一个永久痛苦的正反馈循环：被看管得更紧，同时也压制和刺激了他们自由通行的希望，“只会增加他们返回祖国的愿望，以及他们这样做的绝望”（同上）。除了两个人，几乎所有人都死于这种“遗憾”。他们每个人都活了十年

左右：第一个在科灵被招募为采珠人，在冬天被迫“像狗一样潜入水下”（226），后因在寒冷天气中暴露而死。第二个人再一次逃跑，不确定是否是之前那个哭泣的人（这是他的第三次逃跑尝试）。不管怎样，他很快地驶到了离海大约 30 或 40 里格的地方，进入了开阔的海洋（惊人的一百至一百三十海里的距离）。他被追上后，追他的人“用种种迹象让他明白，他永远不知道在哪里可以找到格陵兰岛，而且毫无疑问，海浪会把他吞没”（同上）。

对丹麦人来说，海洋之间的水文距离被证明是压制因纽特人“欲望”的最好方式。因此，“丢失”的人回来的可能性不大；作为无知的被拘留者，他们缺乏可映射的知识，因此在认识论上受到了束缚。如果你的对手有超常的速度但没有方向感，那么划船比赛中你最终就会获胜。然而，这个人却出人意料地用他自己的宇宙学来回应，“他用手势回答说，他应该沿着挪威海岸走到某个地方，从那里穿过，然后由星星指引他回到自己的国家”①。追逐者可能会被惩戒，但可悲的是，并没有人给出反驳意见：我们被简单地告知，这个人不久后就在哥本哈根病倒并去世了。我们可以说，佩雷尔的同情只能到此为止：有人称这些土著乘客为“不快乐的格陵兰人”，佩雷尔则主要称他们为“野蛮人”，他没有直接谴责他的欧洲同胞的行为，他热衷于为他们开脱，表明“丹麦人尽了一切力量让他们（最后两个人）活着，并让他们明白，他们将被当作朋友和同胞对待”（225）。（无效地皈依基督教证明是一种障碍。）但令人着迷的融合的可能性是可以感知的，比如佩雷尔的“困惑”吸引眼球的“模式”，即全球和本地、因纽特和丹麦交织；他可能不愿意把两个截然相反的世界融合得太紧密，但他那如醉如痴的注意力吸引着想象力漫游到另一些可能“触及”的通道。很多事情都取决于这位“丢失的”皮艇划手矛盾的“选择”。那些划桨的人在离哥本哈根越来越远时，看到了什么未分割的地平线？那些“逃脱”的

① 这个答案可能会使因纽特人的拦截者感到困惑，这与我一直在探讨的有关北方探险的欧洲中心论相吻合。例如，麦吉（2005）引用了法国皮草商人皮埃尔—埃斯普利特·丽笙（Pierre-Esprit Radisson）提到的一个历史上“被遗弃”的故事：十七世纪早期的某个时候，一支休伦族队伍从南安大略来到詹姆斯湾，划独木舟向东北行进，绕过拉布拉多，最终到达圣劳伦斯河口。“这是一个罕见的非欧洲人的北方探险例子”（202），尽管罕见，但它是一个非土著观点的叙事霸权需要进行检验的理由。

人可能到达了哪些海岸？十多年来，科灵的采珠人为了外国政府的要求潜航时，与哪片海域有过接触？潜航时，他又是否能感受到遥远故土北方的海水？

北极是一个机遇 224

科尔·思拉什（Coll Thrush）表示，“伦敦本土历史的问题，是一种被迫的沉默，而不是对过去事件的隐瞒”（2016：6）。（哥本哈根和其他地方也是如此。）他们的紧张情绪显而易见：有些人成功返航，有些人则没有；有些人被给予参与“岛狂热”的选择，其他人想渗入的努力则受到监督。这种来回过滤的故事不需要曝光，只需要更多的关注，“这不是一种发现行为，更确切地说，这是一种恢复的行为，承认伦敦的地方、人民和历史与土著的地方、人民和历史之间的深刻纠缠，反之亦然”（13）。城市与土著历史的纠缠创造了“纠缠的领域”（23），用他的话来说，它们也通过扩大纠缠的范围，激发了生态思考的机会。在曾经举行“冰冻集市”的泰晤士河岸边，人们发现了一支十七世纪的因纽特人矛尖（256）。思考这些越洋时刻，使我们能够逃脱由第一批商业公司倡导的、阻碍了北极主权概念的竞争（“极端”）、屈尊（“服务”）和拥有（“你”）的陷阱。格陵兰岛（Kalaallit Nunaat）至今仍在争取从丹麦君主制中获得更多的自治权。我们可以“尝试”使“通道”更自由，更可协商，从这些曾经的世界中学习，并面对未来的世界。当有关差异（自我和他人）以及距离（北方和南方）的二元体系瓦解时，受影响的文化所承担的不平等负担并没有简单地消失。因纽特人气候变化活动家希耶娜·瓦特·克劳狄尔（Sheila Watt-Cloutier）一直是土著社区“寒冷权”（“要求国际社会认识到环境的福祉本身就是一项基本人权”）中最热心的倡导者之一，她认为“因纽特人的未来就是世界其他地区的未来”（2015：xxi-ii）。但是人口众多的北极并不仅仅与人有关，她解释说，“它指的是环极地环境、北极的土地和依赖冰雪的生活方式”（231）。借用珀切斯的话说，北极是预测地球命运的“最佳神谕”之一；对于克劳狄尔来说，认识到世界的融合（其结果是群岛因气温上升而迅速解体）证明了“根本的改变不仅是合理的政策，也是一种道德上的义务”（xxi）。这一信息远非将因纽特环极理事会（ICC）这样的组织诬蔑为企业突发奇想的不幸受害者，而是要在全球范围内赋予政治权力，“我们都有权免受气候变化的影响”（231）。克拉辛也认为，预测是可怕的，现实是灾难的，但正是因为未来的不确定性，才需要基于权利的政策，“未知的精神气质值得保留”（223）。

225 然而，如果我们同意戴维森的说法，“几乎所有安慰我们的（关于北极）的东西都是错误的”（251），那么我们如何让世界再次连成一体的问题仍然没有改变。早在几个世纪前，卢克·福克斯（Luke Foxe，1586—1635）就发表了这种令人不安的声明，并毫不犹豫地将他在1631年夏天穿越哈德逊湾的探索比作一个老妇人的故事，他在《福克斯西北游记》（1635）的序言中，将《圣经》中冗长（因为无法发现）的通道比作故事中冗长（因为复杂）的段落，“但对于最想知道的我做了什么以及我已经走了多远，我回答说，就像老妇人讲述的故事一样，比我能够说出的要远得多”（克里斯蒂，1894：1：7—8）。到目前为止，我在这一章中一直认为，北极圈是一些近代早期（冰冷的）海洋爱好者可预见的地平线。遥远的北方“地平线”当然界定了他们的世界，地平线这个词来自希腊文 horizōn（kuklos），意思是“限制（圆圈）”。但我也说过，这种圆圈为他者而扩张、盘旋和旋转。从旋转门户入口（佩雷尔）到地图上的大漩涡（墨卡托），从文学圈（芝诺家族）到土著居民的接近圆形的回归（因纽特人皮艇），这些转向和充满活力的圆圈结构帮助我们将北极重新定义为一个人口众多、无法在地图上标注的地方，一片有人居住、神秘莫测的冰山岛屿的海洋，挑战着相反假设（如无路可走的荒原、无限理解的事物和与大陆相连的地点）的极地政治策略。天涯海角最终是不可知的，因此，它具有无限的故事性。应该抛弃由一个海洋般的“他者”世界带给我们的、在本体论上与我们自己的世界相反的单一的、故事的和传播的极点。易变性激起了一种想要描绘不同画面、用一根可移动杆子把水池围起来、质疑如何将故事（或谁的故事）流传或锁定的冲动。简而言之，用克拉辛的话来说，就是尝试用一种不同的“未来北极机会主义语言”，讲述与我们所继承的不同的遗产，从而揭示那些盛行的叙事如何在历史上构建，它们的偶然性后来如何被遗忘，“我们越仔细考虑早期的探险文化，我们的北极探险历史就越难以预测”（228，232）。我也想加上未来以供参考。本章采用生物地理学术语“近北极”（涵盖北美大部分地区），构成了我自己试图阐明其他

（新奇、“新颖”的）“近北极”的尝试，以便为他者提供“越来越多”的“讲述”机会。不确定和不完善的地图可以促使我们的想象力向前发展，我希望它们也能促进群岛社区的发展。目前我已经“走”了这么远：北极是一个旋转的门户，是一个被想象的世界和其中的故事交流的通道。给我们的重要提醒是：正如任何世界都不可能被完全了解，“走得更远”的命运也不可能被真正决定。

参考文献

"About this Artwork: Master W with the Key; Netherlandish, active 1464–1485; *Ship with Sails Furled and Arrow Pointing to the Right, 1475/85,*" The Art Institute of Chicago. Available online: https://www.artic.edu/artworks/27881/ship-with-sails-furled-and-arrow-pointing-to-the-right (accessed October 24, 2020).

Abreu, Lisuarte de (1992), *Livro de Lisuarte de Abreu*, Lisbon: Comissão Nacional para as Comemorações dos Descobrimentos Portugueses.

Acosta, José de ([1590] 2010), *Natural and Moral History of the Indies*, ed. Clements R. Markham, Farnham, Surrey: Ashgate.

Adams, Thomas R. and David W. Waters, comps. (1995), *English Maritime Books Printed before 1801. Relating to Ships, Their Construction and Their Operations at Sea*, Providence, RI: The John Carter Brown Library, and London: The National Maritime Museum, Greenwich.

Alaimo, Stacy (2013), "Violet-Black," in Jeffrey Jerome Cohen (ed.), *Prismatic Ecology: Ecotheory beyond Green*, 233–51, Minneapolis, University of Minnesota Press.

Alaimo, Stacy (2016), *Exposed: Environmental Politics and Pleasures in Posthuman Times*, Minneapolis: University of Minnesota Press.

Albanese, Denise (1996), *New Science, New World*, Durham: Duke University Press.

Allard, Carel (1695), *Nieuwe Hollandse scheeps bouw*, Amsterdam: Carel Allard.

Andrea, Bernadette (2016), *The Lives of Girls and Women from the Islamic World in Early Modern British Literature and Culture*, Toronto: University of Toronto Press.

Anghiera, Pietro Martire d' (1530), *De orbe nouo Petri Martyris ab Angleria Mediolanensis protonotarij Caesaris senatoris decades*, Compluti (Madrid): Michaelem de Eguia. Available online: www.archive.org, call no. b2220440 (accessed November 25, 2018).

Apian, Peter (1553), *Instrument Buch*, Ingolstadt.

Apt, A.J. (2004), "Wright, Edward (*bap.* 1561, *d.* 1615)." *Oxford Dictionary of National Biography*, Oxford University Press.Available online: http://www.oxforddnb.com/view/article/30029 (accessed April 17, 2014).

Arber, Edward, ed. (1895), *The First Three English Books on America*, Westminster: Archibald Constable and Co.

Archibald, E.H.H. (1980), *Dictionary of Sea Painters*. Suffolk: Antique Collectors' Club Ltd.

Asher, G.M., ed. (1860), *Henry Hudson the Navigator: The Original Documents in Which His Career is Recorded*, London: Hakluyt Society.

Auden, W.H. (1940), "Musee des Beaux Arts," in *Another Time: Poems*, London: Faber & Faber.

Auden, W. H. (1950), *The Enchafèd Flood, or The Romantic Iconography of the Sea*, London: Faber & Faber.

Bacon, Francis (1626), *Sylva Sylvarum or A Naturall Historie in Ten Centuries*, London: William Lee. Available online from Early English Books Online (accessed November 9, 2018).

Bacon, Francis ([1627] 2008), *The New Atlantis* in *Francis Bacon: The Major Works*, ed. Brian Vickers, Oxford: Oxford University Press.

Balgrave, John (1596), *Astrolabium Uranicum Generale: necessary and pleasaunt solace and recreation for navigators in their long jorneying, containing the vse of an instrument or generall astrolabe: newly for them devised by the author, to bring them skilfully acquainted with all the planets starres, and constellacions of the heavens ...*, London: Thomas Purfoot & William Matts.

Barbosa, Duarte (1918–1921), *The Book of Duarte Barbosa; An Account of the Countries Bordering on the Indian Ocean and their Inhabitants*, 2 vols, 2nd ser., vols. 44, 49, London: Hakluyt Society.

Barbosa, Duarte (1996–2000), *O Livro de Duarte Barbosa*, Maria Augusta da Veiga e Sousa, ed., 2 vols, Lisbon: Ministério da Ciência e da Tecnologia, Instituto de Investigação Tropical, Centro de Estudos de História e Cartografia Antiga.

Barletta, Vincent, Mark L. Bajus, and Cici Malik, ed. and trans. (2013), *Dreams of Waking: An Anthology of Iberian Lyric Poetry, 1400–1700*, Chicago: University of Chicago Press.

Barlow, William (1597), *The Navigator's Supply, Conteining many things of principall importance belonging to Navigation with the description and use of diverse Instruments framed chiefly for that purpose; but serving also for sundry other of Cosmography in general: the particular Instruments are specified on the next page*, London: G. Bishop, R. Newbery, and R. Barker.

Barreiro-Meiro, Roberto (1985), "Estudio y comentarios," in Juan de Escalante de Mendoza, *Itinerario de la navegación de los mares y tierras occidentales*, 9–15, Madrid: Museo Naval.

Bate, Jonathan (2004), "Shakespeare's Islands," in Tom Clayton, Susan Brock, Vincente Fores (eds), *Shakespeare and the Mediterranean*, 289–307, Newark: University of Delaware Press.

Bazán, Don Álvaro de (1582), *Il succeso de l'armada del Re Filippo*, Florence.

Belcher, Wendy Laura (2013), "Sisters Debating the Jesuits: The Role of African Women in Defeating Portuguese Proto-Colonialism in Seventeenth-Century Abyssinia," *Northeast African Studies*, 13 (1): 121–66.

Bellamy, Elizabeth Jane, (2013), *Dire Straits: The Perils of Writing the Early Modern English Coastline from Leland to Milton*, Toronto, Buffalo, and London: University of Toronto Press.

Bennett, Herman L. (2019), *African Kings and Black Slaves: Sovereignty and Dispossession in the Early Modern Atlantic*, Philadelphia: University of Pennsylvania Press.

Benton, Lauren (2010), *A Search for Sovereignty: Law and Geography in European Empires, 1400–1900*, New York: Cambridge University Press.

Bergeron, David M. (2010), "'Are we turned Turks?': English Pageants and teh Stuart Court," *Comparative Drama*, 44 (3): 255–75.
Berton, Pierre (1988), *The Arctic Grail: The Quest for the North West Passage and the North Pole, 1818–1909*, New York: Viking.
Beschrreibung von Eroberung der spanischen Silberflotta wie solche von dem General Peter Peters Heyn, in Nova Hispania, *in der Insul Cuba im Baia Matanzas ist erobert worden* (1628), Amsterdam.
The Bible: Authorized King James Version (1997), Oxford: Oxford University Press.
Binney, Captain Thomas (1676), *A Light to the Art of Gunnery*, London: Andre Forrester.
Blackmore, Josiah (2002), *Manifest Perdition: Shipwreck Narrative and the Disruption of Empire*, Minneapolis: University of Minnesota Press.
Blackmore, Josiah (2009), *Moorings: Portuguese Expansion and the Writing of Africa*, Minneapolis: University of Minnesota Press.
Blackmore, Josiah (2012), "The Shipwrecked Swimmer: Camões's Maritime Subject," *Modern Philology*, 109 (3): 312–25.
Blackmore, Josiah (2018), "Portuguese Scenes of the Senses, Medieval and Early Modern," in Ryan D. Giles and Steven Wagschal (eds), *Beyond Sight: Engaging the Senses in Iberian Literatures and Cultures, 1200–1750*, 209–24, Toronto: University of Toronto Press.
Blackmore, Josiah (forthcoming), *The Inner Ship: Maritime Literary Culture in Early Modern Portugal*.
Blumenberg, Hans (1997), *Shipwreck with Spectator: Paradigm of a Metaphor for Existence*, trans. Steven Rendall, Cambridge, MA: MIT Press.
Blundeville, Thomas (1584), *M. Blundeville his exercises, containing eight treatises, the titles whereof are set downe in the next printed page*, London.
Blundeville, Thomas (1589), *A briefe description of universal mappes and cardes, and of their use: and also of Ptolemy his tables*, London.
Boazio, Baptista (1589), *The famouse West Indian voyadge made by the Englishe fleet*, London: Thomas Purfoot.
Bodhidharma, (1989), *The Zen Teaching of Bodhidharma*, Red Pine (ed.), San Francisco: North Point Press.
Bolster, W. Jeffrey (2006), "Opportunities in Marine Environmental History," *Environmental History*, 11 (3): 567–97.
Bolster, W. Jeffrey (2008), "Putting the Ocean in Atlantic History: Maritime Communities and Marine Ecology in the Northwest Atlantic, 1500–1800," *American Historical Review*, 113 (1): 19–47.
Bolster, W. Jeffrey (2012), *The Mortal Sea: Fishing the Atlantic in the Age of Sail*, Cambridge, MA: Harvard University Press.
Bond, Henry (1644), *The Boat Swaines Art*, London: William Fisher.
Boroughs, Sir John (1685), *The sovereignty of the British seas proved by records*, London: Humphrey Mosley.
Botello, Jesús (2015), "'Una armada figuraron que venía': Lepanto como écfrasis en *Los baños de Argel*," *eHumanista*, 30: 240–51.
Botero, Giovanni (1608), *Relations of the Most Famous Kingdoms*, London: William Iaggard.
Bourne, William (1574), *A Regiment for the Sea*, London: [Henry Bynneman for] Thomas Hacket.

Bourne, William (1578), *A Booke Called the Treasure for Traveilers*, devided into *five Bookes or partes, contaynyng very necessary matters, for all sortes of Travailers, eyther by Sea or by Lande*, London: Thomas Woodcocke, dwelling in Paules churchyard, at the sygne of the black Bear.

Boxer, C.R., ed. and trans. (2001), *The Tragic History of the Sea*, Minneapolis: University of Minnesota Press.

Bowditch, Nathaniel Ingersoll (1832), "Wharf Property: The Law of the Flats; Being the Remarks Before the Judiciary Committee of the Senate of Massachusetts, April 11, 1832," Boston: John Wilson & Son.

Boyle, Robert (May 30, 1667), "Other Inquiries Concerning the Seas," *Philosophical Transactions of the Royal Society of London*, 1 (18): 315–16.

Boyle, Robert (1674), *Tracts Consisting of Observations About the Saltness of the SEA: An Account of a STATISTICAL HYGROSCOPE And its USES: Together with an APPENDIX about the Force of the Air's Moisture: A FRAGMENT about the NATURAL AND PRETERNATURAL STATE of BODIES*, London: E. Flesher for R. Davis.

Bradford, Ernle (1971), *Mediterranean: Portrait of a Sea*, New York: Harcourt, Brace, Jovanovich, Inc.

Brayton, Dan, (2012), *Shakespeare's Ocean: An Ecocritical Exploration*. Charlottesville: University of Virginia Press.

"Paul Brill" (2019), Encyclopædia Britannica, Inc., January 1, 2019. Available online: https://www.britannica.com/biography/Paul-Brill (accessed February 2, 2019).

Brotton, Jerry (2000), "Carthage and Tunis, The Tempest and Tapestries," in Peter Hulme and William H. Sherman (eds.), *The Tempest and its Travels*, 132–7, Philadelphia: University of Pennsylvania Press.

Brotton, Jerry (1998), "'This Tunis, Sir, Was Carthage': Contesting Colonialism in *The Tempest*" in Ania Loomba and Martin Orkin (eds.), *Post-Colonial Shakespeares*, 24–33, London: Routledge.

Brown, C.C. (1970), *Sejarah Melayu, or Malay Annals*, New York: Oxford University Press.

Brown, Lloyd (1949), *The Story of Maps*, New York: Little, Brown.

Brown, Paul (1985),"'This Thing of Darkness I Acknowledge Mine': *The Tempest* and the Discourse of Colonialism," in Jonathan Dollimore and Alan Sinfield (eds.), *Political Shakespeare: New Essays in Cultural Materialism*, 48–71, Manchester: Manchester University Press.

Browne, Thomas (1646), *Pseudodoxia Epidemica*, London: Thomas Harper.

Bry, Theodor de (1594), *Grand Voyages*, Frankfurt.

Bry, Theodor de (1601), *Petit Voyages*, Frankfurt: Erasmus.

Burchett, Josiah (1720), *A Complete History of the Most Remarkable Transactions at Sea*, London: J. Walthoe.

Burney, William (1815), *Universal Dictionary of the Marine*, London.

Butler, Nathanial (1685), *Six Dialogues*, London: Moses Pitt.

Cadamosto [Cà da Mosto], Alvise (1937), *The Voyages of Cadamosto and Other Documents on Western Africa in the Second Half of the Fifteenth Century*, trans. and ed. G.R. Crone, 2nd ser., vol. 80, London: Hakluyt Society.

Cadamosto [Cà da Mosto], Alvise (1966), *Le navigazioni atlantiche del veneziano Alvise Da Mosto*, Ed. Tullia Gasparrini Leporace, Rome: Istituto poligrafico dello Stato.

Caminha, Pero Vaz de (1994), *A* Carta *de Pero Vaz de Caminha*, ed. Jaime Cortesão, Lisbon: Imprensa Nacional-Casa da Moeda.

Camões, Luís de (1572), *Os Lusiadas*, Lisboa: António Gonçalves. Available online: http://purl.pt/1, access provided by Biblioteca Nacional de Portugal (accessed December 15, 2018).

Camões, Luís vaz de (1655), *The Lusiad, or, Portugals HIstoricall Poem*, trans. Richard Fanshawe, London: Humphrey Mosley.

Camões, Luís de (1973), *Rimas*, ed. Álvaro J. da Costa Pimpão, Coimbra: Atlântida.

Camões, Luís de (1997), *The Lusiads*, trans. Landeg White. Oxford: Oxford University Press.

Camões, Luís de (2005), *Selected Sonnets: A Bilingual Edition*, trans. William Baer, Chicago: University of Chicago Press.

Camões, Luís (2008), *The Collected Lyric Poems of Luís de Camões*, trans. Landeg White, Princeton: Princeton University Press.

Campbell, Gwyn (2010), "The Role of Africa in the Emergence of the 'Indian Ocean World' Global Economy," in Pamila Gupta, Isabel Hofmeyr, and M. N. Pearson (eds), *Eyes Across the Water: Navigating the Indian Ocean*, 170–96, Pretoria: Unisa Press.

Campbell, I.C. (1995), "The Lateen Sail in World History," *Journal of World History* 6 (1): 1–23.

Campbell, Mary Baine (1988), *The Witness and the Other World: Exotic European Travel Writing, 400–1600*, Ithaca: Cornell University Press.

Cano, Tomé (1611), *Arte para fabricar*, Seville.

Caretta, Vincent (2005), *Equiano the African: Biography of a Self-Made Man*, Athens: University of Georgia Press.

Carneiro, Antonio de Maris (1666), *Roteiro da India Oriental*, Lisbon.

Carroll, Siobhan (2015), *An Empire of Air and Water: Uncolonizable Space in the British Imagination, 1750–1850*, Philadelphia: University of Pennsylvania Press.

Casale, Giancarlo (2010), *The Ottoman Age of Exploration*, New York: Oxford University Press.

Casas, Bartolomé de las (1957), *Historia de las Indias*, Book 1, Chapter 8, 47–49, in D.B. Quinn (ed.) (1979), *New American World: A Documentary History of North America to 1612*, vol. 1, *America from Concept to Discovery. Early Exploration of North America*, London: The Macmillan Press.

Cassidy, Vincent H. de P (1963), "The Voyage of an Island," *Speculum* 38 (4): 595–602.

Castanha, Tony (2011), *The Myth of Indigenous Caribbean Extinction: Continuity and Reclamation in Borikén (Puerto Rico)*, 1st edn, New York: Palgrave Macmillan.

Castro, João de (1968–1982), *Obras completas de João de Castro*, ed. Armando Cortesão and Luís de Albuquerque, 4 vols, Coimbra: Academia Internacional da Cultura Portuguesa.

Cavanagh, Sheila T. (2001), *Cherished torment: the emotional geography of Lady Mary Wroth's Urania*, Pittsburgh: Duquesne University Press.

Cavendish, Margaret ([1660] 2000), "The Description of a New World, Called the Blazing World," in Sylvia Bowerbank and Sara Mendelson (eds), *Paper Bodies: A Margaret Cavendish Reader*, 151–251, Orchard Park, NY: Broadview.

Cavendish, Margaret (1664), *Philosophical Letters: or, Modest Reflections Upon some Opinions in Natural Philosophy, Maintained By several Famous and Learned Authors of this Age, Expressed by way of Letters*, London. Available online from Early English Books Online (accessed November 6, 2018).

Cavendish, Margaret ([1666] 1992) *The Blazing World and Other Writings*, ed. Kate Lilley, London: Penguin.

Cervantes, Miguel de ([1612] 1999), *Don Quixote*, trans. Burton Raffel, ed. Diana de Armas Wilson, New York: Norton.

Cervantes, Miguel de ([1612] 2004), *Don Quixote de la Mancha*, Brasil: Real Academia Española.

Chakravarty, Urvashi (2016), "More Than Kin, Less Than Kind: Similitude, Strangeness, and Early Modern English Homonationalisms," *Shakespeare Quarterly*, 67.1: 14–29

Chaplin, Joyce E. (2012), *Round About the Earth: Circumnavigation from Magellan to Orbit*, New York: Simon & Schuster.

Charney, Michael W. (2004), *Southeast Asian Warfare, 1300–1900*, Leiden: Brill.

Chavan, Akshay (2018), "How the Battle of Diu Changed World History!," *Live History India*, October 17.

Christy, Miller, ed. (1894), *The Voyages of Captain Luke Foxe and Captain Thomas James in Search of a North-West Passage, in 1631–32*, London: Hakluyt Society.

Churchill, R.R. and A.V. Lowe (1999), *The Law of the Sea*, Manchester: Manchester University Press.

Cobb, Christopher J. (2007), *The Staging of Romance in Late Shakespeare: Text and Theatrical Technique*, Newark: University of Delaware Press.

Cohen, Jeffrey Jerome and Lowell Duckert, eds (2015), *Elemental Ecocriticism: Thinking with Earth, Air, Water, and Fire*, Minneapolis: University of Minnesota Press.

Cohen, Margaret (2006), "The Chronotopes of the Sea," in Franco Moretti (ed.), *The Novel*, vol. 2, 647–66, Princeton and Oxford: Princeton University Press.

Cohen, Margaret (2010), *The Novel and the Sea*, Princeton: Princeton University Press.

Colombos, C. John (1967), *The International Law of the Sea*, 6th edn, London: Longmans Green & Co. Ltd.

Colson, Nathaniel (1676), *The Mariner's new Calendar*, London: W. and J. Mount.

Columbus, Ferdinand (1959), *The Life of the Admiral Christopher Columbus by His Son Ferdinand*, trans. Benjamin Keen, London: Printed by Butler & Tanner, Ltd. for Rutgers, The State University [of New Jersey].

A commission for the well governing of our people … in Newfound-land (1633), London: King Charles I.

Conley, Tom (1996), *The Self-Made Map: Cartographic Writing in Early Modern France*, Minneapolis and London: University of Minnesota Press.

Consolat de Mar (1494), Consulate of the Sea, Barcelona.

Conway, Martin, ed. (1904), *Early Dutch and English Voyages to Spitsbergen in the Seventeenth Century*, London: Hakluyt Society.

Conway, Martin (1906), *No Man's Land: A History of Spitsbergen from Its Discovery in 1596 to the Beginning of the Scientific Exploration of the Country*, Cambridge: Cambridge University Press.

Cook, Harold J. (1996), "Physicians and Natural History," in N. Jardine, J.A. Secord, and E.C. Spary (eds), *Cultures of Natural History*, 91–105, Cambridge: Cambridge University Press.

Cooper, Helen (2004), *The English Romance in Time: Transforming Motifs from Geoffrey of Monmouth to the Death of Shakespeare*, Oxford: Oxford University Press.

Cortés, Martin de Albacar (1561), *The Art of Navigation*, trans. Richard Eden, London.

Couto, Diogo do (1980), *O soldado prático*, 3rd edn, Lisbon: Sá da Costa.
Craciun, Adriana (2016), *Writing Arctic Disaster: Authorship and Exploration*, Cambridge: Cambridge University Press.
Crone, C.R., ed. and trans. (1937), *The Voyages of Cadamosto*, 2nd ser., No. 80, London: Hakluyt Society.
Crosby, Albert (2003), *The Columbian Exchange: Biological and Cultural Consequences of 1492*, 2nd edn, New York: Praeger.
Crosby, Alfred (2006), *Ecological Imperialism: The Biological Expansion of Europe, 900–1900*. Cambridge, UK: Cambridge University Press.
Curtin, Philip D. (1998), *The Rise and Fall of the Plantation Complex: Essays in Atlantic History*, New York: Cambridge University Press.
Dadabhoy, Ambereen (2020), "Skin in the Game: Teaching Race in Early Modern Literature," *Studies in Medieval and Renaissance Teaching*, 27:2, Sarah Davis-Secord (ed.), 1–17.
D'Aguiar, Fred (1997), *Feeding the Ghosts*, London: Chatto and Windus.
Daily Sabah Asia Pacific (2019), "New Zealand mosque shooter names his 'idols' on weapons he used in massacre," 18 March. Available online: https://www.dailysabah.com/asia/2019/03/15/new-zealand-mosque-shooter-names-his-idols-on-weapons-he-used-in-massacre(accessed April 30, 2019).
Dassié, F. (1677), *L'architecture navale*, Paris.
Davenport, Frances Gardner, ed. (1917), *European Treaties Bearing on the History of the United States and its Dependencies*, Washington, D.C.: The Carnegie Institution of Washington.
Davidson, Peter (2005), *The Idea of North*, London: Reaktion.
Davis, Elizabeth B. (2006), "Travesías peligrosas: escrítos marítimos en España durante la Época Imperial, 1492–1650," in *Edad de Oro Cantabrigense: Actas del VII Congreso de la Asociación Internacional del Siglo de Oro (AISO)*, ed. Anthony Close, 1–13, Madrid: Iberoamericana Editorial Vervuert.
Davis, John (1595), *The Seaman's Secrets*, London: Thomas Dawson.
Day, John alias Hugh Say to "the Grand Admiral [Christopher Columbus]," (1497), in D.B. Quinn (ed.) (1979), *New American World: A Documentary History of North America to 1612* vol. 1, *America from Concept to Discovery. Early Exploration of North America*, London: The Macmillan Press.
De Asúa, Miguel and Roger French (2005), *A New World of Animals: Early Modern Europeans and the Creatures of Iberian America*, Aldershot, UK: Ashgate.
Deacon, Margaret, (1965), "Founders of Marine Science in Britain: The Work of the Early Fellows of the Royal Society," *Philosophical Transactions of the Royal Society of London* 20 (1): 28–50.
Deacon, Margaret (1971), *Scientists and the Sea, 1650–1900: A Study of Marine Science*, London: Academic Press.
de Jong, Jan L. (2003), "The Painted Decoration of the Sala Regia: Intention and Reception," in Tristan Weddigen, Sible de Blaauw, and Bram Kempers (eds), *Functions and Decorations: Art and Ritual at the Vatican Palace in the Middle Ages and the Renaissance*, 153–68, Rome: Turnhout/Brepols.
Dee, John (1577), *General and Rare Memorials pertayning to the Perfect Arte of Navigation*, London: John Daye. Available online from Early English Books Online (accessed October 2, 2017).
Degroot, Dagomar (2018), *The Frigid Golden Age: Climate Change, the Little Ice Age, and the Dutch Republic, 1560–1720*, New York: Cambridge University Press.

Degroot, Dagomar (2019), "Did Colonialism Cause Global Cooling? Revisiting an Old Controversy," *Historical Climatology*. Available online: https://www.historicalclimatology.com/blog/did-colonialism-cause-global-cooling-revisiting-an-old-controversy (accessed March 15, 2019).
Delbourgo, James (2017), *Collecting the World: Hans Sloane and the Origins of the British Museum*, Cambridge, MA: Harvard University Press.
Deloria, Vine Jr. (1997), *Red Earth, White Lies: Native Americans and the Myth of Scientific Fact*, Golden, CO: Fulcrum Publishing.
Dening, Greg (1980), *Islands and Beaches: Discourse on a Silent Land: Marquesas 1774–1880*, Honolulu: University Press of Hawaii.
Denys, Nicolas ([1672] 1908), *The Description and Natural History of the Coasts of North America*, ed. and trans. William F. Ganong, Toronto: The Champlain Society.
Donne, John ([1624] 1975), *Devotions upon Emergent Occasions*, ed. and commentary Anthony Raspa, Montreal: McGill-Queen's University Press.
Dias, J.S. da Silva (1982), *Os descobrimentos e a problemática cultural do século XVI*, Porto: Editorial Presença.
Digges, Dudley (1611), *Fata Mihi Totum Mea Sunt Agitanda Per Orbem*, London: W. White.
Digges, Dudley (1615), *The defence of trade*, London: Iohn Barnes.
Dille, Glen F., trans. and ed (2011), *Misfortunes and Shipwrecks in the Seas of the Indies, Islands, and Mainland of the Ocean Sea (1513–1548): Book Fifty of the General and Natural History of the Indies, Gonzalo Fernández de Oviedo*, Gainesville: University Press of Florida.
di Robilant, Andrea (2011), *Irresistible North: From Venice to Greenland in the Trail of the Zen Brothers*, New York: Alfred A. Knopf.
Disney, A.R. (2009), *A History of Portugal and the Portuguese Empire*, vol. 2, Cambridge: Cambridge University Press.
Domingues, F. Contente and R.A. Barker (1991), "O autor e a sua obra," in Fernando Oliveira, *Liuro da fabrica das naus*, 11–21.
Dryden, Robert G (2001), "Unmasking Pirates and Fortune Hunters in the West Indies," *Eighteenth-Century Studies*, 34.4: 539–57.
Duckert, Lowell (2017), *For All Waters: Finding Ourselves in early Modern Wetscapes*, Minneapolis: University of Minnesota Press.
Durrell, Lawrence (1953), *Reflections on a Marine Venus: A Companion to the Landscape of Rhodes*, London: Faber & Faber.
Earle, Sylvia A. (2010), *The World Is Blue: How Our Fate and the Ocean's Are One*, Washington, D.C.: National Geographic.
Eden, Richard (1555), *The Decades of the newe worle or west India … Wrytten in the Latine tounge by Peter Martyr of Angleria, and translated into Englysshe by Rycharde Eden*, London: Guilhelmi Powell. Available online from Early English Books Online (accessed October 2, 2017).
Edwards, Clinton R. (1992), "The Impact of European Overseas Discoveries on Ship Design and Construction during the Sixteenth Century," *GeoJournal*, 26 (4): 443–52.
Egerton, Douglas R., Alison Games, Jane G. Landers, Kris Lane, and Donald R. Wright (2007), *The Atlantic World: A History, 1400–1888*, Wheeling, IL: Harlan Davidson.
Eggert, Katherine (2000), *Showing Like a Queen: Female Authority and Literary Experiment in Spense, Shakespeare, and Milton*, Philadelphia: University of Philadelphia Press.

Eisenstein, Elizabeth L. (1979), *The Printing Press as an Agent of Change: Communications and Cultural Transformations in Early Modern Europe*, 2 vols., Cambridge: Cambridge University Press.

Eklund, Hillary (2015), *Literature and Moral Economy in the Early Modern Atlantic: Elegant Sufficiencies*, Burlington, VT: Ashgate.

Eklund, Hillary (2019), "Shakespeare's Littoral and the Dramas of Loss and Store," *SEL*, 59.2: 349–65.

Elizabeth I ([1588] 2000a), "Armada Speech to the Troops at Tilbury, August 9, 1588," in Leah S. Marcus, Janel Mueller, and Mary Beth Rose (eds), *Elizabeth I: Collected Works*, 325–6, Chicago: University of Chicago Press.

Elizabeth I ([1588] 2000b), "On the Defeat of the Spanish Armada, September 1588," in Leah S. Marcus, Janel Mueller, and Mary Beth Rose (eds), *Elizabeth I: Collected Works*, 424–5, Chicago: University of Chicago Press.

Elizabeth I ([1588] 2000c), "Song on the Armada Victory, December 1588," in Leah S. Marcus, Janel Mueller, and Mary Beth Rose (eds), *Elizabeth I: Collected Works*, 410–11, Chicago: University of Chicago Press.

Ellis, Richard (1994), *Monsters of the Sea*, New York: Alfred A. Knopf.

Escalante de Mendoza, Juan de (1985), *Itinerario de navegación de los mares y tierras occidentales, 1575*, Madrid: Museo Naval.

Fagan, Brian (2006), *Fish on Fridays: Feasting, Fasting, and the Discovery of the New World*, New York: Basic Books.

Fagan, Brian (2012), *Beyond the Blue Horizon: How the Earliest Mariners Unlocked the Secretes of the Oceans*, London: Bloomsbury.

Falconer, Alexander (1954), *Shakespeare and the Sea*, London: Constable and Company, Ltd.

Falconer, William (1769), *An Universal Dictionary of the Marine*, London: T. Cadell.

Fernandez-Armesto, Felipe (2006), *Pathfinders: a Global History of Exploration*, New York: WW Norton & Co.

Fjågesund, Peter (2014), *The Dream of the North: A Cultural History to 1920*, Amsterdam: Rodopi.

Fletcher, John ([1647] 2013), *The Island Princess*, ed. Clare McManus, London: Bloomsbury.

Foucault, Michel (1973), *The Order of Things: An Archaeology of the Human Sciences*, trans. Alan Sheridan, New York: Vintage.

Fournier, Père Georges (1643), *Hydrographie contenant la théorie et la pratique de toutes les parties de la navigation*, Paris.

Fuchs, Barbara (1997), "Conquering Islands: Contextualizing The Tempest," *Shakespeare Quarterly*, 48.1: 45–62.

Fuchs, Barbara (2009), *Exotic Nation: Maurophilia and the Construction of Early Modern Spain*, Philadelphia: University of Pennsylvania Press.

Fuchs, Barbara and Aaron J. Ilika, eds. (2010), *Miguel de Cervantes: 'The Bagnios of Algiers' and 'The Great Sultana': Two Plays of Captivity*, Philadelphia: University of Pennsylvania Press.

Fuller, Mary C. (1995), *Voyages in Print: English Travel to America, 1576–1624*, New York: Cambridge University Press.

Fuller, Mary C. (2013), "Arctics of Empire: The North in *Principal Navigations* (1598–1600)," in Frédéric Regard (ed.), *The Quest for the Northwest Passage: Knowledge, Nation, and Empire, 1576–1806*, 15–30, London: Pickering and Chatto.

Games, Alison (2008), *The Web of Empire: English Cosmopolitans in an Age of Expansion, 1560–1660*, Oxford: Oxford University Press.

Garcie, Pierre (1567), *The rutters of the sea: with the hauens, rodes, soundings, kennings, windes, floods and ebbes, daungers and coastes of divers regions with the lawes of the Ile of Auleron.*

Gastaldi, Giacomo (1556), *La Nuova Francia, Terzo voulume della navigationi et viaggi*, Venice.

Gentilis (1613), *Advocato hispanica.*

Gentleman, Tobias (1614), *England's way to win wealth, and to employ ships and marriners*, London: Nathaniel Butter.

Georgeson, Rosemary and Jessica Hallenbeck (2018), "We Have Stories: Five Generations of Indigenous Women in Water," *Decolonization: Indigineity, Education & Society*, 7 (1): 20–38.

Gil, Fernando (2009), "The Traveling Eye: The Seas of *The Lusiads*," trans. K. David Jackson, in *The Traveling Eye: Retrospection, Vision, and Prophecy in the Portuguese Renaissance*, ed. Fernando Gil and Helder Macedo, 87–124, Dartmouth, Mass.: University of Massachusetts Dartmouth.

Gilbert, Humphrey ([1576] 1940), *The Voyages and Colonising Enterprises of Sir Humphrey Gilbert*, London: Hakluyt Society.

Gillis, John R. (2004), *Islands of the Mind: How the Human Imagination Created the Atlantic World*, New York: Palgrave MacMillan.

Gillis, John R. (2012), *The Human Shore: Seacoasts in History*, Chicago: University of Chicago Press.

Gillis, John R. (2014), "Not Continents in Miniature: Islands as Ecotones," *Island Studies*, 9.1: 155–66.

Gilroy, Paul (1993), *The Black Atlantic: Modernity and Double Consciousness.* Cambridge, MA: Harvard University Press.

Glissant, Éduoard (1997), *Poetics of Relation*, trans. Betsy Wing, Ann Arbor: University of Michigan Press.

Goedde, Lawrence Otto (1989), *Tempest and Shipwreck in Dutch and Flemish Art*, University Park, PA: Penn State U Press.

Goldie, Matthew Boyd and Sebastian Sobecki, eds (2016), "Our Sea of Islands," *postmedieval: a journal of medieval cultural studies*, 7.4: 471–83.

Gosch, C.C.A., ed. (1897), *Danish Arctic Expeditions, 1605 to 1620*, London: Hakluyt Society.

Gould, Eliga H. (2003), "Zones of Law, Zones of Violence: The Legal Geography of the British Atlantic Circa 1772," *William and Mary Quarterly*, 60 (3): 471–510.

Greene, Roland (2000), "Island Logic," in Peter Hulme and William H. Sherman (eds.), *The Tempest and its Travels*, 138–45, Philadelphia: University of Pennsylvania Press.

Greenlee, William Brooks, trans. (1995), *The Voyage of Pedro Álvares de Cabral to Brazil and India from Contemporary Documents and Narratives*, New Delhi: Asian Educational Services.

Grotius, Hugo (1604), *De Jure Predea.*

Grotius, Hugo ([1608] 1916), *The Freedom of the Seas, or the Right Which Belongs to the Dutch to Take Part in the East Indian Trade*, trans. Ralph Van Deman Magoffin, New York: Oxford University Press.

Grotius, Hugo (1609), *Mare Liberum.*

Grotius, Hugo (1625), *De Jure Belli ac Pacis.*

Guilmartin, John F. (1974), *Gunpowder and Galleys: Changing Technology and Mediterranean Warfare at Sea in the Sixteenth Century*, New York: Cambridge University Press.
Guitar, Lynn A. (1998), "Cultural Genesis: Relationships Among Indians, Africans and Spaniards in Rural Hispaniola, First Half of the Sixteenth Century," PhD diss., History, Vanderbilt University, Nashville, TN.
Gunn, Geoffrey C. (2003), *First Globalization: The Eurasian Exchange, 1500–1800*, New York: Rohan and Littlefield.
Hakluyt, Richard (1599–1600), *Principal navigations, voyages, traffiques, and discoveries of the English nation*, 3 vols., London: George Bishop, Ralph Newberrie, and Robert Barker. Available online from Early English Books Online (accessed October 23, 2020).
Hakluyt, Richard, *Principal Navigations* ([1598–1600] 1903), Glasgow: MacLehose and Sons.
Hadfield, Andrew (2009), "The Idea of the North," *Journal of the Northern Renaissance*, 1 (1): n.p.
Hall, Kim F. (1996a), *Things of Darkness: Economies of Race and Gender in Early Modern England*, Ithaca: Cornell University Press.
Hall, Kim F. (1996b), "Beauty and the Beast of Whiteness: Teaching Race and Gender," *Shakespeare Quarterly*, 47 (4): 461–75.
Haraway, Donna J. (2008), *When Species Meet*, Minneapolis: University of Minnesota Press.
Harley, Brian (1988), "Silences and Secrecy: The Hidden Agenda of Cartography in Early Modern Europe," *Imago Mundi*, 40: 57–76.
Harley, J.B. (2002), *The New Nature of Maps: Essays in the History of Cartography*, ed. Paul Laxton, Baltimore: Johns Hopkins University Press.
Harkness, Deborah E. (2007), *The Jewel House: Elizabethan London and the Scientific Revolution*, New Haven: Yale University Press.
Harrington, Matthew P. (1995), "The Legacy of the Colonial Vice-Admiralty Courts (Part 1)," *Journal of Maritime Law and Commerce*, 26 (4): 581–600.
Harrison-Hall, Jessica (2001), *Catalogue of Late Yuan and Ming Ceramics in the British Museum*, London: BMP.
Hattendorf, John B., ed. (1997), *Maritime History*. Volume 2: *The Eighteenth Century and the Classic Age of Sail*, Malabar, Florida: Krieger Publishing Company.
Hattendorf, John B. (2003), *"The Boundless Deep ..." The European Conquest of the Oceans, 1450–1840: Catalogue of an Exhibition of Rare Books, Maps. Charts, prints and manuscripts relating to Maritime History from the John Carter Brown Library*, Providence: John Cater Brown Library.
Hattendorf, John B., ed. (2007), *Maritime History*. Volume 1: *The Age of Discovery*, Malabar, Florida: Krieger Publishing Company.
Hattendorf, John B., editor in chief (2007), *The Oxford Encyclopedia of Maritime History*, 4 vols, Oxford: Oxford University Press.
Hau'ofa, Epeli (1993), *A New Oceania: Rediscovering Our Sea of Islands*, ed. E. Waddell, V. Naidu, and E. Hau'ofa, 2–16, Suva, Fiji: School of Social and Economic Development, University of the South Pacific.
Hayes, Derek (2003), *Historical Atlas of the Arctic*, Seattle: University of Washington Press.
Hayman, Eleanor, Colleen James/Gooch Tláa, and Mark Wedge/Aan Gooshú (2018), "Future Rivers of the Anthropocene or Whose Anthropocene is it? Decolonising the Anthropocene!," *Decolonization: Indigeneity, Education & Society*, 7 (1): 77–92.

Hayward, Edward (1656), *The sizes and lengths of rigging*, London: Peter Cole.
Heng, Derek (2013), "State Formation and the Evolution of Naval Strategies in the Melaka Straits, c. 500–1500 CE," *Journal of Southeast Asian Studies*, 44 (3): 380–99.
Hess, Andrew C. (2000), "The Mediterranean and Shakespeare's Geopolitical Imagination," in Peter Hulme and William H. Sherman (eds.), *The Tempest and its Travels*, 121–30, Philadelphia: University of Pennsylvania Press.
Hill, Jen (2008), *White Horizon: The Arctic in the Nineteenth-Century British Imagination,* Albany: State University of New York Press.
Hirsch, Eric (1995), "Landscape: Between Place and Space," in Eric Hirsch and Michael O'Hanlon (eds), *The Anthropology of Landscape*, 1–30, Oxford: Clarendon Press.
Hoffman, Richard C. (2001), "Frontier Foods for Late Medieval Consumers: Culture, Economy, Ecology," *Environment and History*, 7: 131–67.
Hogan, Sarah (2012), "Of Islands and Bridges: Figures of Uneven Development in Bacon's *New Atlantis*," *Journal for Early Modern Cultural Studies*, 12.3: 28–59.
The Holy Bible Containing the Old and New Testaments with the Apocryphal/ Deuterocanonical Books, New Revised Standard Version (1989), New York: Oxford University Press.
Homer (1870), *The Odyssey*, Oxford: Clarendon Press.
Horace (2004), *Odes and Epodes*, ed. and trans. Niall Rudd, Loeb Classical Library 33, Cambridge, MA: Harvard University Press.
Hoste, Pére Paul (1697), *L'Art des Armées Navales*.
Houston, Chloë (2014), *The Renaissance Utopia: Dialogue, Travel and the Ideal Society*, Burlington: Ashgate.
Hubbard, Benjamin (1656), *Orthodoxal navigation*, London: William Weekley.
Hues, R. (1617), *Tractatus de Globis*, Judocus Hondius, Amsterdam.
Hulme, Peter (1985), *Colonial Encounters: Europe and the Native Caribbean, 1492–1797*, London: Methuen, 1986.
Inglis, David (2011), "Mapping Global Consciousness: Portuguese Imperialism and the Forging of Modern Global Sensibilities," *Globalizations*, 8 (5): 687–702.
Jackson, K. David (2005), *De Chaul a Batticaloa: as marcas do império marítimo português na Índia e no Sri Lanka*, Ericeira, Portugal: Mar de Letras.
Jayasuriya, Shihan de Silva (2008), *The Portuguese in the East: A Cultural History of a Maritime Trading Empire*, London: Taurus Academic Studies.
Jett, Stephen C (2017), *Ancient Ocean Crossings: Reconsidering the Case for Contacts with the Pre-Columbian Americas*, Tuscaloosa: University of Alabama Press.
Johnson, Captain Charles (1999), *A General History of the Robberies and Murders of the Most Notorious Pirates*, New York: Carroll and Graf.
Johnson, Samuel (1985), *A Voyage to Abyssinia (Translated from the French)*, ed. Joel J. Gold., New Haven: Yale University Press.
Jourdain, Michel Mollat Du and Monique de la Ronciere (1984), *Sea Charts of the Early Explorers: 13th to 17th Century*, London and New York: Thames & Hudson, Ltd.
Jordain, Sylvester (1610), *A Discovery of The Barmudas*, London: Printed by Iohn Windet.
Jowitt, Claire (2010), *The Culture of Piracy, 1580–1630: English Literature and Seaborne Crime*, Burlington: Ashgate.
Jowitt, Claire and David McInnis, eds (2018), *Travel and Drama in Early Modern England: The Journeying Play*, Cambridge: Cambridge University Press.

Kayll, Robert (1615), *The trades increase*, London, Walter Burre.
Keuning, Johannes (1949), "Hessel Gerritsz," *Imago Mundi: The International Journal for the History of Cartography*, 6: 1: 49–66.
Kieschnick, John and Meir Shahar, eds. (2014), *India in the Chinese Imagination: Myth, Religion, and Thought*, Philadelphia: University of Pennsylvania Press.
Klein, Bernhard (2004), "Staying Afloat: Literary Shipboard Encounters from Columbus to Equiano," in Bernhard Klein and Gesa Mackenthun (eds), *Sea Changes: Historicizing the Ocean*, 91–109, New York: Routledge.
Klein, Bernhard (2010), "Mapping the Waters: Sea Charts, Navigation, and Camões's *Os Lusíadas*," *Renaissance Studies*, 25: 2: 228–47.
Klein, Bernhard (2013), "Camões and the Sea: Maritime Modernity in *The Lusiads*," *Modern Philology*, 111: 2: 158–80.
Knapp, Jeffrey (1992), *An Empire Nowhere: England, America, and Literature from Utopia to The Tempest*, Berkeley: University of California Press.
Konstam, Angus (2008), *Piracy: The Complete History*, New York: Osprey.
Krummrich, Philip, ed. and trans (2006), *The Hero and Leander Theme in Iberian Literature, 1500–1800: An Anthology of Translations*, Lewiston, NY: The Edwin Mellen Press.
Kusukawa, Suchiko (2000), "The 'Historia Piscium' (1686)," *Notes and Records of the Royal Society of Londoni* 54 (2): 179–97.
Kusukawa, Suchiko (2016), "*Historia Piscium* (1686) and Its Sources," in Tim Birkhead (ed.), *Virtuoso by Nature: The Scientific Worlds of Francis Willughby FRS (1635–1672)*, Leiden: Brill.
Lamb, Jonathan (2016), *Scurvy: The Disease of Discovery*, Princeton: Princeton University Press.
Landstrom, Bjorn (1969), *The Ship: An Illustrated History*, New York: Doubleday.
Latour, Bruno (2018), *Down to Earth: Politics in the New Climatic Regime*, trans. Catherine Porter, Cambridge: Polity Press.
Lerner, Isaías (2012), "Lope de Vega y Ercilla: el caso de *La Dragontea*," *CRITICÓN*, 115: 147–57.
Levi, Scott C. (2018), "Asia in the Gunpowder Revolution," in *Oxford Research Encyclopedia of Asian History*, Oxford: Oxford University Press.
Lewis, Martin W. (1999), "Dividing the Ocean Sea," *Geographic Review*, 89 (2): 188–214.
Lewis, Martin W. and Kären E. Wigen (1997), *The Myth of Continents: A Critique of Metageography*, Berkeley: University of California Press.
Lewis, Simon L. and Mark A. Maslin (2015), "Defining the Anthropocene," *Nature*, 519 (7542): 171–80. Available online: https://www.nature.com/articles/nature14258 (accessed October 23, 2020).
Lewis, Simon L. and Mark A. Maslin (2018), *The Human Planet: How We Created the Anthropocene*, New Haven: Yale University Press, 2018.
Ley, C.D., ed. (2000), *Portuguese Voyages 1498–1663: Tales from the Great Age of Discovery*, London: Phoenix Press.
Leyden, John (1821), *Malay Annals: Translated from the Malay Language*, ed. Sir Thomas Stamford Raffles, London: Longman, Hurst, Rees, Orme, and Brown. Available online: https://archive.org/details/in.ernet.dli.2015.83132 (accessed October 23, 2020).
Lobo, Jerónimo (1984), *The Itinerário of Jerónimo Lobo*, trans, Donald M. Lockhart, ed. M.G. da Costa, Introduction and Notes by C.F. Beckingham, 2nd ser., vol. 162, London: The Hakluyt Society.

Lockard, Craig A. (2009), *Southeast Asia in World History*, New York: Oxford University Press.

Loomba, Ania (1989), *Gender, Race, Renaissance Drama*, New York: St. Martin's Press.

Lope de Vega (1950), *La Famosa Comedia Del Nuevo Mundo, Descubierto por Christoual Colon. Doze Comedias de Lope de Vega Carpio, Familiar del Santo Oficio*, trans. Frieda Fligelman, Berkeley, CA: Gillick Press.

Loverance, Rowena (2007), *Christian Art*, London: BMP.

Lucretius (2007), *The Nature of Things (De Rerum Natura)*, trans. and with notes by A.E. Stallings, introduction by Richard Jenkyns, London: Penguin.

Macedo, Helder (2009), "The Poetics of Truth in *The Lusiadas*," trans. K. David Jackson, in *The Traveling Eye: Retrospection, Vision, and Prophecy in the Portuguese Renaissance*, ed. Fernando Gil and Helder Macedo, 15–31, Dartmouth, Mass.: University of Massachusetts Dartmouth.

Magnus, Olaus ([1555] 1996), *Description of the Northern Peoples*, trans. Peter Fisher and Humphrey Higgens, ed. Peter Foote, London: Hakluyt Society.

Mainwaring, Henry (1644), *The Sea-Mans Dictionary*, London: John Bellamy.

Maisano, Scott (2014), "New Directions: Shakespeare's Revolution—The Tempest as Scientific Romance," in Alden T. Vaughan and Virginia Mason Vaughan (eds.), *The Tempest: A Critical Reader*, 165–94, London: Bloomsbury.

Major, Richard Henry, ed. (1849), *The Historie of Travaile into Virginia Britannia*, London: Hakluyt Society.

Mallette, Karla (2007), "Insularity: A Literary History of Muslim Lucera," in Andnan Husain and K. E. Flemin (eds), *A Faithful Sea: The Religious Cultures of the Mediterranean, 1200–1700*, 27–46, London: OneWorld Publications.

Mancall, Peter C. (2007), *Hakluyt's Promise: An Elizabethan Obsession for an English America*, New Haven, CT: Yale University Press.

Mancke, Elizabeth (1999), "Early Modern Expansion and the Politicization of Oceanic Space," *Geographical Review*, "Oceans Connect," 89 (2): 225–36.

Mann Charles C. (2005), *1491: New Revelations of the Americas before Columbus*, New York: Vintage, 2005.

Mann, Charles C. (2011), *1493: Uncovering the New World Columbus Created*, New York: Vintage, 2011.

Manne, Kate (2018), *Down Girl: The Logic of Misogyny*, New York, NY: Oxford University Press.

Marine Architecture (1739), London: William Mount and Thomas Page.

Markham, Albert Hastings, ed. (1880), *The Voyages and Works of John Davis, the Navigator*, London: Hakluyt Society.

Mayhew, Robert J. (2011), "Cosmographers, Explorers, Cartographers, Chorographers: Defining, Inscribing and Practicing Early Modern Geography, c. 1450–1850," in John A. Agne and James S. Duncan (eds.), *The Wiley Blackwell Companion to Human Geography*, 23–49, Chichester: John Wiley & Sons.

McCloskey, Jason (2013), "'Navegaba Leandro el Helesponto': Love and Early Modern Navigation in Juan Boscán's Leandro," *Revista de Estudios Hispánicos,* 47, no. 1: 3–27.

McCluhan, Marshal (1962), *The Gutenberg Galaxy: The Making of Typographic Man*, Toronto: University of Toronto Press.

McCorristine, Shane (2018), *The Spectral Arctic: A History of Dreams and Ghosts in Polar Exploration*, London: UCL Press.

McDermott, James (2001), *Martin Frobisher: Elizabethan Privateer*, New Haven: Yale University Press.
McGhee, Robert (2005), *The Last Imaginary Place: A Human History of the Arctic World,* Chicago: The University of Chicago Press.
McGhee, Robert (2001), *The Arctic Voyages of Martin Frobisher: An Elizabethan Adventure*, Seattle: University of Washington Press.
Menocal, Maria Rosa (2002), *The Ornament of the World: How Muslims, Jews, and Christians Created a Culture of Tolerance in Medieval Spain*, Boston: Little, Brown.
Mentz, Steve (2009), *At the Bottom of Shakespeare's Ocean*. London: Bloomsbury, 2009.
Mentz, Steve (2014), "God's Storms: Shipwreck and the Meaning of Ocean in Early Modern England and America," in Carl Thompson (ed.), *Shipwreck in Art and Literature: Images and Interpretations from Antiquity to the Present Day*, New York: Routledge.
Mentz, Steve (2015), *Shipwreck Modernity: Ecologies of Globalization, 1550–1719*, Minneapolis: University of Minnesota Press.
Mentz, Steve (2017), "Hurricanes, Tempests, and the Meteorological Globe," in *The Palgrave Handbook of Early Modern Literature and Science*, ed. Howard Martichello and Evelyn Tribble, 257–76, London: Palgrave.
Mentz, Steve (2019), *Break Up the Anthropocene*, Minneapolis: University of Minnesota Press.
Mentz, Steve (forthcoming 2020), *Ocean*, London: Bloomsbury.
Mercado, Loida Figueroa (1978), *History of Puerto Rico: From the Beginning to 1892*, New York: L. A. Publishing Company.
Molloy, Charles (1666), *Holland's Ingratitude, or a serious expostulation of the Dutch*, London: Francis Kirkman.
Molloy, Charles (1676), *De jure maritimo et navali: or a treatise of affairs maritime and of commerce*, London.
Monmonier, Marc (1999), *Air Apparent: How Meteorologists Learned to Map, Predict, and Dramatize Weather*, Chicago and London: University of Chicago Press.
Montalboddo, Fracanzano da, comp. (1507), *Paesi Nouamente retrouati ...*, Vicenza: Gio. Maria da Ca' Zeno.
Montrose, Louis (2006), *The Subject of Elizabeth: Authority, Gender, and Representation*, Chicago: University of Chicago Press.
Moore, Jason W. (2015), *Capitalism in the Web of Life: Ecology and the Accumulation of Capital*, London: Verso.
More, Thomas ([1516], 2002), *Utopia*, ed. George M. Logan and Robert M. Adams, Cambridge: Cambridge University Press.
Morgan, Edmund (1975), *American Slavery, American Freedom: The Ordeal of Colonial Virginia*, New York: Norton, 1975.
Morgan, Jennifer L. (2016), "Accounting for 'The Most Excruciating Torment': Gender, Slavery, and Trans-Atlantic Passages," *History of the Present: A Journal of Critical History*, 6 (2): 184–207.
Morison, Samuel Eliot (1974), *The European Discovery of America: The Southern Voyages A.D. 1492–1616*, New York: Oxford University Press.
Morton, Thomas ([1637] 1883), *The New English Canaan*, ed. Charles Francis Adams, Jr., Boston: The Prince Society.
Morton, Timothy (2012), *The Ecological Thought*, Cambridge, MA: Harvard University Press.

Moss, John (1994), *Enduring Dreams: An Exploration of Arctic Landscape*, Concord: House of Anansi Press.
Muldoon, James (2002), "Who Owns the Sea?" in Bernhard Klein (ed.), *Fictions of the Sea: Critical Perspectives on the Ocean in British Literature and Culture*, 13–27, Aldershot: Ashgate.
National Maritime Museum (n.d.), "English Ships and the Spanish Armada, August 1588," Royal Museums Greenwich. Available online: https://collections.rmg.co.uk/collections/objects/11754.html (accessed October 23, 2020).
Newitt, Malyn (2009), *Portugal in European and World History*, London: Reaktion Books.
"News Sent from London to the Duke of Milan, August 24, 1487" and "Raimondo de Soncino to the Duke of Milan, December 18," in D.B. Quinn (ed.), *New American World: A Documentary History of North America to 1612* vol. 1, *America from Concept to Discovery. Early Exploration of North America* (1979), London: The Macmillan Press.
Ng, Su Fang (2012), "Dutch Wars, Global Trade, and the Heroic Poem: Dryden's Annus Mirabilis (1666) and Amin's Sya'ir Perang Mengkasar (1670)," *Modern Philology* 109, no. 3: 352–84. Available online: https://www.journals.uchicago.edu/doi/10.1086/663975 (accessed October 23, 2020).
Ng, Su Fang (2019), *Alexander the Great from Britain to Southeast Asia: Peripheral Empires in the Global Renaissance*, Oxford: Oxford University Press.
Nixon, Rob (2011), *Slow Violence and the Environmentalism of the Poor*, Cambridge, MA: Harvard University Press.
Norwood, Richard (1637), *The seaman's practice*, London: George Hurlock.
Nunn, Nathan and Nancy Quian (2010), "The Columbian Exchange: A History of Disease, Food, and Ideas," *Journal of Economic Perspectives,* 24: 2: 163–88.
Ogilvie, Brian W. (2006), *The Science of Describing: Natural History in Renaissance Europe*, Chicago: University of Chicago Press.
O'Gorman, Edmundo (1961), *The Invention of America: An Inquiry into the Historical Nature of the New World and the Meaning of Its History*, Bloomington: Indiana University Press.
Oliveira, Fernando (1969), *A arte da guerra do mar*, Lisbon: Ministério da Marinha.
Oliveira, Fernando (1991), *Liuro da fabrica das naus*, Lisbon: Academia de Marinha.
Oliveira, Fernão [Fernando] de (2000), *Gramática da linguagem portuguesa (1536)*, Amadeu Torres and Carlos Assunção (eds), Lisbon: Academia das Ciências de Lisboa.
Orgel, Stephen, (1998), "Introduction" in Stephen Orgel (ed.), *The Tempest*, 1–88, Oxford: Oxford University Press.
Orgis, Rachel (2017), *Narrative Structure and Reader Formation in Lady Mary Wroth's "Urania,"* New York: Routledge.
Outram, Dorinda (1997), "The History of Natural History: Grand Narrative or Local Lore," in John Wilson Foster (ed.), *Nature in Ireland: A Scientific and Cultural History*, Montreal: McGill-Queen's University Press.
Ovid (1977), *Heroides and Amores*. Grant Showerman, 2nd ed. trans. rev. G.P. Goold, Cambridge, MA: Harvard University Press.
Ovid, (2010), *Metamorphoses*, trans. Stanley Lombardo, Indianapolis: Hacklett.
Oviedo, Fernandez de and Gonzalo Valdés ([1535] 2016), *Sumario de la Natural y General Historia de las Indias*, ed. Alfredo and Arturo Rodríguez López-Abadía, Madrid: Cátedra.

Owens, Sarah E. (2017), *Nuns Navigating the Spanish Empire*, Albuquerque: University of New Mexico Press.
Ozeki, Ruth (2013), *A Tale for the Time Being*, Edinburgh: Canongate Books.
Padrón, Ricardo (2009), "A Sea of Denial: The Early Modern Spanish Invention of the Pacific Rim," *Hispanic Review,* 77: 1: 1–27.
Padrón, Ricardo (2014), "Sinophobia vs. Sinophilia in the 16th Century Iberian World," *Review of Culture/Revista de Cultura*, 46: 94–107.
Palacio, Diego García de (1944), *Instrucción náutica para navegar*, Madrid: Ediciones Cultura Hispánica.
Parish, Susan Scott (2006), *American Curiosity: Cultures of Natural History in the Colonial British Atlantic World*, Chapel Hill: University of North Carolina Press.
Parker, Patricia (1979), *Inescapable Romance: Studies in the Poetics of a Mode*, Princeton: Princeton University Press.
Parry, David (2014), "Sacrilege and the Economics of Empire in Dryden's *Annus Mirabilis*," *Studies in English Literature*, 54 (3): 531–53.
Parry, J.H. (1963), *The Age of Reconnaissance: Discovery, Exploration, and Settlement, 1450–1650*, London: Weidenfeld and Nicolson.
Parry, J.H. (1974), *The Discovery of the Sea*, Berkeley: University of California Press.
Paster, Gail Kern (2004), *Humoring the Body: Emotions and the Shakespearean Stage*, Chicago: University of Chicago Press.
Pastore, Christopher L. (2014), *Between Land and Sea: The Atlantic Coast and the Transformation of New England*, Cambridge, MA: Harvard University Press.
Pastore, Christopher L. (2015), "Filling Boston Commons: Law, Culture, and Ecology in the Seventeenth-Century Estuary" in John Gillis and Franziska Torma (eds), *Fluid Frontiers: Exploring Oceans, Islands, and Coastal Environments*, 27–38, Cambridge, UK: White Horse Press.
Paul, Benjamin (2011), "'And the moon has started to bleed': Apocalypticism and Religious Reform in Venetian Art at the Time of the Battle of Lepanto," in James G. Harper (eds), *The Turk and Islam in the Western* Eye, *1450–1750: Visual Imagery Before Orientalism*, 67–94, Burlington, VT: Ashgate.
Pearl, Jason H. (2014), *Utopian Geographies and the Early English Novel*, Charlottesville: University of Virginia Press.
Pereira, Duarte Pacheco (1937), *Esmeraldo de Situ Orbis*, trans. and ed. George H.T. Kimble, 2nd ser., vol. 79, London: Hakluyt Society.
Pereira, Duarte Pacheco (1991), *Esmeraldo de Situ Orbis*, ed. Joaquim Barradas de Carvalho, Lisbon: Fundação Calouste Gulbenkian.
Pérez-Mallaina Bueno, Pablo Emilio (1989), "Los libros de náutica españoles del siglo XVI y su influencia en el descubrimiento y conquista de los océanos," in José Luis Peset (ed.), *Ciencia, vida y espacio en Iberoamérica*, vol. 3, 457–84, Madrid: Consejo Superior de Investigaciones Científicas.
The Periplus of the Erythraenean Sea. The Periplus Maris Erythraei: *Text with Introduction, Translation and Commentary*, Lionel Casson (1989), Princeton: Princeton University Press.
Peters, John Durham (2015), *The Marvelous Clouds: Toward a Philosophy of Elemental Media*, Chicago and London: University of Chicago Press.
Petty, William (1648), *The Advice of W.P. to Mr. Samuel Hartlib. For the Advancement of Some Particular Parts of Learning*, London.
Piechocki, Katharina (forthcoming), *Cartographic Humanism: The Making of Early Modern Europe*.

Pigafetta, Antonio (2007), *The First Voyage around the World, 1519–1522: An Account of Magellan's Expedition*, ed. Theodore J. Cachey Jr., Toronto: University of Toronto Press.

Pimentel, Manuel (1712), *Arte de navegar, emque se ensinam as regras practices*, Lisbon.

Pinto, Fernão Mendes ([1614] 1989), *The Travels of Mendes Pinto*, trans. Rebecca D. Catz, Chicago: University of Chicago Press.

Pires, Tomé (1978), *A Suma Oriental de Tomé Pires e o Livro de Francisco Rodrigues*, ed. Armando Cortesão, Coimbra, Portugal: University of Coimbra.

Plattes, Gabriel (1641), *A Description of the Famous Kingdome of Macaria*, London.

Poole, Kristen (2011), *Supernatural Environments in Shakespeare's England*, Cambridge: Cambridge University Press.

Pontanus, Johanus Isacius (1637), *Discussionum historicarum libri* duo, Harderwijk.

Pontanus, Johanus Isacius (1631), *Rerum Danicarum Historia*, Hondius.

Povey, Captain Francis (1702), *The Sea Gunner's Companion*, London: Richard Mount.

Price, Richard (2007), *Travels with Tooy: History, Memory, and the African-American Imagination*, Chicago: University of Chicago Press.

Purchas, Samuel ([1625] 1905), *Hakluytus posthumus: or Purchas his Pilgrimes*, Extra series (Hakluyt Society) vols. 14–33, Glasgow: James MacLehose and Sons.

Questa e vna opera necessari a tutti li naviga[n]ti chi vano in diverse parte del mondo (1490), Venice.

Quinn, David Beers (1974), *England and the Discovery of America, 1481–1620*, London: George Allen & Unwin Ltd.

Rabasa, José (1993), *Inventing America: Spanish Historiography and the Formation of Eurocentrism*, Norman: University of Oklahoma Press.

Ramachandran, Ayesha (2015), *The Worldmakers: Global Imagining in Early Modern Europe*, Chicago: University of Chicago Press.

Rediker, Marcus (2007), *The Slave Ship: A Human History*, New York: Viking.

Relaño, Francesco (2002), *The Shaping of Africa: Cosmographic Discourse and Cartographic Science in Late Medieval and Early Modern Europe*, Aldershot: Ashgate.

Rivett, Sarah (2011), *The Science of the Soul in Colonial New England*, Chapel Hill: University of North Carolina Press.

Roberts, Callum (2007), *The Unnatural History of the Sea: The Past and Future of Humanity and Fishing*, London: Gaia.

Roberts, Josephine A. (1995), "Introduction," in Josephine A. Roberts (ed.), *The First Part of the Countess of Mongtomery's Urania*, xv–civ, Medieval & Renaissance Texts & Studies, Binghamton: State University of New York at Binghamton.

Roberts, Neil (2015), *Freedom as Marronage*, Chicago: University of Chicago Press.

Roger, N.A.M (1997), *The Safeguard of the Sea: A Naval History of Britain 660–1649*, New York: Norton.

Romm, James S. (1992), *The Edges of the Earth in Ancient Thought: Geography, Exploration, and Fiction*, Princeton, NJ: Princeton University Press.

[Rook, Lawrence] (1667), "Directions for observations and experiments to be made by masters of ships, pilots, and other fit persons in their sea-voyages," *Philosophical Transactions of the Royal Society of London*, 24: 433–8.

Roychoudhury, Suparna (2018), *Phantasmatic Shakespeare: Imagination in the Age of Early Modern Science*, Ithaca: Cornell University Press.

Rozwadowski, Helen (2001), "History of Ocean Sciences," in John H. Steele, S.A. Thorpe, and Karl K. Turekian (eds), *Encyclopedia of Ocean Sciences*, vol. 2, 1206–1210, San Diego: Academic Press.

Rozwadowski, Helen (2005), *Fathoming the Ocean: The Discovery and Exploration of the Deep Sea*, Cambridge, MA: Harvard University Press.

Rozwadowski, Helen (2018), *Vast Expanses: A History of the Oceans*, London: Reaktion Books.

Rubiés, Joan-Pau (2000), *Travel and Ethnology in the Renaissance: South India through European Eyes, 1250–1625*, Cambridge: Cambridge University Press.

Russell, Peter (2000), *Prince Henry 'the Navigator': A Life*, New Haven, CT: Yale University Press.

Russell, Steve (2017), "Early Indigenous Peoples and Written Language," *Indian Country Today*, 19 July. Available online: https://newsmaven.io/indiancountrytoday/archive/early-indigenous-peoples-and-written-language-UJ-6AxiE4kmg_ImKwfVLKg/(accessed February 15, 2019).

Safier, Neil and Ilda Mendes dos Santos (2007), "Mapping Maritime Triumph and the Enchantment of Empire: Portuguese Literature of the Renaissance," in David Woodward (ed.), *Cartography in the European Renaissance*, vol. 3, part 1 of *The History of Cartography*, 461–8, Chicago: University of Chicago Press.

Sahagún, Bernardino de ([1529] 1950), *General History of the Things of New Spain; Florentine Codex*, ed. and trans. Arthur J.O. Anderson and Charles E. Dibble, Santa Fe: School of American Research.

Sanders, Julie (2011), *The Cultural Geography of Early Modern Drama, 1620– 1650*, Cambridge: Cambridge University Press.

Sandman, Alison (2007), "Spanish Nautical Cartography in the Renaissance," in David Woodward (ed.), *Cartography in the European Renaissance*, vol. 3, part 1 of *The History of Cartography*, 1095–1142, Chicago: University of Chicago Press.

Sarkar, Debapriya (2017), "*The Tempest's* Other Plots," *Shakespeare Studies,* 45: 203–30.

Sarpi, Paolo (1676), *Del dominio del mare Adriatico.*

Scafi, Alessandro (2006), *Mapping Paradise: A History of Heaven on Earth*, Chicago: The University of Chicago Press.

Schottenhammer, Angela (2012), "The 'China Seas' in World History: A General Outline of the Role of Chinese and East Asian Maritime Space from its Origins to c. 1800," *Journal of Marine and Island Cultures*, 1: 63–86.

The seas magazine opened: or, the Holander dispossest of his usurped trade of fishing upon the English seas (1653), London: William Ley.

Sejas, Tatiana (2014), *Asian Slaves in Colonial Mexico: From Chinos to Indians*, New York: Cambridge University Press.

Selden, John (1615), *Analecton Britannicon.*

Selden, John (1635), *Mare clausum seu de dominus Maris*, London: Richardo Meighen.

Selden, John ([1635] 1652), *Of the Dominion, or, Ownership of the Sea*, London: Printed by William Du-Gard.

Seller, John (1669), *Practical navigation; or an introduction to the whole art*, London: William Fisher.

Serres, Michel, with Bruno Latour (1995), *Conversations on Science, Culture, and Time*, trans. Roxanne Lapidus, Ann Arbor: University of Michigan Press.

Shakespeare, William ([1611] 2016), *The Norton Shakespeare*, 3rd edn, ed. Stephen Greenblatt, Walter Cohen, Suzanne Gossett, Jean E. Howard, Katharine Eisaman Maus, and Gordon McMullan, New York: W.W. Norton.

Shakespeare, William ([1594–6] 2008), *A Midsummer Night's Dream* in *The Norton Shakespeare: Essential Plays, The Sonnets*, ed. Stephen Greenblatt et al, New York: W.W. Norton.

Shakespeare, William ([1597] 2008), *Richard II* in *The Norton Shakespeare: Essential Plays, The Sonnets*, ed. Stephen Greenblatt et al, New York: W.W. Norton.

Shakespeare, William ([*c*. 1601] 2008), "Twelfth Night, or What You Will," in Stephen Greenblatt, Walter Cohen, Jean E. Howard, and Katharine Eisaman Maus (eds), *The Norton Shakespeare: Comedies*, 689–750, New York: W.W. Norton.

Shakespeare, William ([1610–1] 2008), *The Tempest* in *The Norton Shakespeare: Essential Plays, The Sonnets*, ed. Stephen Greenblatt et al, New York: W.W. Norton.

Shanahan, John (2008), "Ben Jonson's Alchemist and Early Modern Laboratory Space," *Journal for Early Modern Cultural Studies,* 8. 1: 35–66.

Sharp, Edward (1615), *Britaines Busse. Or, A computation as well of the charge of a Busse or herring-fishing ship. As also of the gaine and profit thereby. With the States proclamation annexed unto the same, as concerning herring fishing*, London.

Sidney, Philip ([1593] 1977), *The Countess of Pembroke's Arcadia*, ed. Maurice Evans, London: Penguin Classics.

Singh, Jyotsna G. (1996), "Caliban versus Miranda: Race and Gender Conflicts in Postcolonial Rewritings of *The Tempest,*" in Valerie Traub, M. Lindsay Kaplan, and Dympna Callaghan (eds), *Feminist Readings of Early Modern Culture: Emerging Subjects*, 191–209, Cambridge: Cambridge University Press.

Singh, Jyotsna G., ed. (2009), *A Companion to the Global Renaissance: English Literature and Culture in the Era of Expansion*, Malden, MA: Wiley-Blackwell.

Skura, Meredith Anne (1989), "Discourse and the Individual: The Case of Colonialism in *The Tempest*," *Shakespeare Quarterly,* 40.1: 42–69.

Smith, Bruce R. (1999), *The Acoustic World of Early Modern England: Attending to the O-Factor*, Chicago: University of Chicago Press.

Smith, D.K. (2008), *The Cartographic Imagination in Early Modern England: Re-writing the World in Marlowe, Spenser, Raleigh and Marvell*, Burlington: Ashgate.

Smith, John (1627), *A Sea Grammar*, London: Ionas Man and Benjamin Fisher.

Sleeper-Smith, Susan (2015), "Encounter and Trade in the Early Atlantic World," in Susan Sleeper-Smith, Juliana Barr, Jean M. O'Brien, Nancy Shoemaker, and Scott Manning Stevens (eds), *Why You Can't Teach United States History without American Indians*, 26–42, Chapel Hill: Univeristy of North Carolina Press.

Sloterdijk, Peter (2011), *Bubbles: Spheres I*, trans. Wieland Hoban, Cambridge, MA: MIT Press. Original German 1998.

Sloterdijk, Peter (2013), *In the World Interior of Capital*, trans. Wieland Hoban, Cambridge, MA: Polity Press. Original German 2005.

Sloterdijk, Peter (2014), *Globes: Spheres II*, trans. Wieland Hoban, Cambridge, MA: MIT Press. Original German 1999.

Sloterdijk, Peter (2016), *Foam: Spheres III*, trans. Wieland Hoban, Cambridge, MA: MIT Press. Original German 2004

Soto, José Luis Casado (1996), *Discursos de Bernardino de Escalante al Rey y sus Ministros (1585–1605)*, Laredo: Universidad De Cantabria.

Spenser, Edmund ([1590, 1596] 2001), *The Faerie Queene*, ed. A.C. Hamilton and text ed. Hiroshi Yamashita and Toshiyuki Suzuki, Harlow: Longman.

Spiller, Elizabeth (2004), *Science, Reading, and Renaissance Literature: The Art of Making Knowledge, 1580–1670*, Cambridge: Cambridge University Press.

Spiller, Elizabeth (2009), "Shakespeare and the Making of Early Modern Science: Resituating Prospero's Art," *South Central Review*, 26.1–2:24–41.
Stacke, Sarah (2018), "See the Amazing, Ethereal Creatures Living Under Arctic Ice," *National Geographic Online*, September 12. Available online: https://www.nationalgeographic.com/animals/2018/09/white-sea-arctic-underwater-marine-life (accessed January 1, 2019).
Staden, Hans (1557), *Warhaftige Historia*, Marburg.
Steinberg, Philip E. (2001), *The Social Construction of the Ocean*, New York: Cambridge University Press.
Strachey, William (1610), *A True Reportory of the Wracke*, London.
Strong, Roy (1986), *The Cult of Elizabeth: Elizabethan Portraiture and Pageantry*, Berkeley: University of California Press.
Strunck, Christina (2011), "The Barbarous and Noble Enemy: Pictorial Representations of the Battle of Lepanto," in James G. Harper (eds), *The Turk and Islam in the Western Eye, 1450–1750: Visual Imagery Before Orientalism*, 217–40, Burlington, VT: Ashgate.
Subrahmanyam, Sanjay (2007), "The Birth-Pangs of Portuguese Asia: Revisiting the Fateful 'Long Decade' of 1498–1509," *Journal of Global History*, 2: 261–80.
Subrahmanyam, Sanjay (2017), *Europe's India: Words, Peoples, Empires, 1500–1800*, Cambridge, MA: Harvard University Press.
Subrahmanyam, Sanjay and Geoffrey Parker (2008), "Arms and the Asian: Revisiting European Firearms and their Place in Early Modern Asia," *Revista de Cultura*, 26: 12–42.
Sutherland, John (2016), "'Musée des Beaux Arts', 'Their Lonely Betters' and 'The Shield of Achilles,'" The British Library, May 25. Available online: https://www.bl.uk/20th-century-literature/articles/musee-des-beaux-arts-their-lonely-betters-and-the-shield-of-achilles (accessed October 23, 2020).
Taff, Dyani Johns (2019), "Precarious Travail, Gender, and Narration in Shakespeare's Pericles, Prince of Tyre and Margaret Cavendish's The Blazing World," in Patricia Akhimie and Bernadette Andrea (eds), *Travel and Travail: Early Modern Women, English Drama, and the Wider World*, 273–91, Lincoln, NE: University of Nebraska Press.
Taylor, E.G.R. (1956), "A Letter Dated 1577 from Mercator to John Dee," *Imago Mundi*, 13: 56–68.
Test, Edward Maclean (2019), *Sacred Seeds: New World Plants in Early Modern English Literature*, Lincoln: University of Nebraska Press.
Theal, George McCall (1964), *Records of South-Eastern Africa*, Vol. 1, 1898, Cape Town: C. Struik.
Thompson, Ayanna (2011), *Passing Strange: Shakespeare, Race, and Contemporary America*, Oxford: Oxford University Press.
Thorius, Raphael (1651), *Cheimonopegnion, Or, a Winter Song*, London: T.N.
Thornton, John (1998), *Africa and Africans in the Making of the Atlantic World, 1400–1800*, 2nd edn, New York: Cambridge University Press.
"Through the Eyes of Satellites, Scientists See Changing Arctic" (2015), National Oceanic and Atmospheric Administration, April 30. Available online: https://www.nesdis.noaa.gov/content/through-eyes-satellites-scientists-see-changing-arctic (accessed October 28, 2019).
Thrush, Coll (2016), *Indigenous London: Native Travelers at the Heart of Empire*, New Haven: Yale University Press.

Traub, Valerie (2002), *The Renaissance of Lesbianism in Early Modern England*, New York: Cambridge University Press.

Turner, G. L'E. (2004), "William Bourne," *Oxford Dictionary of National Biography*. Available online: https://doi.org/10.1093/ref:odnb/3011(accessed February 25, 2019).

Turner, Henry S. (2006), *The English Renaissance Stage: Geometry, Poetics, and the Practical Spatial Arts 1580–1630*, Oxford: Oxford University Press.

Turner, Henry S. (2009),"Life Science: Rude Mechanicals, Human Mortals, Posthuman Shakespeare," *South Central Review*, 26.1–2: 197–217.

Van der Donck, Adriaen ([1655] 2010), *A Description of New Netherland*, ed. Charles T. Gehring and William A. Starna, trans. Diederik Willem Goedhuys, Lincoln: University of Nebraska Press.

Van Duzer, Chet (2013), *Sea Monsters and Medieval and Renaissance Maps*, London: The British Library.

Virgil (1999), *Eclogues. Georgics. Aeneid: Books 1–6* trans. H. Rushton Fairclough, Cambridge: Harvard University Press.

Voigt, Lisa (2009), *Writing Captivity in the Early Modern Atlantic: Circulations of Knowledge and Authority in the Iberian and English Imperial Worlds*, Chapel Hill: Published for the Omohundro Institute of Early American History and Culture by the University of North Carolina Press.

Wade, Geoff (2005), "The Zheng He Voyages: A Reassessment," *Journal of the Malaysian Branch of the Royal Asiatic Society*, 78 (1): 37–58.

Waghenaer, Lucas Janszoon (1584), *Spieghel der Zeevaerdt*, Leiden.

Wakely, Andrew (1704), *Mariner's Compass Rectified*, London: Richard Mount.

Walcott, Derek (2007), "The Sea is History," *Selected Poems*, ed. Edward Baugh, 137–9, New York: FSG.

Watt-Cloutier, Sheila (2015), *The Right to Be Cold: One Woman's Fight to Protect the Arctic and Save the Planet from Climate Change*, Minneapolis: University of Minnesota Press.

Weaver, Jace (2014), *The Red Atlantic: American Indigenes and the Making of the Modern World, 1000–1927*, Chapel Hill: North Carolina University Press.

Webster, John ([1612] 2002), "The White Devil," in David Bevington, Lars Engle, Katharine Eisamen Maus, and Eric Rasmussen (eds), *English Renaissance Drama: A Norton Anthology*, 1659–1748, New York: Norton.

Wells-Cole, Anthony (2012), "Scissors-and-Paste in Two Paintings of Elizabeth I," *The Burlington Magazine*, 154 (1317): 834–8.

Werth, Tiffany Jo (2011), *The Fabulous Dark Cloister: Romance in England after the Reformation*, Baltimore: Johns Hopkins University Press.

Wessing, Robert (2006), "Symbolic Animals in the Land Between the Waters: Markers of Place and Tradition," *Asian Folklore Studies*, 65: 205–39.

Wiesner-Hanks, Merry E. (2006), *Early Modern Europe, 1450–1789*, New York: Cambridge University Press.

Willis, Clive (2010), *Camões, Prince of Poets*, Bristol, UK: HiPLAM.

Wilson, Jean (1980), *Entertainments for Elizabeth I*, Totowa, NJ: Rowman and Littlefield.

Witt, Ronald (1982), "Medieval 'Ars Dictaminis' and the Beginnings of Humanism: a New Construction of the Problem," *Renaissance Quarterly* 35, no. 1: 1–35.

White, Adam, ed. (1855), *A Collection of Documents on Spitzbergen and Greenland*, London: Hakluyt Society.

White, Sam (2017), *A Cold Welcome: The Little Ice Age and Europe's Encounter with North America*, Cambridge: Harvard University Press.
Williamson, James A. (1962), *The Cabot Voyages and Bristol Discovery under Henry VII*, Cambridge: Hakluyt Society.
Wood, Peter H. (2004), "Teach, Edward [Blackbeard] (d. 1718)," in *Oxford Dictionary of National Biography*, online edn, ed. Lawrence Goldman, Oxford: OUP. Available online: https://doi.org/10.1093/ref:odnb/27097 (accessed October 23, 2020).
Wood, William ([1634] 1977), *New England's Prospect: A True, Lively, and Experimentall description of that part of* America, *commonly called New England: discovering the state of that Countrie, both as it stands to our new-come* English *Planters; and to the old Native Inhabitants*, ed. Alden T. Vaughan, Amherst: University of Massachusetts Press.
Wright, Edward (1599), *Certaine Errors in Navigation*, London: Valentine Sims. Available online from Early English Books Online (accessed October 23, 2020).
Wroth, Mary ([1621] 1995), *The First Part of the Countess of Mongtomery's Urania*, ed. Josephine A. Roberts, Medieval & Renaissance Texts & Studies, Binghamton: State University of New York at Binghamton.
Yates, Julian (2003), *Error, Misuse, Failure: Object Lessons from the English Renaissance*, Minneapolis: University of Minnesota Press.
Yazzie, Melanie K. and Cutcha Risling Baldy (2018), "Introduction: Indigenous Peoples and the Politics of Water," *Decolonization: Indigineity, Education & Society*, 7 (1): 1–18.
Yussof, Kathyrn (2018), *A Billion Black Anthropocenes or None*, Minneapolis: University of Minnesota Press.
Zurara, Gomes Eanes de (1899), *The Chronicle of the Discovery and Conquest of Guinea*, trans. Charles Raymond Beazley and Edgar Prestage, 2 vols, London: Hakluyt Society.
Zurara, Gomes Eanes de (1915), *Crónica da tomada de Ceuta por El Rei D. João I*, ed. Francisco Maria Esteves Pereira, Lisbon: Academia das Ciências de Lisboa.
Zurara, Gomes Eanes de (1978–81), *Crónica dos feitos notáveis que se passaram na conquista de Guiné por mandado do Infante D. Henrique*, ed. Torquato de Sousa Soares, 2 vols, Lisbon: Academia Portuguesa da História.
Zell, Michael (2003), "Christ in the Storm on the Sea of Galilee," in *Eye of the Beholder*, ed. Alan Chong et al., Boston: ISGM and Beacon Press.

撰稿人介绍

乔西亚·布莱克莫尔（Josiah Blackmore）是马萨诸塞州剑桥市哈佛大学葡萄牙南希·克拉克·史密斯学会语言和文学会教授。他的研究和教学主题为葡萄牙海上扩张和探索的文本文化、文学和历史文本中的海洋想象、中世纪诗歌，以及从中世纪到现在的伊比利亚性历史。他还给十九世纪的虚构小说和葡萄牙诗人安东尼奥·博托（António Botto）的作品写过评论。他的著作包括：《系泊：葡萄牙的扩张和非洲的写作》（2009 年）、《明显的毁灭：海难叙事与帝国瓦解》（2002 年）和《古怪的伊比利亚》（1999 年合编）。

丹·布雷顿（Dan Brayton）是佛蒙特州明德学院朱利安·阿伯内西文学会主席和环境研究项目主任。他的有关近代早期自然史、蓝色文化研究、莎士比亚和传统造船等方面的文章发表在《ELH》《现代语言研究论坛》和《木船》等期刊杂志上。他的著作《莎士比亚的海洋：生态批评的探索》（2012 年）获东北现代语言协会图书奖。除了在米德尔伯里任教外，他还为海洋教育协会以及威廉姆斯-神秘海事研究项目执教，同时讲授在岸海上学府以及大西洋、太平洋、地中海和加勒比海的帆船和机动船只等方面的课程。

洛厄尔·达克特（Lowell Duckert）是特拉华大学的英语副教授，专门研究近代早期文学、环境批评和“新唯物主义”（尤其是行动者网络理论）。他发表了有关冰川、北极熊、栗色、雨、羊毛、采矿和潟湖等各种主题的文章。他的著作包括，《献给所有的水域：找回近代早期湿地中的我们》（2017 年）、《元素生态批评：用地球、空气、水和火思考》（2015 年，与杰弗里·杰罗姆·科恩［Jeffrey Jerome Cohen］合编）、《转向生态学：环境思维的伙伴》（2017 年）。

约翰·哈滕多夫（John B. Hattendorf）是美国海军战争学院的罗德岛纽波特哈滕多夫海事历史研究中心的教授和高级导师，也是欧内斯特·约瑟夫·金学会的海事历史名誉教授。他于1984年至2016年担任欧内斯特·约瑟夫·金学会主席，1986年至2003年担任海军战争学院高级研究系主任、海事历史系主任，2003年至2016年担任海军战争学院博物馆馆长。他是一名前海军军官，拥有美国肯扬学院（文学学士，1964年）、美国布朗大学（文学硕士，1971年）和英国牛津大学（博士，1979年；文学博士，2016年）的历史学位。他获得过众多奖项，包括美国航海研究协会颁发的安德森终身成就奖章（2017年），美国海军杰出文职服务奖章（2016年）和高级文职服务奖章（2006年、2016年），美国图书馆协会达特茅斯奖章（2007年），以及格林威治国家海事博物馆凯尔德奖章（2000年）。他是《牛津海洋历史百科全书》（2007年）的主编。

史蒂夫·门茨（Steve Mentz）是纽约圣约翰大学的英语教授。他的最新著作《海洋》于2020年3月纳入布卢姆斯伯里出版社的实物课程丛书出版。他还著有另外四本书，分别是《人类世的破裂》（2019年）、《沉船现代性：1550—1719全球化的生态》（2015年）、《莎士比亚的海底》（2009年）和《英国近代早期的爱情出售》（2006年）。他还是五部作品集的编辑或联合编辑：《劳特利奇之友：海洋和海洋世界（1400—1800）》（2020年），《十九世纪英语文学文化中的大海》（2017年），《纽约大洋洲》（2015年），《托马斯·纳什的时代》（2013年）和《流氓与近代早期英语文化》（2004年）。他写了许多关于生态批评、莎士比亚、近代早期文学和蓝色人文学科的文章，并在莎士比亚图书馆策划了一场名为“迷失在海上：英国想象中的海洋，1550—1750”的展览（2010年）。他的博客地址是The Bookfish，www.stevementz.com，推特地址是@stevermentz。

克里斯托弗·帕斯托（Christopher L. Pastore）是纽约州立大学奥尔巴尼分校历史学副教授，讲授的课程包括环境史、早期美洲和大西洋世界。在撰写论文时，他是都柏林圣三一学院长阅读室艺术与人文研究中心的2018—2019居里夫人联合基金研究员。他是《陆地与海洋之间：大西洋沿岸与新英格兰的转型》(2014年)的作者，目前正在撰写近代早期大西洋世界的环境史。

德巴普里亚·萨卡（Debapriya Sarkar）是康涅狄格大学英语和海事研究助理教授，目前正在撰写一本名为《可能的知识：近代早期科学的文学形式》的书，并合编了名为“想象近代早期科学形式”的《语言学季刊》特刊。她的作品已经发表或即将发表在《莎士比亚研究》《斯宾塞研究》《范例》和几个编辑合集中。她的工作得到了NEH/福尔杰莎士比亚图书馆长期奖学金（2016—2017）的支持，她于2015年获得了美国莎士比亚协会的利兹·巴罗尔（J. Leeds Barroll）论文奖。

詹姆斯·赛斯（James Seth）是阿拉巴马州奥本大学英语系的讲师。他目前的研究方向为近代早期戏剧文学和海洋历史的交叉点探索，他正在撰写一本名为《全球近代早期舞台上的英国海上表演：音乐、戏剧和外交（1577—1613）》的书。他的学术著作已发表或即将发表在《创作中的莎士比亚》《莎士比亚通讯》和《十六世纪期刊》上。

戴尼·约翰斯·塔夫（Dyani Johns Taff）是纽约伊萨卡学院英语和写作系的讲师。她的研究和教学方向包括性别研究、环境和海洋人文主义、国家隐喻、浪漫、海盗、翻译和圣经故事解释/解读。她是本·约翰逊（Ben Johnson)、莎士比亚、玛格丽特·卡文迪许和乔叟（Chaucer）的随笔作者，目前正在撰写一本名为《国家航行的船只：近代早期英国文学中的性别、权威和海洋环境》的书，该书结合了海事和性别研究的视角，重新审视了对君主制、怀孕、婚姻和政治冲突的隐喻。

索引

图书在版编目(CIP)数据

近代早期海洋文化史/(美)玛格丽特·科恩
(Margaret Cohen)主编;(美)史蒂夫·门茨
(Steve Mentz)编;金海译. —上海:上海人民出版
社,2024
(海洋文化史;第3卷)
书名原文:A Cultural History of the Sea in the
Early Modern Age
ISBN 978-7-208-18848-8

Ⅰ.①近… Ⅱ.①玛… ②史… ③金… Ⅲ.①海洋-
文化史-世界-近代 Ⅳ.①P7-091

中国国家版本馆CIP数据核字(2024)第068873号

责任编辑 冯 静 刘华鱼
封面设计 苗庆东

海洋文化史 第3卷
近代早期海洋文化史
[美]玛格丽特·科恩 主编
[美]史蒂夫·门茨 编
金 海 译

出　　版 上海人民出版社
(201101 上海市闵行区号景路159弄C座)
发　　行 上海人民出版社发行中心
印　　刷 江阴市机关印刷服务有限公司
开　　本 720×1000 1/16
印　　张 19.25
插　　页 2
字　　数 289,000
版　　次 2024年8月第1版
印　　次 2024年8月第1次印刷
ISBN 978-7-208-18848-8/K·3368
定　　价 98.00元

A Cultural History of the Sea in the Early Modern Age

Edited by Steve Mentz

Volume 3 in the Cultural History of the Sea set

General Editor: Margaret Cohen

Chinese (Simplified Characters only) Trade Paperback

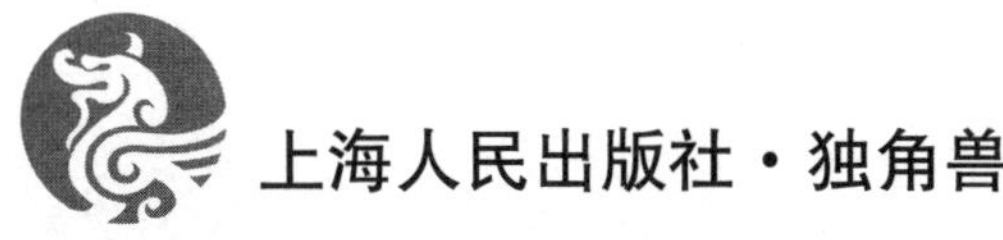

“独角兽·历史文化”书目

[英]佩里·安德森著作
《从古代到封建主义的过渡》
《绝对主义国家的系谱》
《新的旧世界》
《葛兰西的二律背反》

[英]李德·哈特著作
《战略论:间接路线》
《第一次世界大战战史》
《第二次世界大战战史》
《山的那一边:被俘德国将领谈二战》
《大西庇阿:胜过拿破仑》
《英国的防卫》

[美]洛伊斯·N.玛格纳著作
《生命科学史》(第三版)
《医学史》(第二版)
《传染病的文化史》

《社会达尔文主义:美国思想潜流》
《重思现代欧洲思想史》
《斯文·赫定界眼中的世界名人》

“海洋文化史”系列
《古代海洋文化史》
《中世纪海洋文化史》
《近代早期海洋文化史》
《启蒙时代海洋文化史》
《帝国时代海洋文化史》
《全球时代海洋文化史》

《欧洲文艺复兴》
《欧洲现代史:从文艺复兴到现在》
《非洲现代史》(第三版)
《巴拉聚克:历史时光中的法国小镇》
《语言帝国:世界语言史》
《鎏金舞台:歌剧的社会史》
《铁路改变世界》
《棉的全球史》
《土豆帝国》
《伦敦城记》
《威尼斯城记》

《工业革命(1760—1830)》
《世界和日本》
《世界和非洲》
《激荡的百年史》
《论历史》
《论帝国:美国、战争和世界霸权》
《法国大革命:马赛曲的回响》
《明治维新史再考:由公议、王政走向集权、去身份化》